高等职业教育公共基础课系列教材

信息技术基础

（医学类）

主 编 舒 敏 潘智丹
副主编 李兴旺 李 娟
参 编 杨利花 范曙宇 杨志江
　　　 朱 敏 黄庆坤

机械工业出版社

本书基于医学职业素质培养,针对医学类高职院校信息技术通识课程,注重医学生的计算机操作能力培养的同时强调计算思维与信息素养的培养。本书以培养学生信息处理能力为主线,把计算机基础教学与专业教育有效地融合在一起,培养学生具备利用计算机工具分析、解决实际问题的能力。

本书在内容编排上旨在让学生掌握信息处理技术的基本知识和基本方法,再通过大量的练习形成计算思维;让学生掌握规范的编辑排版技能,可以通过文档、电子表格、演示文稿等形式进行信息展示,达到信息交流的目的。本书以 Windows 10 和 WPS Office 为基础,通过计算机系统、操作系统及 Windows 10 应用、计算机网络基础、新一代信息技术、WPS 综合应用基础、WPS 文档编辑与排版、WPS 数据处理、WPS 演示 8 个模块的教学内容安排,将计算机操作技能与医学信息处理技术相结合,让学生建立信息处理的概念、掌握信息处理的基本方法和流程,强化计算思维及信息素养的培养,从而培养具有较高信息技能和素质的医学应用型人才。

为方便教学,本书配备电子课件等教学资源。凡选用本书作为教材的教师均可登录机械工业出版社教育服务网 www.cmpedu.com 注册后免费下载。如有问题请致信 cmpgaozhi@sina.com,或致电 010-88379375 联系营销人员。

图书在版编目(CIP)数据

信息技术基础:医学类 / 舒敏,潘智丹主编.
北京:机械工业出版社,2025.7. -- (高等职业教育公共基础课系列教材). -- ISBN 978-7-111-78692-4

Ⅰ. TP3

中国国家版本馆CIP数据核字第2025VT6108号

机械工业出版社(北京市百万庄大街22号 邮政编码100037)
策划编辑:赵志鹏　　　　责任编辑:赵志鹏　饶雯婧
责任校对:韩佳欣　张亚楠　封面设计:马精明
责任印制:任维东
北京科信印刷有限公司印刷
2025年8月第1版第1次印刷
184mm×260mm・17.75印张・384千字
标准书号:ISBN 978-7-111-78692-4
定价:58.00元

电话服务　　　　　　　　　网络服务
客服电话:010-88361066　　机　工　官　网:www.cmpbook.com
　　　　　010-88379833　　机　工　官　博:weibo.com/cmp1952
　　　　　010-68326294　　金　　书　　网:www.golden-book.com
封底无防伪标均为盗版　　机工教育服务网:www.cmpedu.com

人类文明正经历着从数字化迈向智能化的革命性跃迁。医疗健康领域在此进程中呈现出四大变革维度：电子病历系统性地重构诊疗流程，医疗大数据实现多维穿透式分析，人工智能催生革命性辅助诊断范式，远程医疗突破时空无界延伸。这些创新不仅显著提升了医疗服务的运行效率与决策精准度，更会持续拓宽现代医学的认知疆界，重塑医疗服务的价值生态。

为全面贯彻《国家职业教育改革实施方案》关于"深化产教融合"的战略部署，本书立足"岗课赛证"四位一体的育人理念，创新性实现全国计算机等级考试（NCRE）一级/二级WPS Office考试大纲、"1+X"WPS办公应用职业技能等级证书（中级）考核标准与医学类职业院校办学特色的三维耦合。通过有机整合NCRE认证体系与"1+X"证书的职业技能指标，匠心构建"基础技能筑基——综合应用提能——职业素养升华"的阶梯式知识图谱。通过对阶梯式知识体系的系统学习，学生既可系统掌握计算机基础理论、Windows系统操作及WPS高级应用技术，更能淬炼计算思维能力与信息社会责任意识，为投身智慧医疗、健康大数据等新兴领域锻造扎实的数字化职业胜任力。

1. 深度对接国家战略与行业需求

在国产化替代与信息安全上升为国家战略的背景下，WPS等国产软件的市场渗透率不断攀升。本书立足WPS Office 2019（教育版）操作平台，深度融入国产办公软件操作规范与云文档协作技术，助力学生系统掌握符合产业变革趋势的核心数字工具。

本书体系精准对标全国计算机等级考试一级WPS Office考试大纲及《WPS办公应用职业技能等级标准（中级）》，构建文字处理、表格分析、演示文稿制作及云办公四大能力模块，实现与"1+X"证书考核要点的深度耦合，构建"教、学、做、考"一体化的育人体系。

2. 深化"岗课赛证"综合育人体系

本书架构以岗位胜任力为基点，深度融合实操场景；对标WPS办公应用技能大赛真题，针对性锤炼学生的竞技能力；精准衔接NCRE与"1+X"双证考核体系，有机融入阶梯式训练模块，系统性助力"一课双证"育人目标达成。

全书编写工作由舒敏、潘智丹副教授统筹体系构建与实施路径，郭向周教授担任主审。模块1由潘智丹、朱敏共同编写，模块2由李兴旺编写，模块3由杨利花与杨志江共同编写，模块4由黄庆坤、范曙宇共同编写，模块5及模块7由舒敏编写，模块6由潘智丹编写，模块8由李娟编写。虽经反复推敲，书中仍恐有疏漏之处，恳请广大师生及业界专家不吝指正，我们将持续优化图书内容。

编　者

目录

前言

模块 1 计算机系统

1.1 计算思维与信息素养 …001
1.1.1 计算思维的定义 …001
1.1.2 计算思维的特征 …002
1.1.3 计算思维的作用 …002
1.1.4 计算思维与计算机的关系 …003
1.1.5 信息素养 …003

1.2 计算机系统组成 …004
1.2.1 计算机系统的组成 …004
1.2.2 计算机基本工作原理 …005
1.2.3 计算机硬件系统 …006
1.2.4 计算机软件系统 …011

1.3 计算机中的数据与信息 …012
1.3.1 数据与信息 …013
1.3.2 计算机中的数据 …013
1.3.3 计算机中的数制 …013
1.3.4 数制间的转换 …014
1.3.5 常用信息编码 …016

1.4 多媒体技术简介 …017
1.4.1 多媒体技术的基本概念 …017
1.4.2 音频处理技术 …018

1.4.3	图像处理技术	...020
1.4.4	视频处理技术	...023

1.5 信息安全 ...026

1.5.1	信息安全概述	...026
1.5.2	信息安全威胁	...026
1.5.3	信息安全防护策略	...029

习　题 ...030

模块 2　操作系统及 Windows 10 应用

2.1 操作系统概述 ...034

2.1.1	操作系统的基本概念	...034
2.1.2	操作系统的基本功能	...035
2.1.3	操作系统的分类	...036
2.1.4	常见操作系统简介	...037

2.2 Windows 10 使用基础 ...038

2.2.1	认识 Windows 10 桌面	...038
2.2.2	认识和操作窗口	...041
2.2.3	"文件资源管理器"的设置	...042

2.3 文件管理 ...045

2.3.1	文件和文件夹的概念	...045
2.3.2	文件或文件夹的基本操作	...046

2.4 系统管理与优化 ...053

2.4.1	"控制面板"与"Windows 设置"	...053
2.4.2	查看计算机的基本信息	...054
2.4.3	桌面外观的设置	...055
2.4.4	应用程序的安装与卸载	...055
2.4.5	用户账户管理	...056
2.4.6	网络管理	...057
2.4.7	系统的常用工具	...059

2.4.8　系统安全　　　　　　　　　　　...059

习　题　　　　　　　　　　　　　　　...060

模块 3
计算机网络基础

3.1　计算机网络概述　　　　　　　　　...062

3.1.1　计算机网络的概念和主要功能　　...062

3.1.2　计算机网络的组成结构　　　　　...062

3.1.3　网络安全　　　　　　　　　　　...067

3.2　Internet基础　　　　　　　　　　...067

3.2.1　通信协议　　　　　　　　　　　...068

3.2.2　TCP/IP　　　　　　　　　　　　...068

3.2.3　IP地址与域名　　　　　　　　　...069

3.2.4　Internet服务　　　　　　　　　...071

3.3　Internet的简单应用　　　　　　　...072

3.3.1　Internet的接入方式　　　　　　...072

3.3.2　计算机网络的配置　　　　　　　...075

3.3.3　Internet应用　　　　　　　　　...077

3.3.4　常见网络工具与服务　　　　　　...081

3.4　医学文献检索　　　　　　　　　　...082

3.4.1　医学文献检索概述　　　　　　　...082

3.4.2　中文医学文献检索　　　　　　　...082

3.4.3　外文医学文献检索　　　　　　　...086

3.4.4　其他医学文献检索方式　　　　　...086

3.5　远程医疗系统及应用　　　　　　　...088

3.5.1　远程医疗系统概述　　　　　　　...088

3.5.2　远程医疗系统的整体架构　　　　...088

3.5.3　远程医疗系统的应用　　　　　　...089

习　题　　　　　　　　　　　　　　　...092

模块 4　新一代信息技术

4.1　云计算 ...095
4.1.1　云计算概述 ...095
4.1.2　云计算架构 ...097
4.1.3　云计算在医疗健康领域的应用 ...098

4.2　人工智能技术 ...099
4.2.1　人工智能概述 ...099
4.2.2　人工智能模型 ...100
4.2.3　人工智能技术在医疗健康领域的应用 ...101

4.3　大数据技术 ...103
4.3.1　大数据的基本内涵 ...103
4.3.2　大数据的关键技术 ...104
4.3.3　大数据技术在医疗健康领域的应用 ...105

4.4　物联网技术 ...105
4.4.1　物联网概述 ...105
4.4.2　物联网技术在医学上的应用 ...106

4.5　虚拟现实技术 ...107
习　题 ...108

模块 5　WPS 综合应用基础

5.1　WPS 一站式融合办公 ...111
5.1.1　WPS 一站式融合工作环境 ...112
5.1.2　WPS 的标签与工作窗口管理 ...113
5.1.3　在 WPS 中新建、访问和管理文档 ...113

5.2　WPS PDF 的应用 ...115
5.2.1　PDF 功能界面 ...115
5.2.2　新建和打开 PDF 文件 ...115
5.2.3　阅读 PDF 文件 ...115
5.2.4　编辑和保护 PDF 文件 ...116

5.3 WPS云办公服务 ...116
5.3.1 云备份与云同步 ...116
5.3.2 云共享与云协作 ...117

习　题 ...119

模块 6
WPS文档编辑与排版

6.1 WPS文字基础知识 ...121
6.1.1 WPS文字概述 ...121
6.1.2 WPS文字基本操作 ...128

6.2 文档的编辑 ...134
6.2.1 字符格式设置 ...134
6.2.2 段落格式设置 ...139
6.2.3 页面格式设置 ...143

6.3 表格的编辑 ...147
6.3.1 创建表格 ...147
6.3.2 编辑表格 ...148
6.3.3 表格的计算与排序 ...155

6.4 图文混排 ...157
6.4.1 插入图片 ...158
6.4.2 图片格式设置 ...159
6.4.3 插入自选图形 ...161
6.4.4 图形的组合和取消 ...162
6.4.5 使用文本框 ...163
6.4.6 使用艺术字 ...164

6.5 长文档的编辑 ...165
6.5.1 文档分节 ...165
6.5.2 生成自动目录 ...166
6.5.3 脚注和尾注 ...166
6.5.4 书签 ...167

6.5.5　长文档中页眉页脚的设置	…168

6.6　修订和审阅　…172

6.6.1　修订	…172
6.6.2　审阅	…173
6.6.3　批注	…173

习　题　…174

模块 7　WPS 数据处理

7.1　WPS 表格概述　…178

7.1.1　WPS 表格的功能界面	…178
7.1.2　常用术语	…179

7.2　WPS 表格的基本操作　…179

7.2.1　工作簿的操作	…180
7.2.2　工作表的操作	…181
7.2.3　单元格的操作	…183
7.2.4　编辑数据	…185

7.3　工作表的格式化设置　…186

7.3.1　输入数据	…186
7.3.2　快速填充数据	…187
7.3.3　设置单元格格式	…191
7.3.4　设置条件格式	…196
7.3.5　套用表格格式	…197

7.4　公式与函数　…198

7.4.1　单元格的引用	…198
7.4.2　公式的使用	…199
7.4.3　自动计算	…201
7.4.4　函数的使用	…201

7.5　图表　…210

7.5.1 常用图表 ...210

7.5.2 迷你图 ...214

7.6 数据处理与分析 ...215

7.6.1 数据清单 ...216

7.6.2 数据排序 ...216

7.6.3 数据筛选 ...218

7.6.4 数据的分类汇总 ...222

7.6.5 数据透视表和数据透视图 ...223

7.7 数据安全与输出打印 ...226

7.7.1 数据保护 ...226

7.7.2 工作表打印 ...227

习　题 ...229

模块 8 WPS 演示

8.1 WPS 演示的基础知识 ...233

8.1.1 WPS 演示的工作界面 ...233

8.1.2 WPS 演示文稿的基本操作 ...234

8.1.3 幻灯片的基本操作 ...237

8.1.4 WPS 演示视图 ...239

8.2 编辑演示文稿 ...240

8.2.1 编辑演示文稿对象 ...240

8.2.2 设置演示文稿外观 ...254

8.3 演示文稿的放映与发布 ...264

8.3.1 放映方式 ...264

8.3.2 放映设置 ...265

8.3.3 演示文稿发布 ...267

习　题 ...269

参考文献 ...272

模块 1　计算机系统

信息技术基础（医学类）

计算机系统是按人的要求接收和存储信息、自动进行数据处理和计算并输出结果信息的机器系统。计算机系统由硬件系统和软件系统组成。前者是借助电、磁、光、机械等原理构成的各种物理部件的有机组合，是系统赖以工作的实体。后者是指由程序和数据组成的指令集合，用于指挥全系统按指定的要求进行工作。

1.1　计算思维与信息素养

人类在认识世界和改造世界的科学活动过程中离不开思维活动。思维是人类认识、思考、推理、判断和决策的过程，是人类智力活动的核心。计算思维是指利用计算机和信息技术进行问题解决和决策的思维方式和方法。它强调利用计算机和信息技术的能力和优势，以快速、精确、系统、模型化的方式进行问题的分析和解决。

1.1.1　计算思维的定义

2006年3月，美国卡内基梅隆大学计算机科学系主任周以真（Jeannette M. Wing）教授在美国计算机权威期刊 *Communications of the ACM* 上给出了计算思维的定义，即计算思维是运用计算机科学的基础概念进行问题求解、系统设计，以及人类行为理解等涵盖计算机科学之广度的一系列思维活动。这一表述指明，计算思维不是具体的学科知识，而是一种解决问题的思考方式，是一种运用计算机科学的基本理念展开的思维过程。

周以真教授为了让人们更容易理解，又将计算思维更进一步地定义为：通过约简、嵌入、转化和仿真等方法，把一个困难的问题重新阐释成一个人们知道问题怎样解决的方法；是一种递归思维；是一种并行处理；是一种把代码译成数据又能把数据译成代码；是一种多维分析推广的类型检查方法；是一种采用抽象和分解来控制庞杂的任务或进行巨大复杂系统设计的方法，是基于关注分离的方法（SoC方法）；是一种选择合适的方式去陈述一个问题，或对一个问题的相关方面建模使其易于处理的思维方法；是按照预防、保护及通过冗余、容错、纠错的方式，并从最坏情况进行系统恢复的一种思维方法；是利用启发式推理寻求解答，也即在不确定情况下的规划、学习和调度的思维方法；是利用海量数据来加快计算，在时间和空间之间、在处理能力和存储容量之间进行折中的思维方法。

1.1.2 计算思维的特征

周以真教授对计算思维总结出了6个特征。

1. 概念化，不是程序化

计算思维是基于人的大脑概念化的思维方式，它倡导像计算机科学家那样去思考问题，但并非简单地编写程序或遵循固定的步骤。这种思维方式强调理解问题的本质，抽象出关键要素，并以概念化的方式进行思考和解决。

2. 根本的，不是刻板的技能

计算思维是一种现代人必须具备的根本技能，它超越了刻板的、机械的技能范畴。在快速变化的现代社会中，计算思维能够帮助人们灵活应对各种复杂问题，而不是仅仅依赖于既定的规则或程序。

3. 是人的，不是计算机的思维方式

尽管计算思维与计算机科学紧密相关，但它归根到底是人类的思维方式。计算思维需要人运用智慧去理解和解决问题，而不是简单地让计算机去执行预设的程序。人在计算思维中发挥着至关重要的作用，他们的创造力和灵活性是计算机无法替代的。

4. 数学和工程思维的互补与融合

计算思维融合了数学思维和工程思维的特点。一方面，它借鉴了数学思维的严谨性和逻辑性，通过数学模型和算法来解决问题；另一方面，它也吸收了工程思维的实践性和创新性，注重将理论应用于实际问题的解决过程。

5. 抽象化与自动化

计算思维中的抽象化特征使得人们能够超越物理时空观的限制，用符号来描述和解决问题。而自动化则是指计算思维能够利用计算机等工具来自动执行某些任务或过程，从而提高工作效率和准确性。

6. 面向所有人、所有场景

计算思维是一种普适性的思维方式，它不仅仅局限于计算机科学领域或专业人士。相反，它提倡所有人都要像计算机科学家一样去思考问题，将计算思维应用于日常生活、工作和学习中。无论在哪个领域或场景，计算思维都能帮助人们更有效地处理信息和解决问题。

1.1.3 计算思维的作用

计算思维不仅是问题解决、系统设计和理解人类行为的重要工具，更是推动社会创新

和发展的关键因素。

1）计算思维增强了我们解决问题的能力。面对复杂和抽象的问题，计算思维提供了一种系统的分析方法和解决策略。通过分解问题、模式识别、抽象及算法设计等步骤，我们能够更加准确地找出问题的核心，设计出合理的解决方法。这种思维方式不仅提高了解决问题的效率和准确性，还培养了批判性思维和创造性思维。

2）计算思维促进了跨学科和跨领域的创新。在现代社会中，单一学科的知识和技能往往难以满足复杂问题的需求。计算思维作为一种跨学科的思维方式，能够帮助不同领域的人们共同利用计算机科学的工具和方法来解决各自的问题。这种跨学科的合作不仅推动了科学技术的进步，还促进了社会经济的繁荣发展。

3）计算机思维在教育领域具有重要意义。将计算思维纳入课程体系，能够培养学生的创新和解决问题能力，提高学生的综合素质和竞争力。通过计算思维的学习和实践，学生能够掌握如何分析新信息和处理新问题的技能，从而能够更好地适应学习和未来的工作。

4）计算思维在日常生活中具有十分广泛的应用。从财务管理到行程规划，从健康检测到智能家居，计算思维都能够帮助我们更加理性地面对生活中遇到的各种问题，提高生活质量。

1.1.4　计算思维与计算机的关系

计算思维与计算机的关系主要体现在三个方面。

1）计算思维是计算机科学的基础。计算思维强调通过抽象化、模型化、逻辑推理和算法设计等手段来解决问题，这些方法论和工具都是计算机科学的重要组成部分。通过学习计算思维，人们可以更好地理解和掌握计算机的运作方式，提升分析和解决问题的能力。

2）计算思维与计算机方法在研究内容和发展上互补。计算思维侧重于概念化和人类思维，强调自动化和抽象化，为解决问题提供了新途径。而计算机方法则侧重于构建理论体系，为问题的解决提供了工具和框架。两者在研究内容和发展上互补，共同推动计算机科学的发展。

3）计算思维在智能时代的应用日益广泛。在人工智能领域，计算与思维的融合使得机器能够理解人类意图、辅助人类决策。通过机器学习算法，计算机能够自动从数据中学习并优化自身性能，这种能力不仅提高了工作效率，还在无形中重塑了我们的思维方式。

计算思维与计算机的关系紧密且相互促进。计算思维不仅是计算机科学的基础，还在计算机科学在智能时代的应用过程中发挥了重要作用。

1.1.5　信息素养

信息素养是人们能够充分认识到何时需要信息，并有能力去获取、评价和有效利用所需信息的能力。

信息素养包括四个方面：信息意识、信息知识、信息技能和信息道德。信息意识是指人对信息的敏感程度,是人们在生产和生活中自觉和自发地识别、获取和使用信息的一种心理状态。信息知识是指人们为了获取信息和利用信息而应该掌握的与信息技术相关的知识。信息技能是指利用信息技术来解决实际问题或进行信息创造的能力。信息道德包括信息伦理道德、法律、文化等许多社会人文因素。

此外,信息素养还包括检索、分析、评价和利用各种信息源的能力,涉及信息技术应用、信息获取与传输、资源评估与利用、网络安全与法律意识等方面。

计算思维是从学科思维的角度,强调对思维方式的训练。信息素养强调的是获取、吸收信息的意识,运用信息知识、技术、工具解决问题的能力,最终仍然是利用计算机实现问题求解、过程模拟或系统设计等。计算思维与信息素养在本质上是统一的。不同的是信息素养更强调使用计算机这个工具本身的能力,而计算思维则更注重人们能像计算机科学家一样思考的能力。

1.2 计算机系统组成

1.2.1 计算机系统的组成

一台完整的计算机系统由硬件系统和软件系统两大部分组成,如图1-1所示。

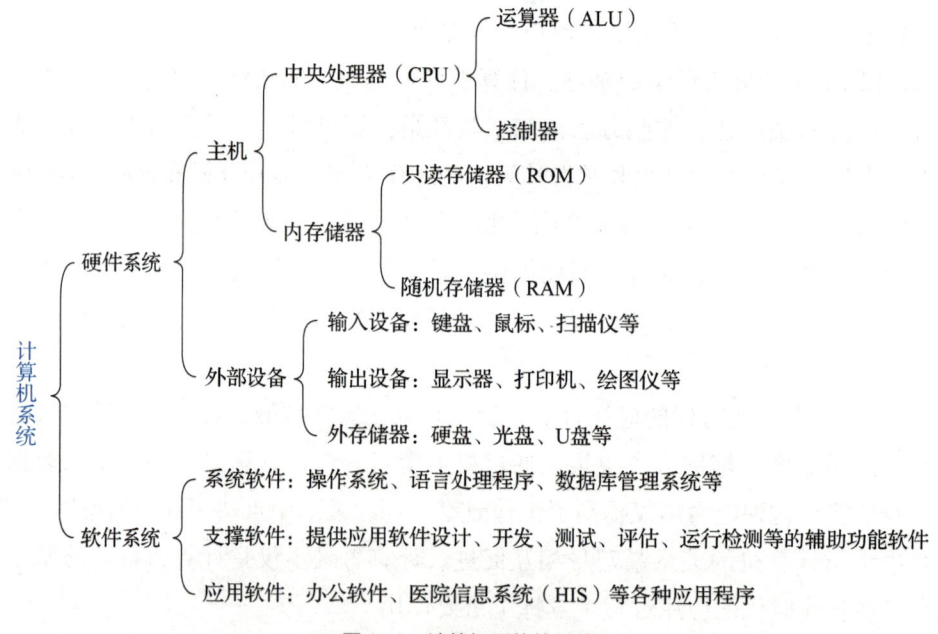

图1-1 计算机系统的组成

硬件系统是计算机系统中由电子、机械和光电元件等组成的各种看得见、摸得着的物理设备,包括计算机的主机和外部设备,它为计算机软件的运行提供物质基础。

软件系统是指在计算机硬件系统上运行的程序及与程序开发、使用相关的文档资料和数据的集合，是计算机的灵魂。没有安装任何软件的计算机被称为"裸机"，这样的计算机对普通用户来说是没有意义的。

计算机的硬件和软件相互依存、互相支持。硬件提供了基本的处理能力和资源，软件控制硬件的功能，用以用户执行各种操作。硬件系统和软件系统共同构成了一台完整的计算机系统。

1.2.2 计算机基本工作原理

1. 冯·诺依曼体系结构

冯·诺依曼体系结构，也被称为"存储程序计算机"或普林斯顿结构，是由美籍匈牙利数学家、计算机科学家冯·诺依曼提出的一种计算机硬件架构。其核心思想包括以下三点：

一是计算机的硬件系统由存储器、运算器、控制器、输入设备和输出设备五个部分组成。这种结构使得计算机能够高效地处理数据和指令，并且易于维护和升级。

二是冯·诺依曼认为计算机应该采用二进制作为数据和指令的表示方式。出于当时的技术和设计考虑，世界上公认的第一台电子计算机ENIAC采用的是十进制数制系统，随着技术的发展，冯·诺依曼主张计算机应该采用二进制来表示数据和指令，相比于十进制，二进制更加易于实现，且能有效地处理大量数据，这一选择为计算机的发展奠定了坚实的基础。

三是计算机采用存储程序的工作方式。即计算机在解题之前，需要事先编写好程序，并将程序和数据一起存入计算机的存储器中。解题过程中，计算机自动从存储器中依次取出指令并执行，直到完成计算任务。

冯·诺依曼体系结构的提出，奠定了现代计算机体系结构的基础，深刻影响了现代计算机硬件和软件的设计，虽然计算机经历了多次的更新换代，但使用的仍然是冯·诺依曼最初设计的计算机体系结构。

2. 指令、指令系统与程序

计算机指令是指挥计算机工作的指示和命令，是CPU操作的基本单位，指令通常由计算机硬件直接解释和执行，一条指令一般包括操作码和操作数两部分。

计算机中可以执行的一整套不同的指令称为计算机的指令系统。指令系统是计算机硬件的语言系统，也叫机器语言，指机器所具有的全部指令的集合，它是软件和硬件的主要界面，反映了计算机所拥有的基本功能。

程序是为了实现特定功能而将取自指令系统的指令按照一定顺序排列起来的组织体，它以某种程序设计语言编写，运行于某种目标体系结构上，执行程序的过程就是计算机的工作过程。

3. 计算机工作流程

可以将计算机的工作流程简单表示为以下几个步骤。

第一步：编程，将解题步骤编写为程序，通过输入设备存入存储器。

第二步：取指令，计算机从存储器中取出第一条指令。

第三步：执行指令，控制器对指令进行译码，运算器执行相应的操作。

第四步：存储结果，将运算结果存回存储器或输出到输出设备。

第五步：继续取下一条指令，重复上述过程，直到遇到停止指令。

通过以上步骤，计算机能够自动地执行预定的程序，处理数据，完成各种任务。

1.2.3 计算机硬件系统

基于冯·诺依曼体系结构的计算机硬件系统由五大功能部件组成，即运算器、控制器、存储器、输入设备和输出设备。在微型计算机中，运算器和控制器被合成为中央处理器（Central Processing Unit，CPU），中央处理器与内存储器构成计算机的主机，其他外存储器、输入和输出设备统称为外部设备。

1. 中央处理器（CPU）

中央处理器是计算机的核心部件，主要由运算器和控制器两部分组成，是信息处理、程序运行的最终执行单元。CPU的性能直接影响计算机的运行速度和效率。

（1）运算器

运算器（Arithmetic Unit），是计算机中执行各种算术和逻辑运算的部件。运算器的基本操作包括加、减、乘、除四则运算，与、或、非、异或等逻辑操作，以及移位、比较和传送等操作。运算器亦称算术逻辑部件（ALU）。计算机运行时，运算器的操作和操作种类由控制器决定。运算器处理的数据来自存储器，处理后的结果数据通常送回存储器，或暂时寄存在运算器中。

运算器主要由算术逻辑部件、通用寄存器组和状态寄存器组成。算术逻辑部件主要完成对二进制信息的定点算术运算、逻辑运算和各种移位操作。通用寄存器组主要用来保存参加运算的操作数和运算的结果。状态寄存器用来记录算术、逻辑运算或测试操作的结果状态。

（2）控制器

控制器是计算机的神经中枢和指挥中心，负责从存储器中读取程序指令并进行分析，再按照时间先后顺序向计算机的各部件发出相应的控制信号，以协调、控制输入输出操作和对内存的访问。

控制器主要由指令寄存器、译码器、时序节拍发生器、操作控制部件和指令计数器等部件组成。指令寄存器存放由存储器取得的指令；译码器负责将指令中的操作码翻译成控制信号；时序节拍发生器产生时序脉冲节拍信号，使计算机有节奏、有次序地工作；操作控制部件负责将控制信号组合起来，控制各个部件完成相应的操作；指令计数器用于存放下一条指令所在单元的地址。

（3）主要性能指标

目前CPU的制造商主要为Intel和AMD。CPU的主要性能指标包括字长、主频、运算速度等。

1）字长。字长是CPU一次能并行处理的二进制数的位数，字长越长，CPU处理数据的能力就越强。

2）主频。主频，也就是CPU的时钟频率，简单地说就是CPU的工作频率，例如Intel（R）Core（TM）i5-12400 2.50GHz，这个2.50GHz就是CPU的主频。一般说来，一个时钟周期完成的指令数是固定的，所以主频越高，CPU的速度也就越快。

3）运算速度。CPU的运算速度MIPS（Million Instructions Per Second）是指每秒钟执行指令的数量，是衡量计算机性能的重要指标之一。从理论上，主频越高，CPU在单位时间内能够执行的指令数量就越多，即运算速度越快。因此，不同配置的计算机在执行相同任务时，所用的时间也都不同。例如，一个2.5GHz的CPU，意味着它每秒钟能够执行25亿次的时钟周期。

2. 存储器

在计算机系统中，存储器是用来存储程序和各种数据信息的记忆部件，分为内存储器、外存储器和高速缓冲存储器三种类型。内存储器与外存储器相比，其存取速度快，但是容量小、价格贵。内存储器用于存放系统当前正在运行或即将要运行的程序和数据，外存储器用于存放暂时不用的程序和数据。

（1）内存储器

内存（Memory）是计算机的重要部件，也称内存储器或主存储器，它用于暂时存放CPU中的运算数据，以及与硬盘等外部存储器交换的数据。它是外存与CPU进行沟通的桥梁，计算机中所有程序的运行都在内存中进行，内存性能的强弱直接影响计算机的整体运行性能。只要计算机开始运行，操作系统就会把需要运算的数据从内存调到CPU中进行运算。当运算完成，CPU将结果通过内存传送出来。

内存分为只读存储器（ROM）和随机存储器（RAM），RAM又分为静态随机存储器（SRAM）和动态随机存储器（DRAM）。只读存储器里存放的信息在出厂的时候就被写入并永久保存，这些信息只能读出，一般不能更改，计算机断电后，这些数据也不会丢失。随机存储器用于在计算机工作时，存放系统程序、用户程序及数据，RAM既可以读取数据，也可以写入数据，但是当计算机断电后，存放在RAM中的数据就会丢失且不可恢复。

内存容量主要由RAM的容量来决定，习惯上将RAM直接称为内存。内存通常做成条形，故又将内存称为内存条。内存条如图1-2所示。

图1-2　内存条

（2）外存储器

外存储器简称外存，也称为辅助存储器，是计算机主机外部的存储设备，用于存储大量的、暂时不运行的程序和数据，以及一些需要永久保存的信息。此类储存器一般断电后仍然能保存数据。外存不能和CPU进行直接交互，它只和内存交换数据。外存储器的具体类型包括固态硬盘（SSD）、机械硬盘、U盘、移动硬盘、光盘等。这些设备通过接口与计算机连接，虽然速度相较于内存来说较慢，但能够提供大量的存储空间，适合长期保存数据和文件。常见的外存如图1-3所示。

a）固态硬盘　　　　　　b）机械硬盘　　　　　　c）移动硬盘

图1-3　常见的外存

移动存储器是携带方便、体积较小、存取速度高的外存储器。其主要特点是便携性高、存储容量大、数据读写速度快，并且支持即插即用，方便用户在不同设备之间传输和存储数据。常以USB接口与计算机主机相连。现今USB接口类型有很多，常见的有Type-A接口（计算机、U盘）、Type-B接口（打印机）、Type-C接口、Mini USB（数码设备）以及Micro USB（手机）等，如图1-4所示。

（3）高速缓冲存储器（Cache）

CPU缓存可以分为一级缓存、二级缓存，部分高端CPU还具有三级缓存。Cache位于主存和CPU之间，用于存储CPU频繁访问的数据和指令。缓存大小直接影响CPU处理数据的速度，较大的缓存能显著提高CPU性能。Cache的存取速度可与CPU的速度相匹配，但存储容量小、价格高。

Type-A　　Type-B　　Type-C　　Mini USB　　Micro USB

图1-4　常见的USB接口

（4）主要性能指标

存储容量是指存储器能存放二进制数的总量，是用于反映存储空间大小的技术指标。存储容量越大，存储空间就越大，能记忆的二进制数也就越多。存储容量的基本单位可以是位（bit），也可以是字节（Byte），常用存储容量的单位还有千字节（KB）、兆字节

（MB）、吉字节（GB）、太字节（TB）、拍字节（PB）、艾字节（EB）等。它们之间的关系如下：

1B=8bit

1KB=2^{10}B=1024B

1MB=2^{10}KB=1024KB=2^{20}B

1GB=2^{10}MB=1024MB=2^{30}B

1TB=2^{10}GB=1024GB=2^{40}B

1PB=2^{10}TB=1024TB=2^{50}B

1EB=2^{10}PB=1024PB=2^{60}B

3. 输入设备

输入设备（Input Device）是向计算机输入数据和信息的设备，是计算机与用户或其他设备通信的桥梁。输入设备是用户和计算机系统之间进行信息交换的主要装置之一。键盘、鼠标、摄像头、扫描仪等都属于输入设备，用于把原始数据和处理这些数据的程序输入到计算机中。计算机能够接收各种各样的数据，既可以是数值型的数据，也可以是各种非数值型的数据，如图形、图像、声音等，都可以通过不同类型的输入设备输入到计算机中。常见的输入设备如图1-5所示。

a）键盘鼠标　　　　　b）摄像头　　　　　c）触摸屏

图1-5　常见的输入设备

4. 输出设备

输出设备（Output Device）是人与计算机交互的一种部件，用于数据的输出。它把各种计算结果数据或信息以数字、字符、图像、声音等形式表示出来。常见的输出设备有显示器、打印机、绘图仪、影像输出系统、语音输出系统等。常见的输出设备如图1-6所示。

a）显示器　　　　　b）激光打印机　　　　　c）3D打印机

图1-6　常见的输出设备

（1）显示器

作为计算机系统最主要的输出设备，按照显示原理可以将显示器分为CRT（阴极射线管）显示器、LCD、LED和PDP四类。CRT显示器是最早的计算机显示器类型，具有色彩鲜艳、亮度高、对比度高、响应迅速等特点，但它体积大、重量重、功耗高，而且存在辐射问题，目前已经基本被淘汰。LCD利用液晶显示层成像，分辨率高、色彩丰富、耗电量低、体积小、辐射低，但LCD在显示黑色时难以达到完全的黑暗状态，会出现灰色或漏光现象。LED通过发光二极管发光显示，高亮度、高对比度、鲜艳的色彩为其主要特点，LED屏幕可以设计成各种形状和尺寸，具有极高的灵活性，但其成本高昂，同时在低亮度场景下，可能会出现色彩过渡不自然或细节丢失的情况。PDP是利用惰性气体放电发光进行平面显示的一种装置，具有高亮度、高对比度、视角大、寿命长、响应速度快的特点，且PDP具有存储记忆能力，适宜用作大型屏幕显示。但PDP的成本较高、易发热、能耗高。

显示器的主要性能指标包括：

1）分辨率。屏幕上的像素数量，通常以水平像素数和垂直像素数表示，如1920×1080（全高清）、2560×1440（2K）和3840×2160（4K）等。分辨率越高，图像显示得就越细腻，细节表现能力也就越强。

2）刷新率。显示器每秒更新图像的次数，通常以赫兹（Hz）为单位，高刷新率可以让动态图像更加流畅，减少拖影和模糊现象。

3）亮度。较高的亮度通常意味着图像在明亮的环境中仍然能够清晰可见。

4）对比度。显示器亮区与暗区的亮度比值，反映了显示器对明暗层次的表现能力，高对比度的显示器能够呈现出更加丰富的细节和层次感，让图像更加立体、逼真。

5）色域。衡量显示器色彩表现能力的重要指标，色域覆盖率越高，显示器的色彩还原能力就越强。

（2）打印机

目前常见的打印机有针式打印机、喷墨打印机和激光打印机三种。针式打印机通过针头撞击色带从而在纸上形成字符或图像，适用于多层复写纸和连续打印，如发票、收据等。喷墨打印机通过喷嘴将墨水直接喷射到纸张上，色彩还原度高，特别适合打印照片，但喷墨打印机的耗材成本较高。激光打印机利用激光束和静电技术将碳粉吸附在纸张上，适合大量、高速打印，打印质量高，成本相对较低。

（3）3D打印机

3D打印机又称三维打印机，是快速成型的一种工艺设备，是一种通过逐层添加材料构建三维物体的设备。它使用数字模型文件作为基础，通过特殊材料如蜡材、粉末状金属或塑料等，通过打印一层层的黏合材料来制造三维物体。3D打印的最大优点是无需机械加工和任何模具，就能直接从计算机图形数据中生成任何形状的零件，从而极大地缩短产品的研制周期，提高生产效率，降低生产成本。

5. 主板与总线

主板与总线是计算机系统中不可或缺的组成部分。它们之间密切相关，共同支撑着计算机系统的正常运行和性能发挥。

（1）主板

主板，又称为主机板、系统板和母板，包括BIOS芯片、I/O控制芯片、键盘和面板控制的开关接口、指示灯插接件及扩充插槽等元件。它为CPU及其他的硬件提供了一个安装的场所，同时允许所有设备之间能相互进行通信，如图1-7所示。在计算机中，通常将I/O接口直接做在主板上，如图1-8所示，外部设备就通过这些接口与主机相连。

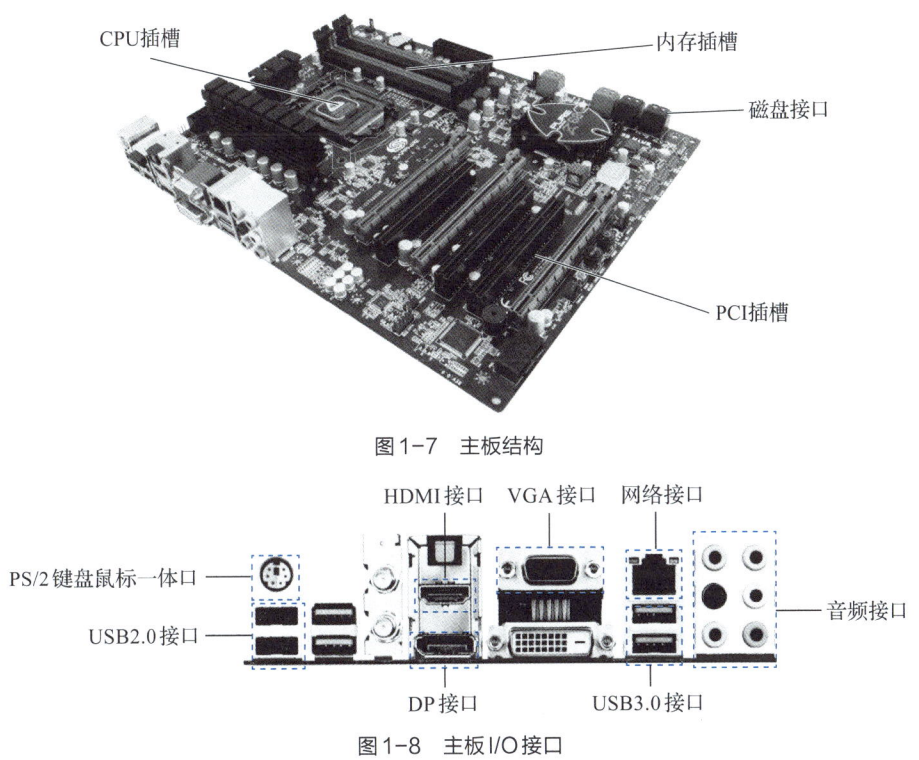

图1-7　主板结构

图1-8　主板I/O接口

（2）总线

总线（Bus）是计算机各种功能部件之间传送信息的公共通信干线，它是由导线组成的传输线束，按照计算机所传输的信息种类，计算机的总线可以划分为数据总线、地址总线和控制总线，分别用来传输数据、数据地址和控制信号。

1）数据总线：负责传输各个部件之间的数据信息，确保数据的正确传递。

2）地址总线：用来传输数据的地址信息，指明数据应该被送往何处。

3）控制总线：负责传输控制信号，协调各个部件的工作节奏。

1.2.4　计算机软件系统

软件系统（Software Systems）由系统软件和应用软件组成，它是计算机系统中由软件组成的部分。

1. 系统软件

系统软件是为了管理、监控和维护计算机软硬件资源而编制的软件。系统软件主要包括操作系统、语言处理程序和数据库管理系统。

（1）操作系统

操作系统是最重要、最基本的系统软件，是用户和计算机的接口，它负责控制和管理计算机系统的各种软硬件资源，合理地组织计算机系统的工作流程。操作系统一般包括以下功能。

1）处理器管理：负责调度、管理和分配处理器并控制程序的执行。

2）存储管理：通过分配和回收内存资源，提高内存的利用率，合理地为程序的运行分配内存空间。

3）设备管理：对计算机系统中除了CPU和内存以外的所有输入输出设备进行管理。

4）文件管理：提供文件的组织、存储和访问接口，负责文件的检索、共享和保护。

5）进程管理：通过控制和调度系统资源，为应用程序提供良好的运行环境。

（2）语言处理程序

语言处理系统是处理软件语言的程序子系统，它包含一个翻译程序，该翻译程序将一种语言的程序翻译成等价的另一种语言的程序。被翻译的语言和程序分别称为源语言和源程序，翻译生成的语言和程序分别称为目标语言和目标程序。

语言处理程序主要包括三种类型：汇编程序、编译程序和解释程序。汇编程序将高级语言编写的源代码转换为机器语言，编译程序则将整个源程序一次性编译成目标代码，而解释程序则逐句解释执行源程序。

（3）数据库管理系统

数据库（Database）是一个按照数据结构来组织、存储和管理数据的仓库。它可以被看作是一个电子化的文件柜，存储着大量有组织的数据。数据库管理系统是一种用于管理数据库的软件系统，它负责建立、使用和维护数据库，确保数据库的安全性和完整性。用户可以通过数据库管理系统对数据库进行访问、查询、修改和管理等。数据库管理系统为用户和应用程序提供了一种方便、高效、安全地存储、检索、更新和管理数据的方法。

2. 应用软件

应用软件是为了满足不同领域、不同问题的应用需求而设计开发的软件程序，一般运行在操作系统之上，利用计算机的硬件资源和操作系统提供的服务来完成各种任务。常见的应用软件包括办公软件（如WPS Office、Microsoft Office）、图像处理软件（如Adobe Photoshop、Adobe Illustrator）、医院管理系统（HIS）等。

1.3 计算机中的数据与信息

在计算机科学中，数据与信息是两个紧密相关又有所区别的概念。数据的应用已经深入到经济、社会治理、科学研究等各个领域。了解数据与信息的区别和联系，学习计算机对信息的处理方法,对于我们更好地利用数据资源、提高信息利用效率具有重要意义。

1.3.1 数据与信息

数据是对客观事件进行记录并可以鉴别的符号,是对客观事物的性质、状态以及相互关系等进行记载的物理符号或这些物理符号的组合。数据可以是连续的值,比如声音、图像,称为模拟数据;也可以是离散的值,如符号、文字,称为数字数据。

信息是数据经过加工处理后得到的另一种形式的数据,具有特定的上下文和意义,它在某种程度上能够影响接收者的行为。

计算机科学中的信息通常被认为是能够用计算机处理的有意义的内容或消息,它们以数据的形式出现。数据是信息的基础,信息是数据的含义,数据经过加工处理之后成为信息,而信息需要经过数字化转变成数据才能被存储和传输。

1.3.2 计算机中的数据

计算机中的数据可以有不同的类型,如整数、浮点数、字符、图像、音频、视频等,这些数据类型具有不同的表示方式和处理规则,使得计算机可以根据需要对其进行存储、检索、处理和输出。

计算机内部的所有数据都被表示为二进制形式,二进制是由0和1组成的数字系统。位(bit)是计算机中数据的最小单位,字节(Byte,B)是计算机中数据的基本单位,各种信息在计算机中存储、处理至少需要一个字节。在计算机各种存储介质的存储容量表示中,存储单位不是位、字节,而是KB、MB、GB、TB等。

1.3.3 计算机中的数制

数制也称为进位计数制,是用一组固定的符号和统一的规则来表示数值的方法。任何一个数制都包含三个基本要素:数码、基数和位权。

1)数码:在特定进制系统中各数位上用于表示数值的基本字符或数字。数位是指数码在整个数中的位置。

2)基数:数制中所使用的数码的个数,例如二进制使用"0"和"1"两个数码,所以二进制的基数为2,而十进制的基数为10。

3)位权:数制中某一位上的1所表示数值的大小,如十进制数123,1的位权是10^2,这里的1即表示1×10^2;2的位权是10^1,这里的2即表示2×10^1;3的位权是10^0,这里的3即表示3×10^0。

例如:

$$(1285.73)_{10} = 1 \times 10^3 + 2 \times 10^2 + 8 \times 10^1 + 5 \times 10^0 + 7 \times 10^{-1} + 3 \times 10^{-2}$$

(基数) (数码) (位权)

计算机中常用的数制有二进制、八进制、十进制和十六进制。为了区分不同的进制数，可以使用（　）$_R$表示R进制或在数字后直接用特定的字母（二进制B、八进制O、十进制D、十六进制H）来表示该数的两种进制书写格式。例如：十进制123可以表示为（123）$_{10}$，或123D。

1. 二进制

二进制的基数为2，数码包括0、1共2个数码。N位二进制整数的位权从右往左依次为2^0，2^1，…，2^{N-1}，N位二进制小数的位权从左往右依次为2^{-1}，2^{-2}，…，2^{-N}。例如：

$$(101.101)_2 = 1\times 2^2+0\times 2^1+1\times 2^0+1\times 2^{-1}+0\times 2^{-2}+1\times 2^{-3}$$

二进制的运算遵循"逢二进一""借一当二"的规则。

2. 八进制

八进制的基数为8，数码包括0~7共8个数码。N位八进制整数的位权从右往左依次为8^0，8^1，…，8^{N-1}，N位八进制小数的位权从左往右依次为8^{-1}，8^{-2}，…，8^{-N}。例如：

$$(426.7)_8 = 4\times 8^2+2\times 8^1+6\times 8^0+7\times 8^{-1}$$

八进制的运算遵循"逢八进一""借一当八"的规则。

3. 十进制

十进制的基数为10，数码包括0~9共10个数码。N位十进制整数的位权从右往左依次为10^0，10^1，…，10^{N-1}，N位十进制小数的位权从左往右依次为10^{-1}，10^{-2}，…，10^{-N}。例如：

$$(128.73)_{10} = 1\times 10^2+2\times 10^1+8\times 10^0+7\times 10^{-1}+3\times 10^{-2}$$

十进制是人们最习惯使用的数制，在计算机中一般把十进制作为输入/输出的数据形式，十进制的计算遵循"逢十进一""借一当十"的规则。

4. 十六进制

十六进制数的基数为16，数码包括0，1，…，9，A，B，C，D，E，F共16个数码，其中A~F分别表示十进制数10~15，即A表示十进制数10，B表示十进制数11，…，F表示十进制数15。N位十六进制整数的位权从右往左依次为16^0，16^1，…，16^{N-1}，N位十六进制小数的位权从左往右依次为16^{-1}，16^{-2}，…，16^{-N}。例如：

$$(20A.E7)_H = 2\times 16^2+0\times 16^1+A\times 16^0+E\times 16^{-1}+7\times 16^{-2}$$

十六进制数的运算遵循"逢十六进一""借一当十六"的规则。

1.3.4 数制间的转换

二进制、十六进制数按位权展开，可以得到其对应的十进制数大小，将十进制数转换为二进制数或十六进制数，则需要将整数部分和小数部分分开进行转换。

1. R进制数转换为十进制数（R={2，8，16}）

转换规则：按对应位权展开后求和，即先把进制数中的每一个数码乘以它的位权后再相加。例如，将二、八、十六进制数转换为十进制数。

$(101.101)_2 = 1×2^2+0×2^1+1×2^0+1×2^{-1}+0×2^{-2}+1×2^{-3} = (5.625)_{10}$

$(426.7)_8 = 4×8^2+2×8^1+6×8^0+7×8^{-1} = (278.875)_{10}$

$(20A.E7)_{16} = 2×16^2+0×16^1+A×16^0+E×16^{-1}+7×16^{-2}$
$= 2×16^2+0×16^1+10×16^0+14×16^{-1}+7×16^{-2}$
$= (522.90234375)_{10}$

2. 十进制数转换为R进制数（R={2，8，16}）

转换规则：

1）整数部分用除法。用整数部分除以R，取其余数，直到商为0为止，所得余数逆序排列，即为R进制数整数部分每位的数码。

2）小数部分用乘法。用小数部分乘以R，取其整数后，再将余下的小数部分乘以R，直到小数为0为止或满足一定精度即可。最后，将得到的整数顺序排列，即为R进制数小数部分每位的数码。

例如：十进制数100.25转换为二进制数，其转换过程为：

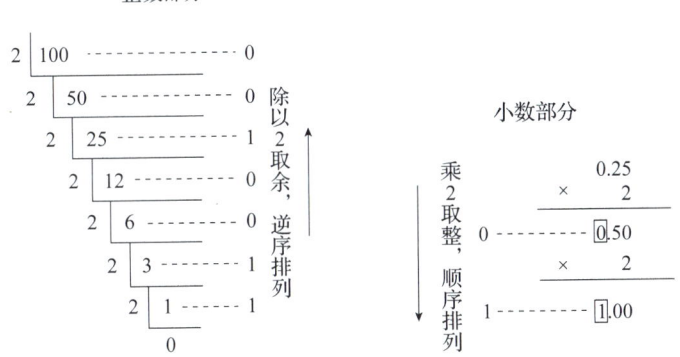

转换结果：$(100.25)_{10} = (1100100.01)_2$

3. 二进制数与八进制数之间的转换

转换规则：由于二进制数的3位对应八进制数的1位，即$(111)_2=(7)_8$。从小数点开始向左向右划分，二进制数的3位为一组（如高位和低位不够3位，则用0补足），转换为八进制数的1位，小数点位置不变。反之，八进制数的每一位转换为二进制数的3位即可。

例如：将二进制数$(10110011001.1011)_2$转为八进制数。

二进制数：　010　110　011　001　．　101　100
　　　　　　 ↕　　↕　　↕　　↕　　　　↕　　↕
八进制数：　 2　　6　　3　　1　．　5　　4

转换结果：$(10110011001.1011)_2 = (2631.54)_8$

4. 二进制数与十六进制数之间的转换

转换规则：由于二进制数的4位对应十六进制数的1位，即 $(1111)_2 = (15)_{16}$。从小数点开始向左向右划分，二进制数的4位为一组（如高位和低位不够4位，则用0补足），转换为十六进制数的1位，小数点位置不变。反之，十六进制数的每一位转换为二进制数的4位即可。

例如：将二进制数 $(1101010001101.101101)_2$ 转为十六进制数。

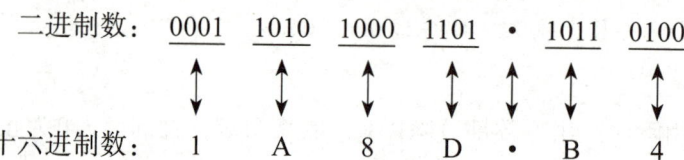

转换结果：$(1101010001101.101101)_2 = (1A8D.B4)_{16}$

1.3.5 常用信息编码

计算机信息编码是指将信息转换为计算机可以理解和处理的数字形式的过程。这个过程涉及使用特定的编码系统，将字符、符号、图像或其他数据类型转换为二进制形式，以便计算机能够读取、存储和处理。

1. 西文字符的编码

美国信息交换标准代码ASCII（American Standard Code for Information Interchange）是基于拉丁字母的一套计算机编码系统，主要用于显示现代英语和其他西欧语言，被国际标准化组织指定为国际标准。ASCII码使用指定的7位或8位二进制数组合来表示128或256种可能的字符。ASCII码表见表1-1。

表1-1　ASCII码表

低位	高位							
	000	001	010	011	100	101	110	111
0000	NUL	DLE	SP	0	@	P	`	p
0001	SOH	DC1	!	1	A	Q	a	q
0010	STX	DC2	"	2	B	R	b	r
0011	ETX	DC3	#	3	C	S	c	s
0100	EOT	DC4	$	4	D	T	d	t
0101	ENQ	NAK	%	5	E	U	e	u
0110	ACK	SYN	&	6	F	V	f	v
0111	BEL	ETB	'	7	G	W	g	w
1000	BS	CAN	(	8	H	X	h	x

(续)

低位	高位							
	000	001	010	011	100	101	110	111
1001	HT	EM	)	9	I	Y	i	y
1010	LF	SUB	*	:	J	Z	j	z
1011	VT	ESC	+	;	K	[	k	{
1100	FF	FS	,	<	L	\	l	|
1101	CR	GS	-	=	M	]	m	}
1110	SO	RS	.	>	N	^	n	~
1111	SI	US	/	?	O	_	o	DEL

相应的大小写字母的ASCII码之间相差32，只要记住了一个字母的ASCII码，就可以推算出其余字母、数字的ASCII码。

2. 汉字的编码

汉字的编码是指将汉字字符转换为计算机能够存储、处理和传输的二进制数据的规则和方法，字符集和编码规则是其中的两个核心概念。字符集是一组汉字的集合，用以明确哪些汉字需要被编码，编码规则是将字符集中的每个汉字映射到唯一的二进制数值的规则。

（1）字符集

在实际应用中，字符集和编码规则有时会被混用。例如，GB2312既是一个字符集，也指代其编码方式。GB2312是我国早期的标准，收录了约6763个汉字。GBK编码扩展了GB2312，支持更多汉字，包括繁体字和生僻字；GB18030是我国现行国家标准，覆盖了更多字符，包括少数民族文字，并且兼容Unicode。Big5码是我国台湾和香港地区常用的繁体字符集，而Unicode则是国际标准，旨在统一所有字符。

（2）编码规则

汉字编码规则从早期的本地化双字节方案（GB2312、Big5）发展到支持全球化的变长编码（UTF-8、GB18030），核心目标是解决字符表示、兼容性与存储效率问题。为了实现更好的兼容性，现在一般优先使用UTF-8编码。

1.4 多媒体技术简介

1.4.1 多媒体技术的基本概念

多媒体技术是一种对文本、图形、图像、音频、视频、动画等多种信息形式进行综合处理、存储、传输和展现的技术。它利用计算机的强大处理能力，对各种媒体元素进行数字化表示，并通过特定的软件工具和算法进行编辑、合成和交互，从而创造出丰富多彩、生动逼真的多媒体作品，为用户提供更加直观、全面和沉浸式的信息体验。

1. 媒体类型介绍

（1）感觉媒体

感觉媒体是指能够直接作用于人的感官，使人直接产生感觉的媒体。

（2）表示媒体

表示媒体是为加工、处理和传输感觉媒体而人为研究设计出来的一种媒体，其目的是更有效地加工、处理和传输感觉媒体。

（3）显示媒体

显示媒体（或称为表现媒体）是指用于输出和输入信息的工具和设备，它分为输入表现媒体和输出表现媒体两种。

2. 多媒体元素的表现形式

1）文本：文本是以文字和各种专用符号表达的信息形式。

2）声音：声音是人们用来传递信息和交流感情最方便、最熟悉的方式之一。

3）图像：图像是多媒体软件中最重要的信息表现形式之一。

4）动画：动画是利用人的视觉暂留特性，快速播放的一系列连续运动变化图形图像。

5）视频：视频影像可以通过连续的图像和声音来呈现事物的发展过程。

1.4.2 音频处理技术

1. 音频文件格式

常见音频文件格式类型特点及应用汇总见表1-2。

表1-2 常见音频文件格式类型特点及应用汇总

音频文件格式	特点	应用
WAV	未经压缩的音频数据，提供高质量声音，文件较大	专业音频和音乐制作领域
MP3	使用MPEG音频层Ⅲ压缩技术，文件小且音质良好	音乐分享、在线流媒体服务
MIDI	不是音频文件格式，是通信协议，包含音符和音乐指令信息	电子乐器间及乐器与计算机间的数据交换
WMA	微软开发的音频编解码器，压缩率高、音质好，文件小	Windows操作系统和便携式设备
ALAC	苹果公司开发的无损音频编码格式，用于压缩和解压未压缩的音频文件	Apple设备，特别是iTunes和macOS

2. 音频编辑与处理软件介绍

音频编辑与处理软件是一种允许用户对录制的音频文件进行剪切、拼接、混音、降噪、均衡化等多种操作的工具。这类软件通常配备直观的界面和丰富的音频效果库，实现音频文件的精细编辑和高级处理，广泛应用于音乐制作、播客制作、有声书录制、广告配音等多个领域。常用音频编辑与处理软件汇总见表1-3。

表1-3 常用音频编辑与处理软件汇总

软件名称	简介	功能	特点	适用系统
Adobe Audition	Adobe公司出品的专业音频编辑软件	多轨编辑、波形编辑、降噪、混音、添加效果等	界面专业，功能强大，适合专业人士和高级用户	Windows，Mac
Steinberg Cubase	专业音乐制作软件	多轨编辑、MIDI编辑、乐器音色库、混音、添加效果等	界面专业，功能全面，适合专业音乐制作人	Windows，Mac
FL Studio	专业电子音乐制作软件	多轨编辑、MIDI编辑、乐器音色库、混音、添加效果等	界面直观，学习曲线较缓，适合电子音乐制作人	Windows，Mac
Audacity	免费且开源的音频编辑器	多轨编辑（通过插件实现）、降噪、混音、添加效果等	界面简洁易用，非常适合初学者和业余爱好者	Windows，Mac，Linux
迅捷音频剪辑软件	专注于音频剪辑的专业工具	从视频中提取音频并进行编辑，包括剪切、合并、淡入、淡出等操作	界面直观，功能一目了然，操作高效快捷	Windows，Mac

3. 使用迅捷音频剪辑软件处理声音

迅捷音频剪辑软件是一款非常受欢迎的音频编辑工具，软件界面简洁美观，内置音频剪切、合并、变速、降噪等多种音频编辑功能。

实训1-1　迅捷音频剪辑软件编辑声音

01 任务描述：

安装迅捷音频剪辑软件，使用迅捷音频剪辑软件录音和编辑声音文件。

02 任务分析：

可以通过录音笔、麦克风等录制声音，也可以在网络上下载声音文件，或者用手机录制后导入计算机。使用迅捷音频剪辑软件对声音文件进行编辑，截取需要的部分，设置淡入、淡出的效果。

03 实施步骤：

① 从官方网站下载迅捷音频剪辑软件并按照提示安装。

② 打开迅捷音频剪辑软件。

③ 进入如图1-9所示操作界面。在麦克风开启的情况下，选择热门功能下的录音机，单击"开始录音"，录制一段课文的声音文件。

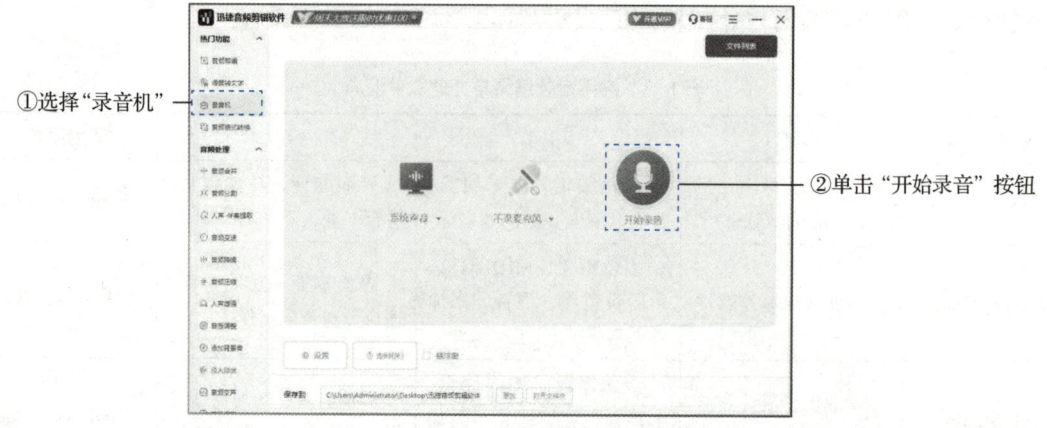

图1-9 迅捷音频剪辑软件录音机界面

④ 进入如图1-10所示操作界面。使用迅捷音频剪辑软件音频编辑功能，拖动音频编辑的蓝色工具条，可以剪切选中的时间段的声音。单击"播放"按钮查看编辑效果。

⑤ 使用音频编辑界面的淡入、淡出工具，设置声音的淡入、淡出效果。

⑥ 将录音保存为工程以便随时编辑，也可以导出为MP3类型的音频文件。

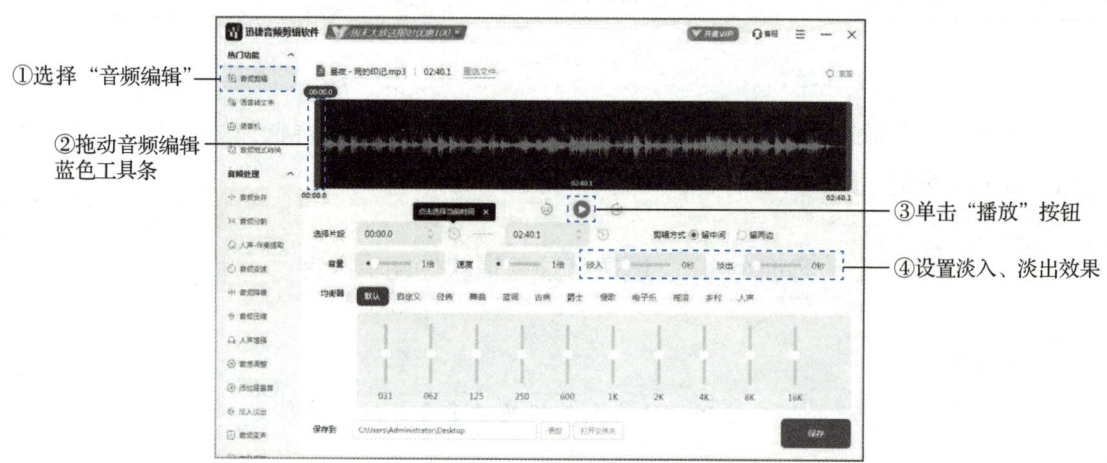

图1-10 音频编辑界面

1.4.3 图像处理技术

1. 图像文件格式

图像文件格式是用于存储和传输图像数据的标准化格式，不同的图像文件格式具有各自的特点和适用场景。常见图像文件格式对比分析见表1-4。

表1-4 常见图像文件格式对比分析

图像文件格式	描述	优点	缺点	适用场景
JPEG（JPG）	联合图片专家组格式，有损压缩	压缩率高，加载速度快，适用于存储和共享照片	有损压缩，会丢失部分图像数据，不适合需要高质量图像的场景	网页图像、照片共享、社交媒体

(续)

图像文件格式	描述	优点	缺点	适用场景
GIF	图形交换格式，支持动画	支持动画和透明度，文件较小	仅支持256种色彩，不适合存储真彩色图像	网页动画、动态表情包、简易小动画
TIFF（TIF）	标签图像文件格式，无损压缩	印刷行业标准的图像格式，支持多图层和透明度	文件大，打开速度慢	印刷、图形设计、专业摄影
BMP	位图格式，无压缩	无损存储，颜色丰富	文件大，占用磁盘空间多	Windows系统下的图像存储
PSD	Photoshop专用格式	无损质量，支持全色彩模式，可保存图层和编辑信息	文件大，需特定软件（Photoshop）打开	高级图像编辑、设计作品、摄影后期处理

2. 图像处理软件

目前比较常用的图像处理软件包括Adobe Photoshop、Adobe Lightroom、GIMP、美图秀秀等。用户可以根据自己的需求和技能水平选择最适合自己的工具。常用图像处理软件对比分析见表1-5。

表1-5 常用图像处理软件对比分析

软件名称	功能特点	学习曲线	价格	适用人群
Adobe Photoshop	行业标准的修图软件，提供强大的图像编辑功能，如修复瑕疵、调整色彩、复杂合成等	有一定学习曲线，需要一定时间掌握	付费软件，提供试用版	专业摄影师、设计师、对图像处理有较高要求的用户
Adobe Lightroom	专注于照片管理和批量处理，提供直观的工具调整曝光、对比度、白平衡等参数	相对简单，但仍需要一些基础知识	付费软件，提供试用版	摄影爱好者、需要批量处理照片的用户
GIMP	开源的修图软件，功能强大且专业，与Photoshop相似，支持图层、滤镜和插件	有一定学习曲线，但比Photoshop更易于上手	免费软件，可通过捐赠支持开发者	需要专业图像处理功能但预算有限的用户
美图秀秀	简单易用的修图软件，提供一站式的修图解决方案，包括美颜、滤镜、文字添加等功能	极易上手，无需专业知识	免费软件	日常用户、社交媒体用户、初学者和非专业人士

3. 使用美图秀秀编辑图片

美图秀秀是一款目前常用的图像编辑软件，它的功能包括图片美化、人像美容、视频剪辑、视频美容、拼图等。它还提供了AI绘画、AI扩图、AI消除等功能，以及新增的AI文生图功能。

实训1-2 美图秀秀编辑图片

01 任务描述：

安装美图秀秀软件，并使用美图秀秀软件对图片进行美化。

02 任务分析：

可以通过照相机、截图和网络下载等方式获取图片。为了使图片的主题更加突出，需要对图片的亮度、对比度、色彩饱和度、清晰度进行调节，完成背景虚化操作。

03 实施步骤：

① 从官方网站下载美图秀秀软件并按照提示安装。

② 启动美图秀秀软件，选择"美化图片"功能，如图1-11所示。

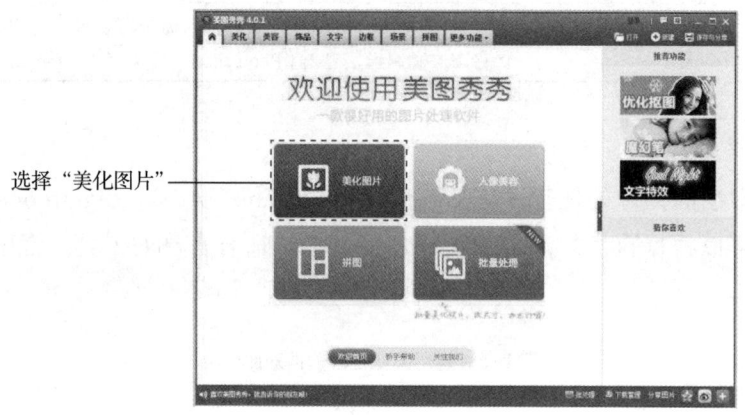

图1-11　选择"美化图片"功能

③ 打开图片后，用美化栏中的工具对图片进行美化，修改亮度、对比度、色彩饱和度、清晰度，如图1-12所示。

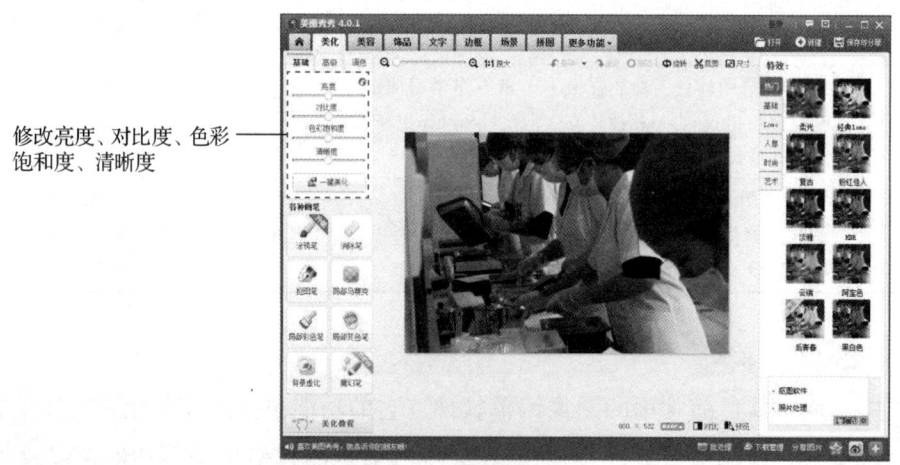

图1-12　美化图片

④ 使用背景虚化突出图像的重点，用涂抹画笔在虚化的图像中涂抹需要清晰显示的部分，在左侧可以调节画笔的大小和虚化力度，完成后单击"应用"按钮，如图1-13所示。

⑤ 图像编辑完成后，可以将图像保存为jpg、bmp、png等格式的文件。

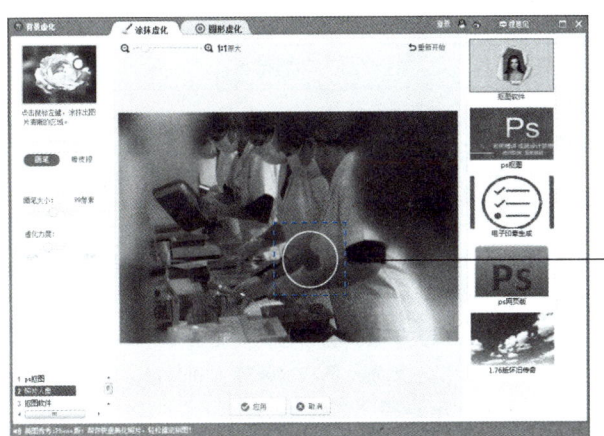

用涂抹画笔在虚化的图像中涂抹需要清晰显示的部分

图 1-13 背景虚化

1.4.4 视频处理技术

1. 视频文件格式

视频文件格式是多媒体领域中用于存储和传输视频数据的重要规范，涵盖了多种编解码标准和技术。常见的视频文件格式如 AVI、WMV、MP4、MPEG 等。常见视频文件格式对比分析见表 1-6。

表 1-6 常见视频文件格式对比分析

视频文件格式	简介	优点	缺点
AVI	早期由 Microsoft 开发，Audio Video Interactive 的缩写，视频和音频编码混合储存	图像质量好，兼容性好，允许视频和音频交错在一起同步播放	文件体积庞大，限定压缩标准，只支持一个视频轨道和一个音频轨道
WMV	Windows Media Video，微软公司开发的数位视频编解码格式	支持数位版权保护，兼容性好	特定环境中播放
MP4	广泛支持的数字视频文件格式，MPEG-4 格式	跨平台性好，兼容性强，文件体积小，同时支持音频、视频、图像	无显著缺点
MPEG/MPG	Moving Picture Experts Group，国际标准化组织认可的媒体封装形式	储存方式多样，适应不同应用环境，控制功能丰富	无显著缺点

2. 视频编辑软件

视频编辑软件种类繁多。在选择视频编辑软件时，用户应根据自己的实际需求和技术水平进行权衡，选择最适合自己的工具。常用视频编辑软件对比分析见表 1-7。

表 1-7 常用视频编辑软件对比分析

软件名称	适用人群	易用程度	功能特点	系统要求
影忆	视频剪辑初学者、家庭用户、自媒体创作者	简单易用	支持视频剪辑、合并、拆分、裁剪、旋转、调整色彩等基础功能，提供添加背景音乐、AI 自动加字幕、转场和滤镜特效等高级功能，支持 GPU 加速导出，支持 2K/4K 超高清视频	普通配置计算机即可流畅运行

（续）

软件名称	适用人群	易用程度	功能特点	系统要求
Clipchamp Create	视频剪辑初学者、家庭用户、社交媒体创作者	简单易用	提供基础剪辑功能，如Vlog拍摄、剪辑、细调和发布等，支持全英文操作界面	在线工具，无需下载安装
DaVinci Resolve	专业视频编辑人员、对色彩校正有高要求的用户	专业	集视频剪辑、调色、音频后期于一体，支持电影级别的色彩效果，提供多轨道时间线和精确的剪辑工具	需较高配置计算机，学习曲线较陡峭
Lightworks	专业视频编辑人员、追求高效剪辑的用户	专业	以其高效的剪辑性能和灵活的剪辑工具著称，支持多格式视频导入和导出，以及多轨道编辑和实时预览功能	需较高配置计算机，上手难度较高

3. 使用影忆视频制作软件编辑视频

影忆是全民流行的视频制作软件，它支持AI自动加字幕、调色、去水印、横屏转竖屏等剪辑功能，且其诸多创新功能和影院特效，也使它成为迄今为止较易用且强大的视频制作软件。

实训1-3　影忆编辑视频

01 任务描述：

安装影忆视频制作软件，使用影忆对视频进行编辑。

02 任务分析：

可以通过摄像机、手机等方式获取视频，导入计算机。利用影忆视频制作软件完成对两段视频的剪辑和拼接，并对视频添加背景音乐和字幕。

03 实施步骤：

① 从官方网站下载影忆视频制作软件并按照提示安装。

② 启动影忆软件，单击"添加视频"按钮，如图1-14所示，添加所需编辑的视频文件。

③ 视频文件添加完成后，选定窗口下方"已添加片段"区中的视频，在"视频预览"区中，通过预览记录要截取的开始时间和结束时间，在窗口中间的"裁剪原片"区中输入开始时间和结束时间，对视频进行截取，编辑完成后单击"确认修改"按钮，即可。也可单击"裁剪原片"区中的"预览/截取原片"按钮，在弹出的"预览/截取"对话框中完成视频的截取。

④ 选择"音频"选项，进入音频编辑，如图1-15所示，单击"添加音频"按钮，在列表区中单击选定要编辑的音频后，在窗口中间位置的编辑区中，对视频中的音频进行编辑。编辑完成后，单击"确认修改"按钮即可。

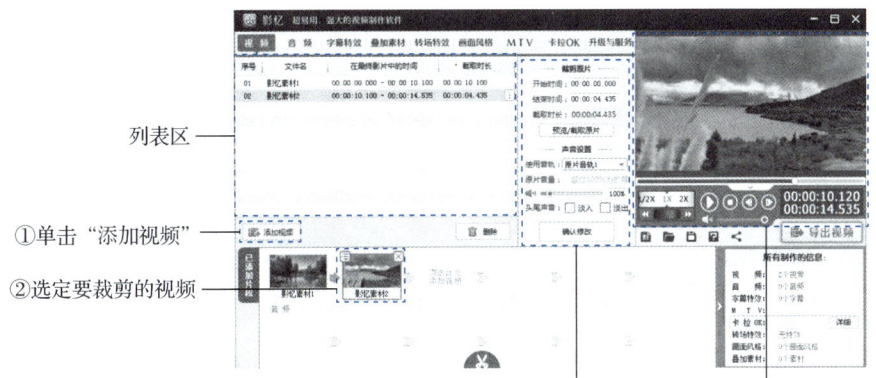

图1-14 影忆软件

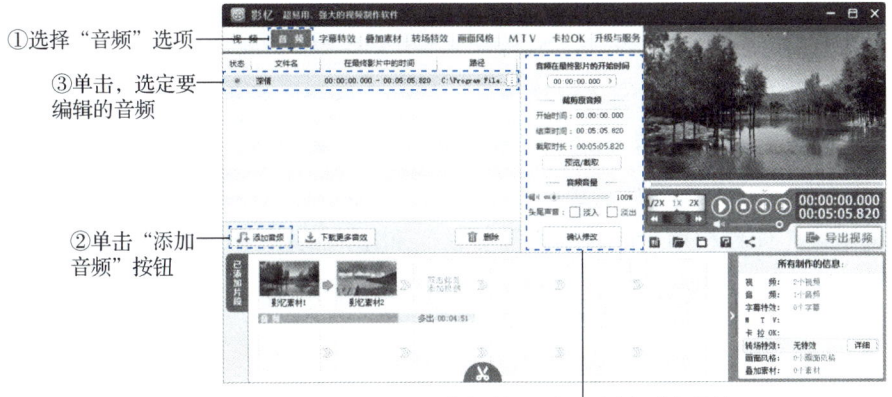

图1-15 音频编辑界面

⑤ 添加视频字幕。选择"字幕特效"选项，进行视频字幕的编辑，如图1-16所示。在

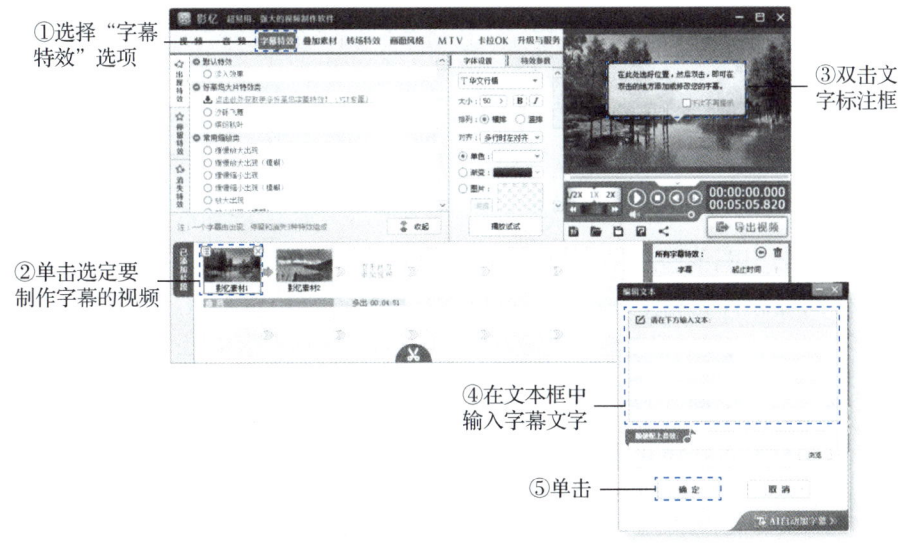

图1-16 字幕编辑界面

"已添加片段"区中,单击选定要制作字幕的视频后,在预览区中双击文字标注框,将弹出"编辑文本"对话框,在其文本框中输入字幕文字后,单击"确定"按钮。

⑥视频编辑完成后,将视频导出,可以保存为DVD、MP4、AVI等格式的文件。

1.5 信息安全

1.5.1 信息安全概述

信息安全的目的是确保信息的机密性、完整性和可用性,即防止未经授权的访问泄露敏感信息,保护信息在传输和存储过程中不被篡改或损坏,并确保授权用户能够随时访问和使用这些信息,保证个人隐私、企业资产和国家安全不受侵害。

1. 信息安全的基本概念

信息安全是指保护信息系统(包括硬件、软件、网络、数据等)免受未经授权的访问、使用、披露、中断、修改或破坏的一系列原则、技术和过程。它旨在确保信息的机密性(即信息不被未授权的个人或实体获取)、完整性(即信息在传输或存储过程中不被篡改或损坏)和可用性(即授权用户能够根据需要访问和使用信息)。信息安全是维护国家安全、社会稳定、企业运营和个人隐私的关键要素,需要综合运用技术、管理和法律等多种手段来加以保障。

2. 信息安全的重要性

信息安全的重要性体现在多个方面。首先,它是保护个人隐私的关键,确保个人敏感信息不被非法获取和滥用。其次,信息安全对于维护企业正常运营至关重要,防止商业机密泄露、数据篡改和网络攻击,确保业务连续性和声誉不受损害。此外,信息安全也是保障国家安全和社会稳定的重要因素,防止网络攻击、恐怖主义活动和间谍行为对国家安全构成威胁。因此,加强信息安全措施,提升信息安全防护能力,对于个人、企业和国家都具有不可忽视的重要意义。

1.5.2 信息安全威胁

信息安全面临的主要威胁包括恶意软件、网络攻击和内部威胁。恶意软件,如蠕虫病毒、木马软件、间谍软件和勒索软件等,可以通过多种途径传播,对计算机系统造成损害,窃取敏感信息,甚至控制用户设备。网络攻击则可能来自黑客、犯罪组织或敌对国家,形式包括拒绝服务攻击、中间人攻击等,旨在破坏网络正常运行、窃取数据或篡改系统。此外,内部威胁也不容忽视,员工、合作伙伴或供应商可能有意或无意地泄露敏感信息,利用系统漏洞进行不当操作,对信息安全构成严重威胁。

1. 恶意软件

恶意软件,又称"流氓软件",是指在未明确提示用户或未经用户许可的情况下,在用户计算机或其他终端上安装运行，进行窃取、加密、更改、删除数据以及监控用户等侵犯用户合法权益的计算机代码或软件，其类型包括蠕虫病毒、木马软件、VBS病毒、U盘病毒、勒索软件和间谍软件等。

目前比较常见的病毒软件包括以下几种。

1）蠕虫病毒：蠕虫病毒是一种可以自我复制的恶意软件，它通过网络传播，通常无需人为干预就能传播。与一般的病毒不同，蠕虫病毒不需要附着在宿主程序上，它可以独立运行并主动攻击。

2）木马软件：也被称为特洛伊病毒，是一种伪装成合法软件的恶意软件。它们从外部看起来是无害的或有益的，但一旦用户与它们交互，它们就会执行有害的操作，如安装病毒软件、加密关键文件等。特洛伊木马可以以各种形式出现，如后门木马、DDoS木马、下载程序、赎金木马和rootkit木马等。

3）VBS病毒：这种病毒会导致文件夹被隐藏，快捷方式被替换为exe文件等问题。针对这类病毒，有专门的隐藏文件夹病毒清理助手等工具可以对其进行清理。

4）U盘病毒：这类病毒通常通过U盘等可移动存储设备进行传播。例如，autorun.inf和autorun病毒就是常见的U盘病毒。为了防范这类病毒，可以使用USBKiller、Autorun病毒防御者等专业U盘杀毒工具。

此外，还有一些其他类型的病毒软件，如勒索软件、间谍软件等。这些病毒软件各具特点，有的通过网络漏洞进行传播，有的则通过欺骗用户进行安装。因此，用户需要保持警惕，避免打开不明来源的邮件及其附件，不从不可信的网站下载软件。同时，安装可靠的防病毒软件并定期更新病毒库也是防范病毒的重要措施。

2. 网络攻击

网络攻击是指未经授权，通过各种技术手段，非法访问、窃取、篡改、禁用或破坏计算机网络、系统或数字设备中的数据、应用程序或其他资产的行为。这些攻击可能源自黑客、犯罪组织或敌对国家，利用系统的漏洞和安全缺陷，通过网络或系统漏洞进行非法操作，以达到破坏、欺骗、窃取数据等目的，对个人隐私、企业安全乃至国家安全构成严重威胁。

（1）分布式拒绝服务（DDoS）

分布式拒绝服务英文名DDoS，是Distributed Denial of Service的缩写，俗称洪水攻击。DDoS攻击很简单，即用大量的主机来访问网络中的某一台机器，导致其性能下降影响正常的服务。DDoS是一种简单的攻击工具，当某些IDC机房服务器被攻破后，将其作为DDoS攻击源，后果将不堪设想。同时，对于DDoS攻击，如何找出其源地址，也是一个非常困难的事情。

（2）SQL注入

SQL注入是一种常见的网络攻击手法，其灵活性使得攻击者可以根据不同的情况构造特定的注入语句。通过在用户输入中插入恶意的SQL代码，攻击者可以绕过应用程序的身份验证和访问控制机制,直接对数据库进行操作,例如删除数据、获取敏感信息或者修改数据内容,从而对系统造成严重的安全威胁。SQL注入攻击的隐蔽性相当高,这主要是因为几乎所有的防火墙对通过互联网访问的数据库请求都无法及时发出警报。由于SQL注入攻击利用了应用程序对用户输入数据的不完善处理,攻击者可以在不被察觉的情况下成功执行恶意操作,这给安全防护带来了极大的挑战。

3. 内部威胁

内部威胁指的是来自单位内部的人员对信息系统安全构成的潜在风险。这些威胁可能源于员工的不当操作、疏忽大意、恶意行为或利用职权之便,导致敏感信息泄露、系统被破坏、数据被篡改或非法访问。内部威胁还包括内部人员与外部实体勾结,共同实施网络攻击或数据盗窃等行为,对单位的安全和声誉构成重大挑战。因此,加强内部安全培训、实施严格的访问控制和审计机制、建立有效的内部举报渠道,是防范内部威胁、维护信息安全的重要措施。

(1)不当操作

不当操作指的是单位内部员工在执行工作任务时,由于缺乏安全意识、专业知识或疏忽大意,违反既定的安全政策和操作规程,从而无意中导致信息安全漏洞或风险的行为。这些不当操作可能包括使用弱密码、随意共享敏感信息、未经授权访问系统资源、在公共网络上进行敏感数据传输、忽视软件更新和补丁安装等,这些行为都可能为黑客入侵、数据泄露等埋下隐患。因此,增强员工的安全意识,进行定期的安全培训和演练,以及实施严格的监控和审计机制,是有效减少不当操作、防范内部威胁的关键措施。

(2)泄露机密

泄露机密是指单位内部人员,无论是出于恶意、疏忽还是受外部诱惑,未经授权将敏感信息、商业机密、客户数据或知识产权等机密信息泄露给未经授权的个人或实体。机密信息的泄露不仅会对单位的经济利益、竞争力和声誉造成重大损害,还可能涉及法律风险,甚至威胁到国家安全。因此,建立严格的保密政策、加强员工的保密教育和意识提升、实施访问控制和数据加密措施,以及建立有效的监控和应急响应机制,是防范内部泄露机密、维护信息安全的重要手段。

(3)恶意行为

恶意行为是指单位内部人员出于个人目的、报复心理、经济利益或其他不良动机,故意对信息系统进行破坏、篡改、窃取或泄露敏感信息的行为。这些恶意行为包括未经授权访问系统资源、安装恶意软件、破坏数据完整性、泄露客户隐私或商业机密等。内部恶意行为往往难以预防和检测,因为它们可能由具有合法访问权限的员工发起,且可能利用单位内部的知识和流程进行隐蔽操作。因此,单位需要建立全面的内部安全策略,包括加强员工背景调查、实施严格的访问控制和审计机制、提供匿名举报渠道以及加强安全培训和意识提升,以有效应对内部恶意行为带来的信息安全挑战。

1.5.3 信息安全防护策略

1. 访问控制

访问控制是信息安全防护策略中的核心环节,它通过对用户身份进行验证、授权和管理,严格限制对信息系统和数据资源的访问权限。具体而言,实施访问控制策略涉及采用强密码策略、多因素认证等手段确保用户身份的真实性和可靠性;根据"最小权限原则"为用户分配必要的访问权限,避免权限滥用;定期审查和调整访问权限,及时撤销离职员工或不再需要的权限;利用防火墙、入侵检测等技术手段,监控和过滤非法访问尝试,从而有效防范未经授权的访问和数据泄漏风险,确保信息系统的安全性和数据的保密性。

2. 加密技术

加密技术是信息安全领域中的一项关键技术,它利用特定的算法和密钥将重要的数据转换为乱码(即加密)进行传送,到达目的地后再用相同或不同的手段还原(即解密)。加密技术是信息安全领域不可或缺的一部分,它在保护数据机密性、完整性和可用性方面发挥着至关重要的作用。随着技术的不断发展,加密技术将继续在各个领域发挥更大的作用,为信息安全提供更加坚实的保障。

3. 防火墙与入侵检测系统

防火墙与入侵检测系统共同构成了网络安全防护的重要体系。防火墙作为第一道防线,通过设置规则过滤进出网络的数据包,阻止未经授权的访问和恶意流量,确保内部网络资源不被非法访问;而入侵检测系统则作为第二层防护,实时监控网络活动,分析异常行为并识别潜在的安全威胁,如黑客攻击、病毒传播等。一旦检测到入侵行为,立即触发警报并采取相应措施,从而有效增强网络的安全防御能力。

4. 安全策略与补丁管理

(1)安全策略

安全策略管理,是确保信息安全体系有效运行的核心环节。它涵盖了制定、实施、监控和持续改进一系列旨在保护信息资产免受未经授权访问、使用、披露、中断、修改或销毁的安全规则和程序。这些安全规则和程序不仅涵盖了技术层面的要求,如密码策略、访问控制、数据加密和网络防护等,还涉及人员管理、安全培训、合规性检查和应急响应计划等多个维度。通过明确的安全策略,建立统一的安全标准,指导员工在日常工作中遵循最佳实践,降低信息安全风险。

(2)补丁管理

补丁管理是指定期识别、测试、部署和验证软件、操作系统、网络设备及应用程序的安全更新和补丁,以修复已知的安全漏洞,防止黑客利用这些漏洞进行攻击,确保系统免受恶意软件、病毒和未授权访问的威胁,是维护信息系统安全性的关键措施之一。通过有效的补丁管理,能够显著降低因系统漏洞导致的安全事件风险,提升整体的信息安全防护水平，确保业务的连续性和数据的完整性。

习 题

一、单选题

1. （　　）是指利用计算机和信息技术进行问题解决和决策的思维方式和方法。
   A. 计算思维　　　　B. 编程　　　　　　C. 机器语言　　　　D. 高级语言
2. 最早给出计算思维定义的是（　　）。
   A. 冯·诺伊曼　　　B. 艾伦·图灵　　　C. 查尔斯·巴贝奇　D. 周以真
3. （　　）是指利用信息技术来解决领域实际问题或进行信息创造的能力。
   A. 信息意识　　　　B. 信息知识　　　　C. 信息技能　　　　D. 信息道德
4. 世界上公认的第一台电子计算机 ENIAC 采用的是（　　）制数系统。
   A. 二进制　　　　　B. 八进制　　　　　C. 十进制　　　　　D. 十六进制
5. 冯·诺依曼主张计算机应该采用（　　）来表示数据和指令。
   A. 二进制　　　　　B. 八进制　　　　　C. 十进制　　　　　D. 十六进制
6. 计算机（　　）是指挥计算机工作的指示和命令，是 CPU 操作的基本单位。
   A. 指令　　　　　　B. 编程　　　　　　C. 代码　　　　　　D. 语言
7. 在微型计算机中，运算器和控制器被合成为（　　）。
   A. 内存储器　　　　B. 加速器　　　　　C. 中央处理器　　　D. 主机
8. （　　）是 CPU 一次能并行处理的二进制数的位数。
   A. 指令　　　　　　B. 主频　　　　　　C. 缓存　　　　　　D. 字长
9. （　　）用于存放系统当前正在运行或即将要运行的程序和数据。
   A. 高速缓冲存储器　　　　　　　　　　B. 内存储器
   C. 外存储器　　　　　　　　　　　　　D. 临时存储器
10. 当计算机断电后，存放在（　　）中的数据会丢失且不可恢复。
    A. 高速缓冲存储器　　　　　　　　　　B. 只读存储器
    C. 随机存储器　　　　　　　　　　　　D. 临时存储器
11. 内存的容量主要由（　　）的容量决定。
    A. 高速缓冲存储器　　　　　　　　　　B. 只读存储器
    C. 随机存储器　　　　　　　　　　　　D. 硬盘
12. 下列不属于操作系统功能的是（　　）。
    A. 处理器管理　　　B. 数据库管理　　　C. 存储管理　　　　D. 设备管理
13. 计算机中数据的最小单位是（　　）。
    A. 位　　　　　　　B. 字节　　　　　　C. 千字节　　　　　D. 兆字节
14. ASCII 码表中大小写字母的 ASCII 码值之间相差（　　）。
    A. 26　　　　　　　B. 28　　　　　　　C. 32　　　　　　　D. 36

15. 下列四种存储器中，存取速度最快的是（　　）。
    A. 硬盘　　　　　B. Cache　　　　　C. U盘　　　　　D. RAM
16. 多媒体技术是一种将文本、图形、图像、音频、视频、动画等多种信息形式进行综合处理、（　　）、传输和展现的技术。
    A. 计算　　　　　B. 存储　　　　　C. 运算　　　　　D. 控制
17. 图像文件中，（　　）格式的压缩率高，加载速度快，适用于存储和共享照片。
    A. JPEG　　　　　B. GIF　　　　　C. TIFF　　　　　D. PSD
18. 信息安全的目的是确保信息的（　　）、完整性和可用性。
    A. 完全　　　　　B. 统一　　　　　C. 可靠　　　　　D. 机密
19. 信息安全面临的主要威胁包括恶意软件、（　　）和内部威胁。
    A. 网络攻击　　　B. 木马软件　　　C. 分布式拒绝服务　D. 不当操作
20. 单位内部员工在执行工作任务时，由于缺乏安全意识、专业知识或疏忽大意，违反既定的安全政策和操作规程，从而无意中导致信息安全漏洞或风险的行为是（　　）。
    A. 不当操作　　　B. 泄露机密　　　C. 恶意行为　　　D. 内部威胁

二、多选题

1. 一台完整的计算机系统由（　　）组成。
    A. 硬件系统　　　B. 系统软件　　　C. 软件系统　　　D. 主机
2. 信息素养包括（　　）。
    A. 信息意识　　　B. 信息知识　　　C. 信息技能　　　D. 信息道德
3. 一条计算机指令通常包括（　　）。
    A. 操作码　　　　B. 操作数　　　　C. 操作地址　　　D. 操作路径
4. 运算器主要由（　　）组成。
    A. 算术逻辑部件　B. 通用寄存器组　C. 状态寄存器组　D. 指令寄存器组
5. 计算机硬件系统中的（　　）统称为外部设备。
    A. 外存储器　　　B. 内存储器　　　C. 输入设备　　　D. 输出设备
6. 在计算机系统中，存储器一般分为（　　）。
    A. 外存储器　　　B. 内存储器　　　C. 高速缓冲存储器　D. 临时存储器
7. 内存储器与外存储器相比，（　　）。
    A. 容量小　　　　B. 速度慢　　　　C. 速度快　　　　D. 价格高
8. 显示器的主要性能指标包括分辨率、刷新率、（　　）。
    A. 亮度　　　　　B. 对比度　　　　C. 色域　　　　　D. 色阶
9. 目前常见的打印机有（　　）。
    A. 激光打印机　　B. 喷墨打印机　　C. 针式打印机　　D. 热敏打印机

10. 语言处理程序主要包括（　　）这几种类型。
    A. 汇编程序　　　　B. 编译程序　　　　C. 解释程序　　　　D. 数据库程序
11. 多媒体元素的表现形式包括（　　）。
    A. 文本　　　　　　B. 声音　　　　　　C. 图像　　　　　　D. 视频
12. 常用的图像处理软件包括（　　）。
    A. Adobe Photoshop　　　　　　　　　B. 美图秀秀
    C. Adobe Lightroom　　　　　　　　　D. Audacity
13. 信息安全的重要性包括（　　）。
    A. 信息安全是保护个人隐私的关键
    B. 信息安全对于维护企业运营至关重要
    C. 信息安全也是保障国家安全和社会稳定的重要因素
    D. 信息安全对国家安全不构成威胁
14. 以下哪些属于恶意软件（　　）。
    A. 蠕虫病毒　　　　B. 木马软件　　　　C. VBS病毒　　　　D. U盘病毒
15. 信息安全防护策略包括（　　）。
    A. 访问控制　　　　　　　　　　　　　B. 加密技术
    C. 防火墙与入侵检测系统　　　　　　　D. 安全策略与补丁管理

三、判断题

1. 计算机科学不是计算机编程。（　　）
2. 执行程序的过程就是计算机的工作过程。（　　）
3. 计算机中可以执行的一整套不同的指令称为计算机的语言系统。（　　）
4. 冯·诺依曼体系结构的提出，奠定了现代计算机体系结构的基础。（　　）
5. 指令一般不能通过计算机硬件直接解释和执行。（　　）
6. 内存储器与外存储器相比，其存储速度快、容量大、价格贵。（　　）
7. CPU可以直接与硬盘等外部存储器交换数据。（　　）
8. 外存储器中存储的数据在计算机断电后会丢失。（　　）
9. 系统软件是为了管理、监控和维护计算机软硬件资源而编制的软件。（　　）
10. 在计算机科学中，数据是计算机处理和操作的基本单位。（　　）
11. 多媒体作品必须包括文本、声音、图片、视频、动画等素材。（　　）
12. 计算机只能加工数字信息，因此，所有的多媒体信息都必须转换成数字信息，才能由计算机处理。（　　）
13. 病毒在传染时和传染后不会留下蛛丝马迹，因此使用病毒检测程序或人工检测方法，都无法及时发现病毒。（　　）
14. 无论多么严密的病毒防范措施，都无法绝对禁止计算机病毒的入侵。（　　）

15. 安全补丁是为了修护安全漏洞而发布的,应该立即安装。(　　)

四、填空题

1. 基于冯·诺依曼体系结构的计算机硬件系统由五大功能部件组成,即_____、_____、_____、_____和_____。
2. 计算机软件系统是由_____、_____和_____组成的。
3. _____和_____是计算机系统最主要的输入设备,_____是计算机系统最主要的输出设备。
4. _____是最重要、最基本的系统软件,是用户和计算机的接口。
5. 数据是信息的_____,信息是数据的_____。
6. 计算机中的所有数据都被表示为_____形式。
7. _____是计算机中数据的基本单位。
8. 基数是指数制中所使用的数码的_____。
9. 二进制的运算遵循_____和_____的规则。
10. _____和_____是汉字编码中的两个核心概念。
11. 常见的视频文件格式有_____、_____、_____、_____等。
12. 信息安全的目的是确保信息的_____、_____和_____。

五、简答题

1. 简述计算思维的作用。
2. 简述计算思维与计算机的关系。
3. 简述冯·诺依曼体系结构的核心思想。
4. 简述计算机的工作原理。
5. 简述操作系统的基本功能。

模块 2　操作系统及 Windows 10 应用

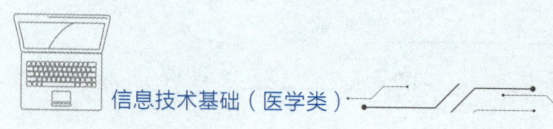

操作系统是计算机系统最基本的系统软件，它是计算机硬件与上层软件之间的桥梁，为用户和计算机硬件之间的交互提供了统一的接口。了解操作系统的定义、功能、类型和实现方式，有助于我们更好地理解和使用计算机系统。

2.1　操作系统概述

操作系统（Operating System，简称OS）是管理计算机全部硬件资源、软件资源、数据资源、控制程序运行并为用户提供操作界面的系统软件集合。常见的操作系统有Windows、Mac OS和开源的Linux、华为鸿蒙系统。这些操作系统所适用的用户人群也不尽相同，计算机用户可以根据自己的实际需要选择不同的操作系统。

2.1.1　操作系统的基本概念

操作系统，简单来说，是管理计算机硬件与软件资源的计算机程序，它就像是计算机系统的大管家，是整个计算机系统的内核与基石。它负责处理诸如管理与配置内存、决定系统资源供需的优先次序、控制输入设备与输出设备、操作网络以及管理文件系统等一系列基本事务。同时，它还为我们提供了一个方便用户与系统交互的操作界面，无论是命令行界面还是图形用户界面，都让我们能够轻松地向计算机下达指令并获取反馈。

在计算机科学领域，操作系统、系统软件与应用软件之间存在着紧密的相互作用关系：

操作系统，作为系统软件的一个重要分支，是负责管理和控制计算机硬件与软件资源的程序集合。它直接运行于计算机硬件之上，为其他应用软件的运行提供基础性支持。作为系统软件的核心组成部分，操作系统承担着计算机软硬件资源的管理职责，涵盖内存管理、进程调度、文件系统、设备驱动等多个方面，并向用户及应用程序提供一个便捷、高效、友好的交互界面。

系统软件，作为计算机软件体系的另一重要组成部分，同样负责管理和控制计算机硬件与软件资源。它不仅包括操作系统，还包括编译器、数据库管理系统等。系统软件直接运行于计算机硬件之上，为应用软件提供运行环境和基础服务。系统软件不局限于特定的应用领域，而是为应用软件的开发和运行提供必要的平台和工具。

应用软件，专为满足特定领域需求而设计，依赖于操作系统和系统软件所提供的资源和服务来执行特定任务。例如，办公自动化软件、图像处理软件、游戏娱乐软件等均属于应用软件范畴，它们直接面向用户提供服务，为用户解决特定类型的应用问题。

操作系统作为系统软件的关键组成部分，为应用软件提供了基础性支持；系统软件则为应用软件的运行环境和开发工具提供了保障；而应用软件则直接为用户提供服务，解决具体的应用问题。这三者共同构成了计算机系统的完整软件体系结构。

2.1.2 操作系统的基本功能

操作系统的基本功能涵盖了处理器管理、存储管理、设备管理、文件管理、作业管理以及用户接口。

1. 处理器管理

操作系统负责进程的创建与管理，即对正在执行的程序进行控制。它通过进程调度机制，决定进程的运行时机，并为进程分配及管理诸如CPU时间与内存等资源。CPU作为计算机系统的核心部件，承担着执行程序指令、数据处理、控制系统各组件以及响应外部事件等任务。操作系统通过高效的处理器管理策略，确保CPU资源的充分利用，从而提升系统整体性能。

2. 存储管理

操作系统负责内存的分配与回收，为进程提供必需的存储空间。它运用虚拟内存技术，在物理内存不足时，将部分内存数据转移到硬盘，以扩展可用内存。存储管理还包括数据在内外存储之间的传输、内存信息的共享与保护等，以确保数据的完整性和安全性。

3. 设备管理

操作系统负责管理连接至系统的各类输入/输出（I/O）设备，例如磁盘、打印机、键盘等。它提供设备驱动程序，使得应用程序能够与这些设备进行交互。设备管理还包含设备的注册、资产追踪、折旧计算、预防性维护、故障响应、维修记录、性能监测等，以确保设备的稳定运行和高效使用。

4. 文件管理

操作系统负责创建与管理文件系统，组织和存储计算机系统中的数据。它为文件和目录提供访问权限控制，处理文件的传输、读写和复制等操作。文件管理还涉及存储空间的分配与回收、文件信息的存放位置和存放形式的确定、文件按名存取的实现以及文件共享和保护等措施。

5. 作业管理

作业管理指的是操作系统对用户作业的调度与控制。这包括作业的创建、撤销、执行和状态监控等功能。操作系统根据用户请求和资源可用性，调度作业的执行，确保系统资源的有效利用和作业的及时完成。

6. 用户接口

用户接口是操作系统与用户之间进行信息交换和交互的界面。它提供命令接口、程序接口和图形用户界面等多种方式，使用户能够便捷地操作计算机、管理文件和执行其他任务。用户接口的设计应追求直观、易用，以提升用户的工作效率和使用体验。

2.1.3 操作系统的分类

操作系统根据系统的功能、主要用途及运行环境，可分为以下5类：

1. 批处理操作系统

批处理操作系统的工作方式是将一批作业（可以理解为一组程序或任务）一次性提交给计算机系统。然后，操作系统会自动地、按照顺序依次执行每个作业，中间不需要人工过多干预，这种方式大大提高了计算机系统的效率。例如，在一些数据处理中心，有大量的数据需要进行相同类型的计算，就可以采用批处理操作系统。

2. 分时操作系统

随着计算机应用的发展，多个用户需要同时使用一台计算机的需求日益增长。分时操作系统就解决了这个问题。它将CPU的时间划分成许多很短的时间片，每个时间片可能只有几十毫秒。然后，轮流将这些时间片分配给各个用户的任务（进程）。由于时间片切换非常快，在用户看来能够实时地与计算机进行交互，就好像自己独占了计算机资源一样。比如，在大学的计算机实验室里，多个学生同时使用一台服务器进行不同的课程作业或实验操作，分时操作系统就可以很好地满足这种需求，提高了计算机系统的交互性和资源利用率。

3. 实时操作系统

在一些对时间要求极为严格的领域，如工业控制、航空航天、军事等，实时操作系统发挥着关键作用。它能够及时响应外部事件的请求，并且在规定的极短时间内完成对该事件的处理。例如，在飞机飞行时，传感器不断地采集各种飞行数据，实时操作系统必须迅速处理这些数据，并及时发出控制指令，调整飞机的飞行姿态，哪怕是几毫秒的延迟都可能导致严重的后果。

4. 网络操作系统

在计算机网络环境中，网络操作系统负责管理网络中的各种资源，协调网络通信。它使得网络中的各个计算机能够实现资源共享，比如共享文件以及打印机等设备，同时也保障了信息在网络中的安全、高效传输。在企业内部的局域网，网络操作系统可以对用户的访问权限进行管理，控制哪些用户可以访问哪些资源，确保企业数据的安全与被有序共享。

5. 分布式操作系统

分布式操作系统是针对分布式计算机系统而设计的。它将多个地理位置分散的计算机通过网络连接起来，形成一个有机的整体。在这个分布式系统中，操作系统负责协调各个计算机节点之间的工作，实现资源的共享和协同工作。例如，一些大型的云计算平台，利用分布式操作系统将众多的服务器资源整合起来，为用户提供强大的计算能力和存储能力，同时还具有很高的可靠性，因为即使某个节点出现故障，系统也能够自动将任务分配到其他正常节点上继续运行。

2.1.4 常见操作系统简介

1. Windows 10

Windows 10是美国微软公司所研发的新一代跨平台及设备应用的操作系统。在正式版本发布一年内，所有符合条件的 Windows 7、Windows 8.1的用户都免费升级到 Windows 10，Windows Phone8.1免费升级到 Windows 10 Mobile 版。所有升级到 Windows 10 的设备，微软都提供永久生命周期的支持。Windows 10是微软独立发布的最后一个Windows版本。Windows 10发布了7个版本，分别面向不同用户和设备。

自2015年7月29日起，微软向所有的Windows 7、Windows 8.1用户通过Windows Update免费推送Windows 10。

2. Linux操作系统

Linux是一套免费使用和自由传播的类Unix操作系统，是一个基于POSIX和UNIX的多用户、多任务、支持多线程和多CPU的操作系统。它能运行主要的UNIX工具软件、应用程序和网络协议，支持32位和64位硬件，是一个性能稳定的多用户网络操作系统。Linux用户界面如图2-1所示。这个系统是由世界各地的成千上万的程序员设计和实现的。

3. 华为鸿蒙系统（HUAWEI Harmony OS）

鸿蒙系统是华为公司开发的面向全场景的分布式操作系统。HUAWEI Harmony OS用户界面如图2-2所示。它可以创造一个超级虚拟终端互联的世界，将人、设备、场景有机地联系在一起；消费者在全场景生活中接触的多种智能终端，在鸿蒙系统中可以实现极速发现、极速连接、硬件互助、资源共享；可以在合适的设备的支持下，为消费者提供场景体验。

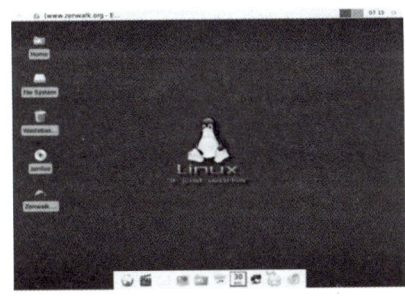

图2-1　Linux用户界面

图2-2　HUAWEI Harmony OS用户界面

2019年8月9日，华为在东莞举行华为开发者大会，正式发布操作系统鸿蒙OS。2020年9月10日，华为鸿蒙系统升级至Harmony OS 2.0。2021年12月17日，鸿蒙Harmony OS 2.0提前完成在所有既定产品的正式版本上线，并且有上百款华为、荣耀设备升级到了鸿蒙Harmony OS 2.0正式版。2022年7月27日，华为发布鸿蒙Harmony OS 3.0。2023年8月4日下午，在华为开发者大会上，Harmony OS 4.0正式发布。2024年1月18日，华为发布原生鸿蒙操作系统星河版。2024年10月22日，华为原生鸿蒙系统Harmony OS NEXT 5.0发布，这是我国首个实现全栈自研的操作系统，标志着我国在操作系统领域取得突破性进展。这也是继苹果iOS和安卓系统后，全球第三大移动操作系统。

4. 银河麒麟（Kylin OS）

银河麒麟（Kylin OS）原是在"863计划"和国家核高基科技重大专项支持下，国防科技大学研发的操作系统，后由国防科技大学将品牌授权给天津麒麟。银河麒麟已经发展为以桌面操作系统、服务器操作系统、万物智联操作系统、工业操作系统、智算操作系统产品等为代表的产品线。为攻克中国软件核心技术的短板，银河麒麟建设自主的开源供应链，发起中国首个开源桌面操作系统根社区——openKylin，银河麒麟操作系统以openKylin等自主根社区为依托，发布最新版本。

在2024年8月8日召开的中国操作系统产业大会上，国产操作系统银河麒麟发布了首个人工智能版本，银河麒麟操作系统AI版通过多项技术创新实现了人工智能与操作系统的深度融合，是我国首款国产操作系统和人工智能技术深度融合的产品，具备强大的人工智能集成能力、智能化功能、高效能计算等特点。

2.2 Windows 10使用基础

2.2.1 认识Windows 10桌面

Windows 10操作系统启动并登录后看到的屏幕称为桌面，如图2-3所示。启动后的桌面组成元素主要包括桌面背景、桌面图标、任务栏。

图2-3 Windows 10 桌面

1. 桌面图标

图标由代表文件、文件夹、程序和其他项目的小图片，加上对应的名称所组成。默认情况下，Windows 10系统桌面上只有"回收站"图标和"Microsoft Edge"图标。桌面图标分为系统图标和快捷方式图标2种。

（1）系统图标

系统图标是指在操作系统、应用程序或设备界面中，用于表示特定功能、状态或操作的图形符号。这些图标通常以简洁、直观的图像形式呈现，帮助用户快速识别和执行相应的命令或操作。常见的系统图标包括文件夹、回收站、电源、网络、音量控制等，它们在不同的操作系统和应用程序中可能具有不同的外观和风格，但基本功能和含义是相似的。系统图标的设计和使用对于提升用户体验和界面的易用性至关重要。

（2）快捷方式图标

快捷方式图标是计算机操作系统中用于快速访问程序、文件或文件夹的小图标。它们通常被放置在桌面、任务栏或开始菜单中，用户可以通过单击或双击这些图标来快速启动或打开对应的程序或文件。快捷方式图标不仅方便了用户的操作，还提高了工作效率。用户可以通过右键单击快捷方式图标，对其进行重命名、删除、复制或修改其属性等操作。

实训2-1 更改桌面图标

01 任务描述：

为了方便操作和管理系统，需要在桌面上添加"此电脑""网络"图标，如图2-4所示。

图2-4 添加系统图标

02 实施步骤：

① 右击桌面空白处，在弹出的快捷菜单中选择"个性化"选项，打开"设置"窗口。

② 单击"设置"窗口右侧的"主题"选项，此时窗口左侧将显示"主题"选项区，如

图2-5所示。

③ 在"主题"选项区的"相关的设置"区中,单击"桌面图标设置",将弹出"桌面图标设置"对话框,如图2-6所示,勾选"计算机""网络"图标,单击"确定"按钮,即可。

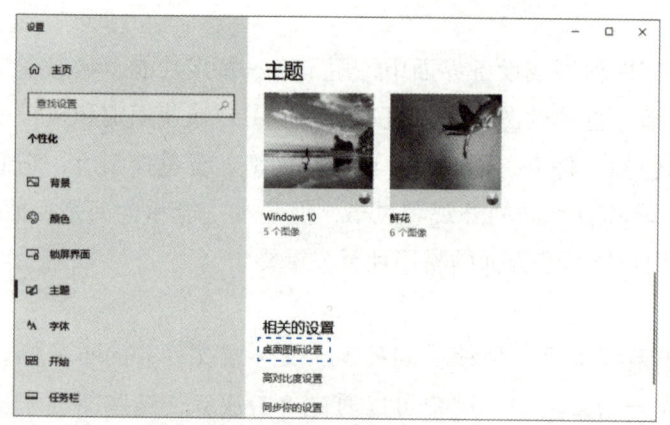

图2-5 "主题"选项区

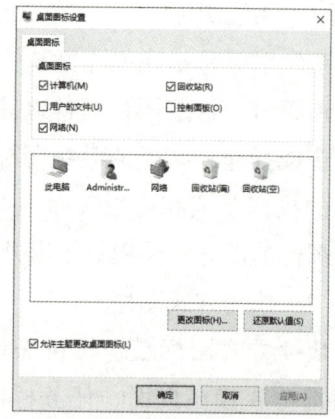

图2-6 "桌面图标设置"对话框

2. 桌面背景

桌面背景也称为壁纸,可以是图片,也可以是纯色背景。用户可以根据自己的需要设置桌面的背景。

3. 任务栏

任务栏,系统默认位于桌面的最底部,由"开始"菜单、搜索框、快速启动区、活动任务区、语言栏、通知区和"显示桌面"按钮组成,如图2-7所示。和以前的系统相比,Windows 10中的任务栏设计更加人性化,更灵活,使用更加方便,功能更强大。

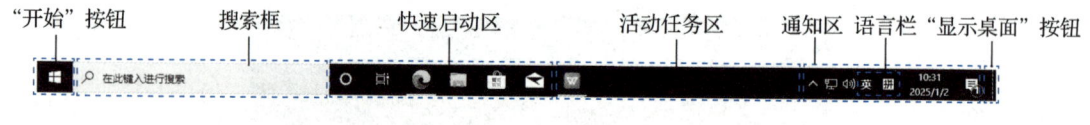

图2-7 任务栏

4. "开始"菜单

单击屏幕左下角的"开始"按钮,或按键盘"Windows"键,即可打开"开始"菜单。"开始"菜中间为按照字母索引排序的应用程序列表,通过字母索引可以快速查找应用程序;左下角为用户账户头像、文件资源管理器、"设置"按钮和"电源"按钮;右侧则为"开始"屏幕,可将应用程序固定在其中,这些方块图形称为动态磁贴,其功能和快捷方式类似,但不仅限于打开应用程序,有些动态磁贴随时更新显示的信息,如日历应用,在动态磁贴中即时显示当前的日期信息,无须打开应用程序进行查看。因此,动态磁贴能非常方便地呈现用户所需要的信息。

2.2.2 认识和操作窗口

在 Windows 10 操作系统中,每当运行应用程序或者打开文档时,在桌面上呈现出的矩形区域称为窗口,窗口中提供有完成各种操作的命令选项,选择相应的命令选项并借助对话框即可完成相应的操作。所以窗口是 Windows 10 操作系统的基本操作区域。

1. 窗口的组成

"文件资源管理器"窗口由标题栏、功能区、导航栏、导航窗格、内容窗格和状态栏构成,如图 2-8 所示。

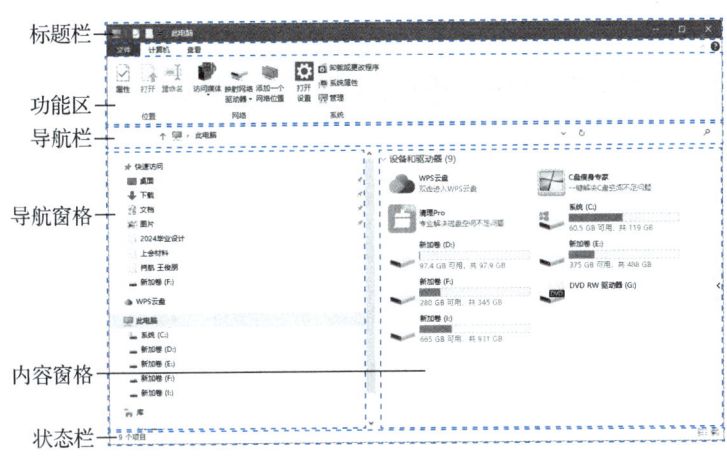

图 2-8 "文件资源管理器"窗口的组成

1)标题栏:位于窗口最上方,显示当前目录位置。最右侧分别为"最小化""最大化/还原""关闭"三个按钮。

2)功能区:包含当前窗口一些常用操作命令选项。执行功能区中的操作命令,只需单击对应的操作按钮即可实现。

3)导航栏:包含了导航按钮、地址栏和搜索栏 3 部分。导航栏左侧为导航按钮,包括"返回"按钮、"前进"按钮和"上移"按钮,用于打开最近浏览过的窗口。导航栏的中间位置是地址栏,用于显示或更改当前所在文件资源管理器中的位置,也可输入文件路径直接打开文件夹或文件。搜索框位于导航栏右侧,输入关键字,可以快速查找当前文件夹中的相关文件或文件夹。

4)导航窗格:显示收藏夹、库及驱动器和文件夹的可扩展列表。使用导航窗格可以查找文件和文件夹,还可在导航窗格中将项目直接移动或复制。

5)内容窗格:显示当前目录的内容。选择文件或文件夹,即可进行对应的操作。

6)状态栏:显示当前目录中的项目数量,或用户选择的内容信息。

2. 窗口的操作

(1)关闭窗口

通常可以通过单击窗口右上角的"关闭"按钮来关闭窗口。

（2）调整窗口大小

将鼠标指针移动到窗口的任意边框或角上，此时鼠标指针变成双箭头形状，按住鼠标左键不放，拖动窗口到合适的大小放开即可。

另外，也可以左键单击窗口右上角的"最大化"按钮来使窗口显示最大。用左键单击已打开窗口右上角的"最小化"按钮，可以将正在运行的窗口缩小到任务栏。

（3）移动窗口

将鼠标指针放在需要移动位置的窗口的标题栏上，按住鼠标左键不放，将窗口拖动到需要的位置，松开鼠标左键，即可完成窗口位置的移动。

（4）窗口之间的切换

方法一：单击任务栏上相应窗口的图标按钮，该窗口将成为当前活动窗口。

方法二：使用<Alt+Tab>或<Alt+ESC>组合键，可以在不同的窗口之间进行切换操作。

2.2.3 "文件资源管理器"的设置

对"文件资源管理器"窗口进行设置，可以提高文件管理效率、增强文件操作便捷性以及反映系统默认设置和用户习惯。"文件资源管理器"窗口分为左右两个窗格，左窗格为导航窗格，右窗格为内容窗格。导航窗格显示整个计算机资源的树状文件管理结构，内容窗格显示导航窗格中选定的文件夹中的所有内容。也就是说，导航窗格只显示文件夹，而文件只显示在内容窗格中。

1. 导航窗格的设置与操作

导航窗格的显示方式为系统默认的简洁方式，可在"查看"功能区"窗格"组中的"导航窗格"的下拉列表中进行设置，如图2-9所示。

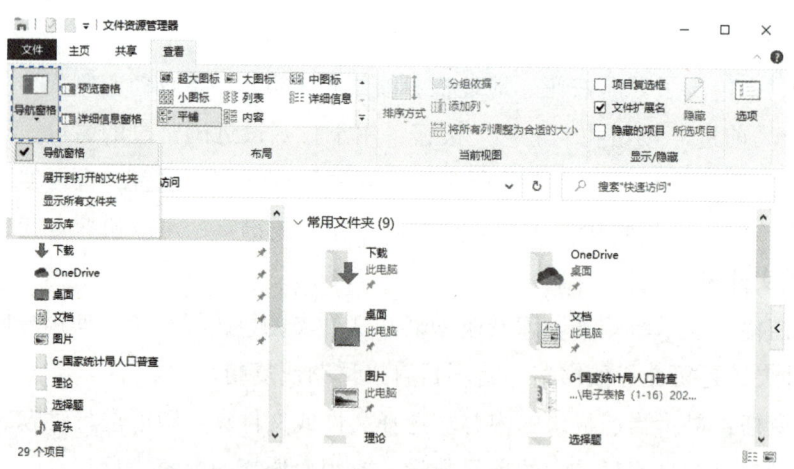

图2-9 设置导航窗格

1）导航窗格：可显示或隐藏导航窗格。

2）展开到打开的文件夹：勾选此选项后，资源管理器的导航窗格会自动展开并定位到当前打开的文件夹，使用户能够快速直观地看到当前文件夹所在的位置及其层级关系。这样设置有助于提升用户在计算机中浏览和管理文件的效率。

3）显示所有文件夹：勾选此选项后，在导航窗格中显示所有文件夹，在树状的显示方式下，系统将以"快速访问""桌面"作为所有文件夹的根文件夹。

4）显示库：勾选该选项，可以在导航窗格中显示"库"这一功能区域。

在导航窗格中，直接单击文件夹名，可改变当前文件夹，内容窗格中也将显示该文件夹中的内容。

通过单击级联按钮"＞"展开文件夹，便可看到文件夹的层次结构（树状结构）。展开后的文件夹，"＞"级联按钮将变为"˅"按钮。单击"˅"级联按钮折叠该文件夹，此时，会将该文件夹中的子文件夹隐藏起来。导航窗格中文件夹前有"＞"或"˅"级联按钮，说明该文件夹中有子文件夹，没有级联按钮的则说明该文件夹中没有子文件夹。

导航窗格中单击级联按钮时，不会改变当前文件夹的位置，因此内容窗格中显示的内容不会发生变化。

2. 内容窗格的设置与操作

内容窗格中显示的是当前文件夹中的文件和文件夹，对文件和文件夹的操作都在内容窗格中进行。

设置内容窗格的显示布局，可以更方便、直观地查看文件或文件夹。可在"查看"功能区"布局"组中，选择所需的显示布局，如图2-10所示。文件和文件夹有8种显示方式：超大图标、大图标、中图标、小图标、列表、详细信息、平铺和内容。

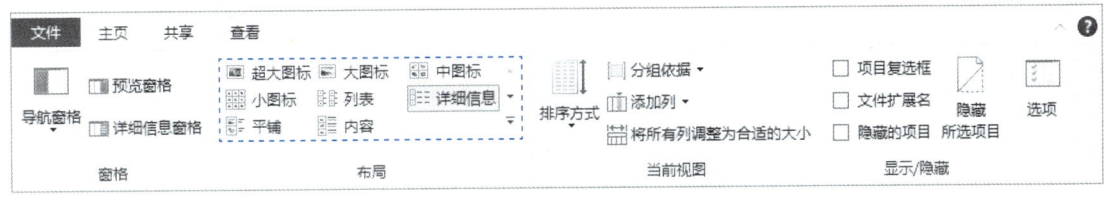

图2-10　内容窗格的显示布局

当内容窗格中的文件和文件夹过多时，可使用排序或筛选功能，快速找到所要查看的文件或文件夹。

在"查看"功能区"当前视图"组中，单击"排序方式"功能按钮，可以进行排序方式的设置，如图2-11所示。

筛选功能需要在"详细信息"布局下进行。在"详细信息"布局下，内容列表上方会有一标题行，默认有"名称""修改日期""类型""大小"，如图2-12所示。单击标题行中的列标题时，也可进行排序。单击标题行中列标题后的"˅"下拉列表按钮，弹出筛选方式的列表，在列表中可复选筛选条件。筛选结果只在当时有效，当当前文件夹发生变化时，此筛选将自动取消。

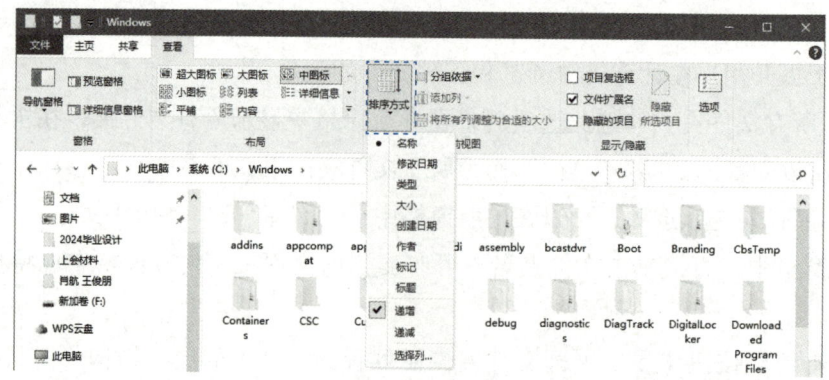

图2-11　排序方式

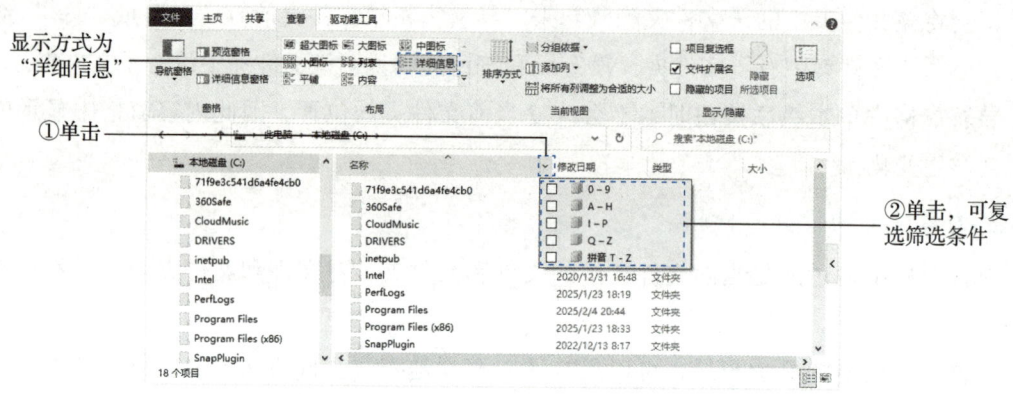

图2-12　文件和文件夹的筛选

3. 显示文件的扩展名及隐藏的项目

在系统默认情况下，文件资源管理器中不显示文件的扩展名及具有隐藏属性的文件和文件夹。如需显示文件扩展名和隐藏的文件和文件夹，可在"查看"功能区"显示/隐藏"组中，勾选"文件扩展名"和"隐藏的项目"选项，如图2-13所示。

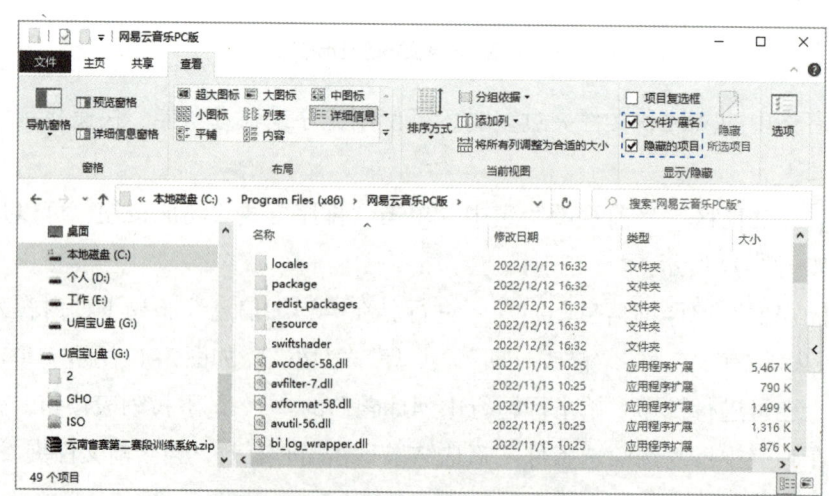

图2-13　显示文件扩展名及隐藏的项目

2.3 文件管理

在计算机系统中，信息是以文件的形式来处理和管理的，所谓文件是指一组相关信息的集合，本任务基本要求就是掌握文件或文件夹的选定、创建、复制（移动）、删除、重命名、属性查看与设置和搜索等操作。

2.3.1 文件和文件夹的概念

文件是指存放在存储器上的一组相关信息的集合，是计算机资源存储的基本单位。文件中存放的可以是一个程序、一篇文章、一首乐曲、一幅图画等。

1. 文件名

文件按文件名进行存储和管理。文件名由主文件名和扩展名两部分组成，两者中间用"."分隔，如"信息技术.docx""电子表格.xlsx"等。

1）主文件名：最多可以有255个字符，可以混合使用字符、汉字、数字和空格，但不能含有"\"":""<"">""?""*""|"等字符。

2）扩展名：是操作系统用来标记文件类型的一种机制。扩展名可以由一个或多个字母、数字和特殊字符组成，用于表示文件的类型和格式。例如，".txt"表示文本文件，".jpg"表示图片文件，".mp3"表示音频文件等，表2-1列举了一些常见的扩展名及对应的图标和文件类型。通过扩展名，计算机可以自动判断文件的格式，从而选择合适的程序打开或处理该文件。

表2-1 常见的扩展名及对应的图标和文件类型

扩展名	图标	文件类型	扩展名	图标	文件类型
.txt		文本文件	.doc/docx		Word文档文件
.png/jpg/gif		图像文件	.avi/mp4		视频文件
.zip/rar		压缩文件	.mp3/.wav		音频文件
.htm/.html		网页文件	.exe		可执行文件

2. 文件夹

文件夹是存放文件的场所。在Windows 10系统中，文件夹由一个黄色的方块图标和名称组成。为了方便管理文件，用户可以创建不同的文件夹，并将文件分门别类地存放在文件夹中。

3. 路径

路径是指文件或文件夹在外存储器中的位置。文件夹层层嵌套，为了确定文件或文件夹的存储位置，需要按照文件夹的层次顺序沿着一系列的子文件夹找到指定的文件，这就形成了文件在计算机中的路径。因此，描述某存储位置的文件的格式如下：

盘符:\路径\主文件名.扩展名

例如：C:\Program Files (x86)\KuGou\KGMusic\KuGou.exe。

其中，"C:"是盘符，"\ProgramFiles(x86)\KuGou\KGMusic"为路径，"KuGou.exe"则是文件名。

4. 库

"库"是Windows 10系统中一个特殊的文件夹，它并不存储实际的文件，而是通过索引将分布在硬盘上不同位置的同类型文件进行整合，方便用户快速访问。用户可以将不同类型的文件和文件夹添加到相应的库中，从而在需要查找或编辑文件时，只需打开对应的库，即可快速定位到所需文件，大大提高了文件管理的便捷性。Windows 10系统的"库"默认有视频、图片、文档、音乐4个库。

在Windows 10系统的文件资源管理器中，"库"默认是不显示的。用户可以通过设置导航窗格，将"库"显示在导航窗格中。

2.3.2 文件或文件夹的基本操作

1. 选定文件或文件夹

选定指定的文件或文件夹是对文件或文件夹进行操作的前提。

1）选择一个文件或文件夹：单击需要选择的文件或文件夹。

2）选择多个连续文件或文件夹：先单击第一项，按住<Shift>键的同时单击最后一项；也可以长按鼠标左键进行拖动框选。

3）选择多个不连续文件或文件夹：先单击一项，按住<Ctrl>键的同时单击要选择的其他项。

4）全部选定：使用组合键<Ctrl+A>。

5）取消选定：在空白处单击鼠标左键即可。

2. 新建文件或文件夹

（1）新建文件夹

在"文件资源管理器"窗口中，进入目标文件夹后，选用以下方法完成操作。

方法一：单击"主页"功能区"新建"组中的"新建文件夹"功能按钮，将在内容窗格中新建一个文件夹，如图2-14所示，此时的文件夹名处于可编辑状态，直接输入新的文件夹名，按<Enter>键，确定即可。

方法二：鼠标右键单击内容窗格的空白区域，在弹出的快捷菜单中，选择"新建"的下一级子菜单中的"文件夹"命令，如图2-15所示。

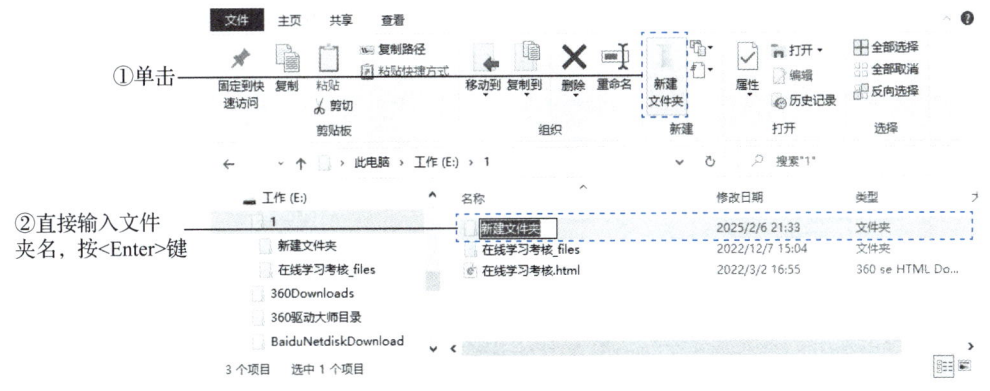

图2-14 使用"主页"功能区新建文件夹

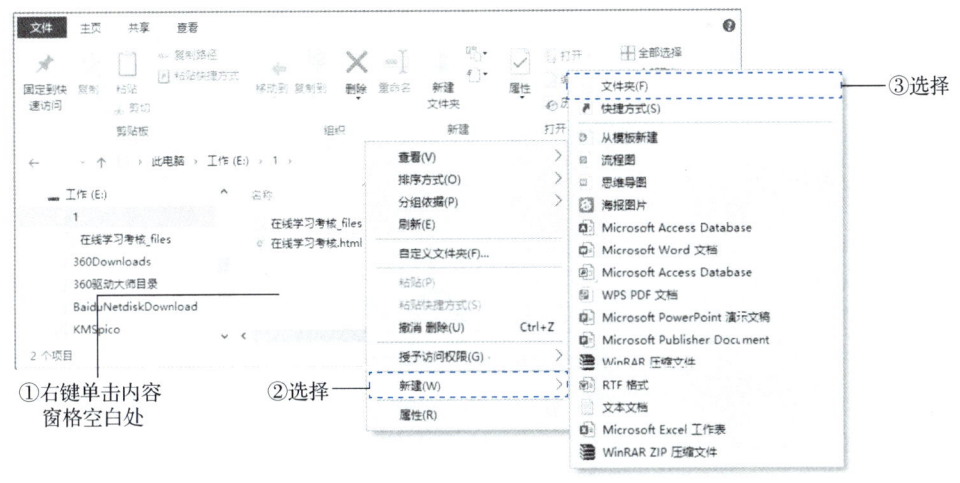

图2-15 使用快捷菜单新建文件夹

（2）新建文件

文件的新建一般利用应用程序进行新建，但只能新建特定类型的文件，例如，"记事本"应用程序新建.txt的文本文件，"画图"应用程序新建.bmp或.jpg等图片文件。在"文件资源管理器"窗口中进行文件的新建，可新建系统已安装的应用程序对应的文件。由于文件中包含文件类型，因此需要设置文件的扩展名可见，将"查看"功能区中的"文件扩展名"功能打开后，即可按以下两种方法完成文件的新建。

方法一：使用快捷菜单新建文件。

① 右键点击内容窗格的空白区域，在弹出的快捷菜单中，选择"新建"选项，在"新建"的下一级子菜单中，选择要新建的文件类型，如图2-16所示。"新建"的子菜单中列表项，只会出现系统已安装的应用程序所对应的文件类型。

② 如要新建扩展名为".txt"的文本文件，只需在"新建"的子菜单中直接选择"文本文档"选项，内容窗格中就会新建一个名为"新建文本文档.txt"的文件，此时直接输入新的文件名，按<Enter>键确定即可。

注意：不要更改扩展名，因为系统会根据扩展名来识别文件类型，打开文件时也是根据文件类型，选用对应的应用程序来打开，因此，扩展名不正确将会导致打开文件失败。

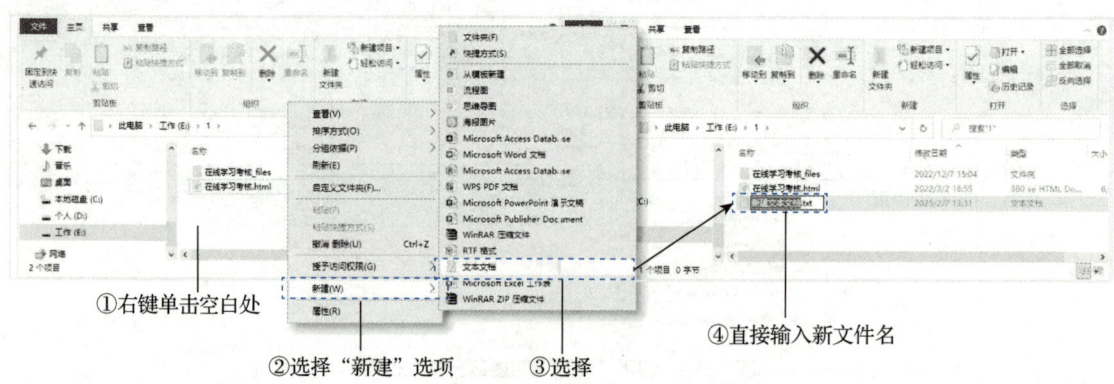

图2-16　使用快捷菜单新建文件

方法二：使用功能区新建文件。在"主页"选项卡"新建"组中，单击"新建项目"下拉列表按钮，在下拉列表中选择要新建的文件类型，如图2-17所示。之后的操作过程与方法一的相应步骤相同。

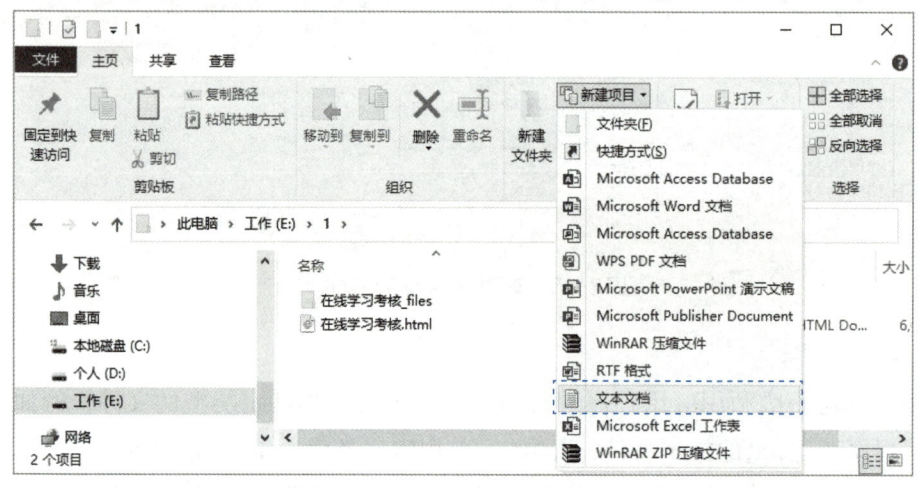

图2-17　使用功能区新建文件

3. 复制（移动）文件或文件夹

复制（移动）是文件管理常见操作。方法有三种。

方法一：选中要复制（移动）的文件或文件夹并单击鼠标右键，在弹出的菜单中选择"复制"（或"剪切"），然后在目标文件夹中单击鼠标右键，在弹出的菜单中选择"粘贴"命令。

方法二：选中要复制（移动）的文件或文件夹，按<Ctrl+C>（复制）或<Ctrl+X>（剪切）组合键，再按<Ctrl+V>组合键进行粘贴操作。

方法三：选中要复制（移动）的文件或文件夹，单击"主页"选项卡中的"复制到"或"移动到"下拉按钮，选择要复制（移动）到的目标文件夹。

实训2-2　创建快捷方式

01 任务描述：

在桌面上为文件创建快捷方式。快捷方式提供了一个直接的入口，用户只需单击一次或几次鼠标，即可完成原本需要多步操作的任务。这种简化使得操作更加便捷，减少了出错的可能性。

02 任务分析：

通过创建快捷方式，用户可以快速访问常用的程序、文件或文件夹，无需在烦琐的目录结构中逐级查找。在某些情况下，通过快捷方式启动程序或文件比直接从原始位置启动更加高效。这是因为快捷方式本质上是一个指向目标对象的指针，它占用的系统资源较少，有助于提升系统的整体性能。

03 实施步骤：

方法一：

① 找到要创建快捷方式的文件，鼠标右键单击该文件，在弹出的快捷菜单中，选择"创建快捷方式"命令，即可在本地创建一个该文件的快捷方式，如图2-18所示。

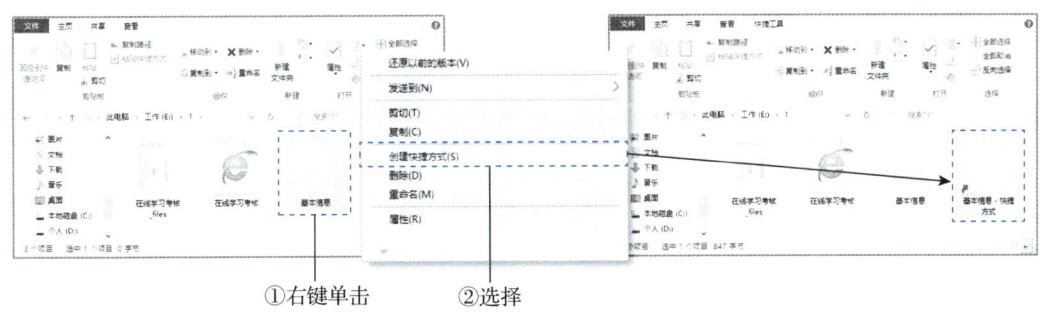

图2-18　在本地创建快捷方式

② 鼠标右键单击选择该快捷方式，在弹出的快捷菜单中，选择"复制"命令。

③ 最小化"文件资源管理器"窗口，回到系统桌面，右键单击桌面空白处，在弹出的快捷菜单中，选择"粘贴"命令，即可。

方法二：

① 鼠标右键单击要创建快捷方式的文件，在弹出的快捷菜单中，选择"复制"命令。

② 最小化"文件资源管理器"窗口，回到系统桌面，右键单击桌面空白处，在弹出的快捷菜单中，选择"粘贴快捷方式"命令即可。

方式三：

① 鼠标右键单击桌面空白处，选择"新建"选项中的"快捷方式"命令，打开"创建快捷方式"对话框，进入创建快捷方式向导一，如图2-19所示。

②在"创建快捷方式"对话框的文本框内，单击文本框后的"浏览"按钮，打开"浏览文件或文件夹"对话框，如图2-20所示。

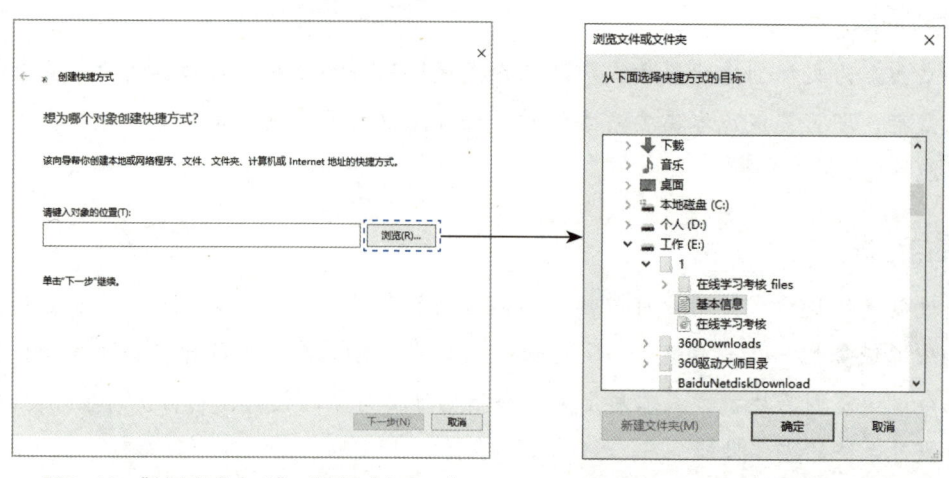

图2-19 "创建快捷方式"对话框（向导一）　　图2-20 "浏览文件或文件夹"对话框

③ 在"浏览文件或文件夹"对话框中，找到并选定该文件，单击"确定"按钮，将回到"创建快捷方式"对话框（向导一）（或直接在文本框内输入文件的路径），单击"下一步"按钮，进入创建快捷方式向导二。

④ 在"创建快捷方式"对话框的"键入该快捷方式的名称"的文本框中，如图2-21所示，输入快捷方式的名称（也可使用默认名称）后单击"完成"按钮，即可。

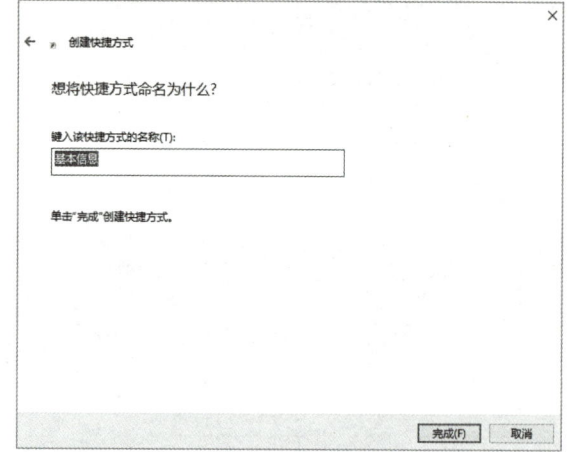

4. 删除文件或文件夹

图2-21 "创建快捷方式"对话框（向导二）

删除文件或文件夹有多种方法：

方法一：鼠标右键单击要删除的文件或文件夹，在弹出的快捷菜单中选择"删除"命令。

方法二：鼠标左键单击选定要删除的文件或文件夹，直接按键盘<Delete>键，即可。

方法三：直接用鼠标将文件或文件夹拖曳到回收站中。

方法四：鼠标左键单击选定要删除的文件或文件夹，单击"主页"功能区"组织"组中的"删除"功能按钮，即可。

从硬盘中删除文件或文件夹时，不会立即将其删除，而是将其放置在回收站中，因此，称为逻辑删除。回收站作为操作系统中的一个临时存储区域，用于存放用户删除的文件或文件夹。当用户误删文件时，可以通过回收站轻松恢复，大大降低了数据丢失的风险。回收站还扮演着磁盘空间管理的角色。用户可以选择清空回收站以释放磁盘空间，这对于磁盘空间有限的用户来说尤为重要。通过定期清理回收站，用户可以优化磁盘空间使用，提高计算机的运行效率。

还原回收站中的文件或文件夹的方法：

方法一：打开"回收站"窗口中，选定要还原的文件或文件夹，然后在"回收站工具"功能区中，单击"还原选定项目"按钮。

方法二：在"回收站"窗口中，右键单击要还原的文件或文件夹，在弹出的快捷菜单中，选择"还原"命令，如图 2-22 所示。

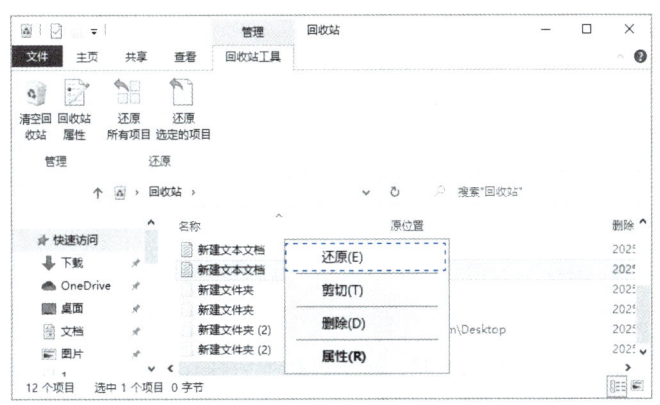

图 2-22　还原所选对象

有时对一些文件或文件夹，已明确不再需要，因此需要彻底从计算机中清除，除了可以在回收站中再做删除外，也可直接使用永久删除功能。这种清除也称为物理删除。方法有：

方法一：选定文件或文件夹后，单击"主页"功能区"组织"组中的"删除"命令的下拉列表按钮，在弹出的下拉列表中，选择"永久删除"命令，如图 2-23 所示。

方法二：选定文件或文件夹后，直接按键盘 <Shift+Delete> 组合键。

在完成上述操作后，系统会弹出确认永久删除操作的对话框，如图 2-24 所示。

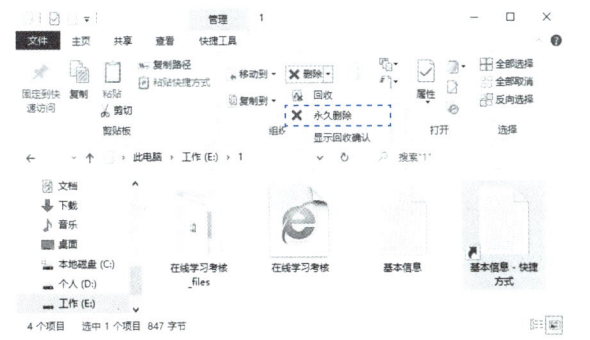

图 2-23　"永久删除"命令

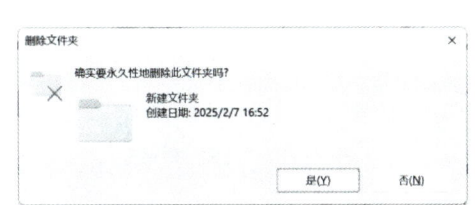

图 2-24　确认永久删除操作对话框

注意：从移动存储设备中删除的文件或文件夹，不会被存入回收站，属于永久删除，如确需恢复的，需要使用专用的数据恢复工具。

5. 重命名文件或文件夹

文件或文件夹的重命名可用以下方法之一。

方法一：右击需要重命名的文件或文件夹，在弹出快捷菜单中选择"重命名"命令，此时文件或文件夹图标上的名称框进入可编辑状态，输入新的名字后按<Enter>键即可。

方法二：先选定需要重命名的文件或文件夹，然后再单击文件名或文件夹名，此时输入新的名字，确定后即可。

方法三：选定需要重命名的文件或文件夹，在"主页"选项卡"组织"组中，单击"重命名"按钮，输入新的名字，确定后即可。

6. 查看和设置文件或文件夹的属性

文件或文件夹属性是指文件或文件夹所具备的一些特性和设置。这些属性通常决定了文件或文件夹的行为、访问权限以及其他相关信息。常见的文件属性包括"只读""隐藏""存档""系统"4种。其中，"系统"属性的文件是操作系统或应用程序正常运行所必需的文件，通常用于标识这些关键文件，防止用户意外删除或修改，破坏操作系统或应用程序的运行，此类文件的属性是不允许修改的。具有"隐藏"属性的文件或文件夹，在系统默认情况下，在资源管理器中不可见，从而保护它们不被轻易访问或修改。

设置文件或文件夹的属性，可在选定文件或文件夹后，右键单击，在弹出的快捷菜单中选择"属性"，打开"属性"对话框，如图2-25所示，可查看并设置文件夹的常规、共享、安全、详细信息等方面的属性。如要设置该文件夹的属性，可在文件夹"属性"对话框中的"属性"区域中设置。"存档"属性的设置需要单击"高级"按钮，在弹出的"高级属性"对话框中完成，如图2-26所示。

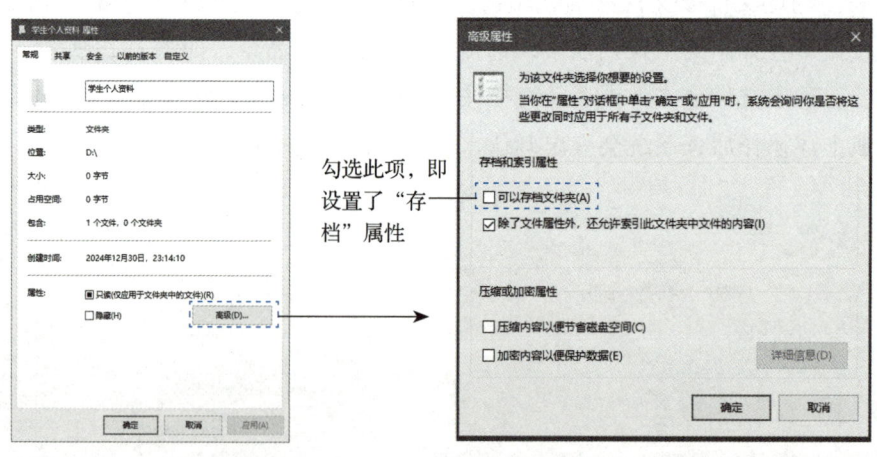

图2-25 "属性"对话框　　　　图2-26 "高级属性"对话框

7. 搜索文件或文件夹

在"文件资源管理器"窗口的搜索栏中，输入要查找的文件或文件夹的名称，按<Enter>键，在内容窗格中将显示搜索到的结果，此时系统自动打开"搜索"功能区，如图

2-27所示。在"搜索"功能区中可设定搜索范围或搜索条件，也可终止正在进行的搜索。

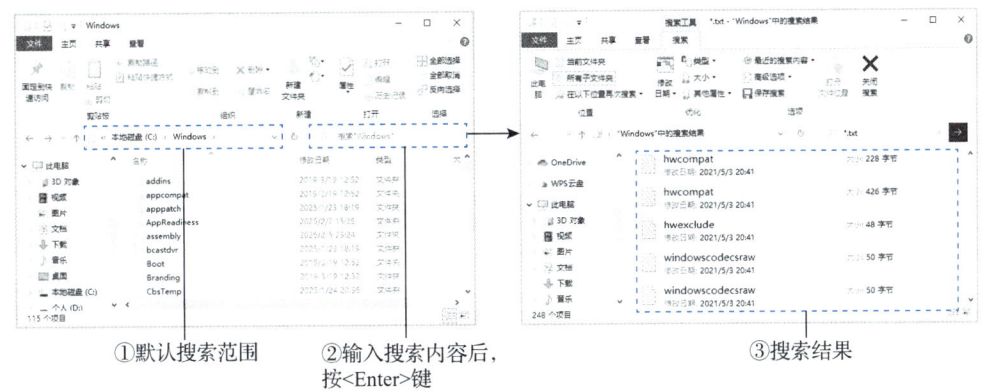

①默认搜索范围　②输入搜索内容后，按<Enter>键　③搜索结果

图2-27　搜索文件或文件夹

在一些复杂的搜索场景中，如需要匹配多个文件扩展名、文件名中包含特定字符序列等，通配符就可代替一个或多个字符，帮助用户完成搜索。

通配符提供了多种匹配规则：

- 星号（*）可以匹配任意多个字符。如，a*.txt表示开头字符是a的所有.txt文件。
- 问号（?）可以匹配任意单个字符。如，a??.txt表示以a开头，后面跟有两个任意字符的.txt文件。

这些规则使得用户可以根据不同的搜索需求，灵活组合使用通配符，实现更精确、更高效的搜索。

2.4　系统管理与优化

Windows 10作为被广泛使用的操作系统，承载着丰富多样的应用程序，各种应用程序可以帮助我们完成学习、工作、娱乐等诸多任务。然而，若缺乏有效的应用程序管理，系统可能会陷入混乱，性能下降，甚至影响数据安全。本节将深入探讨Windows 10环境下应用程序管理的各种方法和技巧。

2.4.1　"控制面板"与"Windows 设置"

"控制面板"与"Windows设置"均是Windows操作系统中用于配置和管理系统设置的重要工具。

控制面板是一个系统文件夹，适用于希望获得对系统设置细粒度控制的高级用户，它提供了全面且深入的系统设置和管理选项。

Windows设置功能则是在Windows 8及以后的版本中引入的新设置界面，旨在提供一个更简化的方式来管理和调整系统设置，适用于希望快速轻松地完成任务的普通用户。

1. 控制面板

在 Windows 操作系统中，控制面板是一个图形用户界面，它允许用户访问系统设置、管理设备和软件、进行安全控制等。通过控制面板，用户可以修改系统设置、更改网络设置、添加或删除程序、调整显示设置、查看系统信息等。

单击"开始"菜单，在"开始"菜单的列表中单击"Windows 系统"文件夹，在展开的列表中，选择"控制面板"选项，打开的"控制面板"窗口如图 2-28 所示。

2. Windows 设置

Windows 设置是微软 Windows 操作系统中的一个重要功能，它允许用户自定义和配置系统的各种参数。通过 Windows 设置，用户可以更改系统设置、网络和 Internet 设置、设备设置、个性化设置、隐私设置、应用设置等。

单击"开始"菜单左侧的"设置"按钮，即可打开"Windows 设置"窗口，如图 2-29 所示。

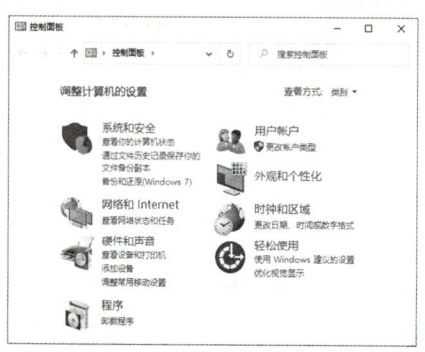

图 2-28 "控制面板"窗口

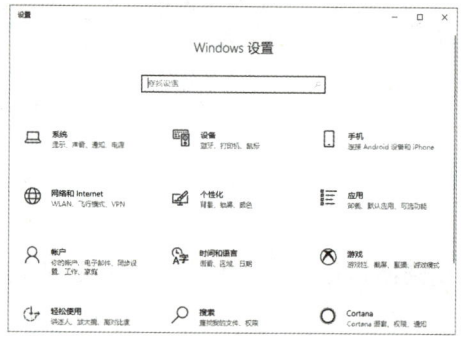

图 2-29 "Windows 设置"窗口

2.4.2 查看计算机的基本信息

查看计算机的基本信息可以让用户和系统管理员更好地了解和使用计算机。右键单击桌面上的"此电脑"图标，在弹出的快捷菜单中选择"属性"命令，将打开"控制面板"中的"系统"窗口，如图 2-30 所示；或打开"Windows 设置"窗口，在窗口左侧选择"关于"选项，右窗格中将显示计算机的基本信息，如图 2-31 所示。计算机的基本信息中包括了硬件设备信息、操作系统相关信息等。

图 2-30 "系统"窗口

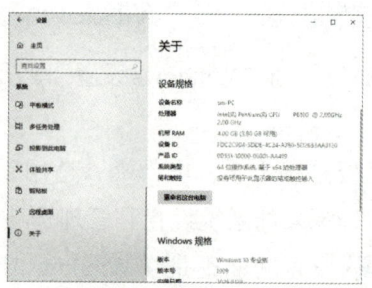

图 2-31 "关于"窗格

2.4.3 桌面外观的设置

1. 显示设置

在"开始"菜单单击"设置"按钮 ，在"设置"窗口中，选择"系统"。在"系统"窗口中，左侧菜单中选择"显示"。在显示设置中，用户可以调整缩放与布局、分辨率、亮度等参数，以满足显示需求，如图2-32所示。

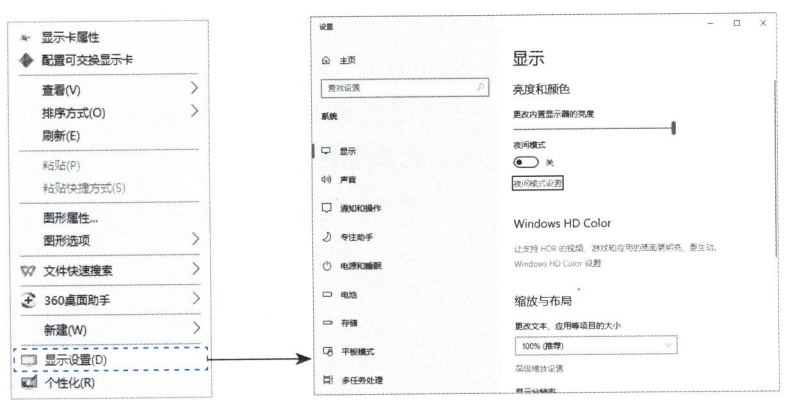

图2-32　显示设置

2. 个性化设置

在设置窗口中选择个性化选项。在个性化窗口中，用户可以对背景、颜色、锁屏界面、主题、字体、任务栏、开始等进行个性化设置。例如，点击背景选项，可以选择图片、纯色或幻灯片放映作为桌面背景。点击颜色选项，可以选择窗口边框和任务栏的颜色，以及是否让Windows从背景中自动选择一种颜色，如图2-33所示。

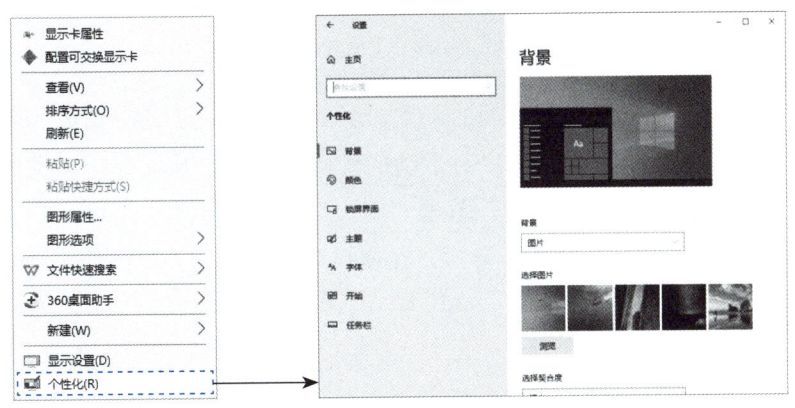

图2-33　个性化设置

2.4.4 应用程序的安装与卸载

1. 应用程序的安装

方法一：从 Microsoft Store 安装。Microsoft Store 是 Windows 10 内置的应用分发平台，提供海量经过微软官方审核的应用程序。用户只需打开"开始"菜单，点击"Microsoft

Store"图标,进入应用商店界面,在顶部的搜索栏输入关键词,便能快速筛选出相关应用。单击所需应用的详情页面,即能呈现出应用的功能介绍、用户评价、系统要求等信息。

方法二:通过安装包安装。许多软件自带有安装文件(文件名常用Setup.exe或Install.exe),双击安装文件后,一般会出现安装向导,然后跟随安装向导提示完成应用程序的安装。

2. 应用程序的卸载

方法一:使用控制面板卸载。在"控制面板"窗口的"小图标"视图中,单击"程序和功能",打开"程序和功能"窗口,在程序列表中选择要卸载的程序,单击列表上方的"卸载"按钮,如图2-34所示,按照提示完成卸载操作。

方法二:在"Windows设置"窗口中,单击"应用"选项,在"应用和功能"窗口的程序列表中单击要卸载的程序,如图2-35所示,显示"修改"和"卸载"按钮,单击"卸载"按钮,然后根据提示完成卸载操作。

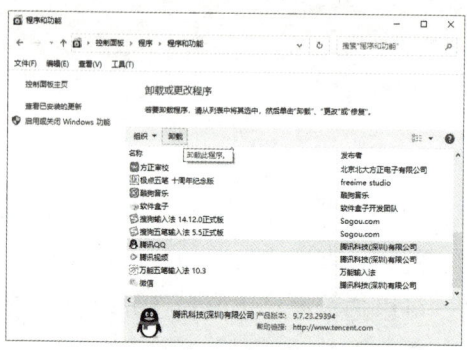

图2-34 "程序和功能"窗口

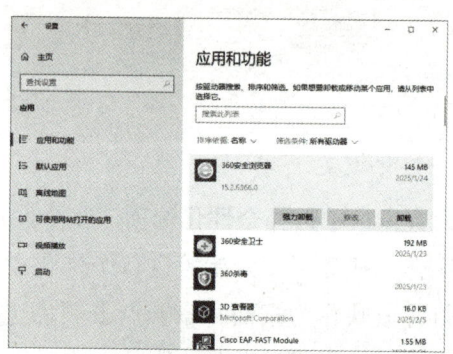

图2-35 "应用和功能"窗口

2.4.5 用户账户管理

用户账户管理是操作系统用户管理的基础,其目的是通过创建、修改、删除用户账户以及设定和管理用户权限,来控制用户对系统的访问和操作,从而保障系统的安全性和数据的完整性。在"控制面板"窗口中,单击"用户账户",打开"用户账户"窗口,如图2-36所示;或打开"Windows设置"窗口,在窗口中单击"账户",进入"账户信息"窗格,如图2-37所示。

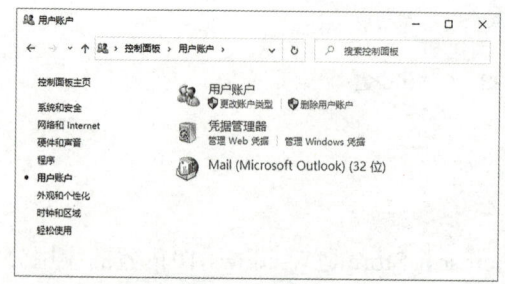

图2-36 "用户账户"窗口

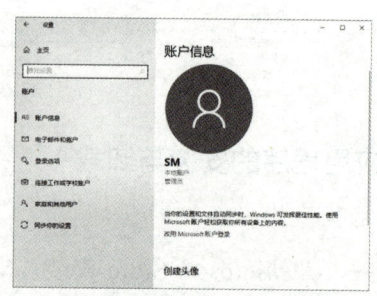

图2-37 "账户信息"窗格

2.4.6 网络管理

网络管理是确保网络资源得到合理分配和使用的关键。在 Windows 10 系统中，通过网络管理，用户可以更有效地共享资源、实现远程访问，并提升数据传输速度，从而显著提高工作效率。Windows 10 的网络管理涉及多个方面，包括无线网络、有线网络、网络适配器、网络共享和防火墙等设置。

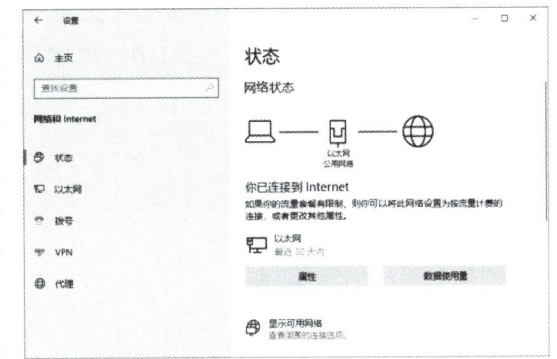

图 2-38 "状态"窗格

在"Windows 设置"窗口中，单击"网络和 Internet"，打开"网络和 Internet"窗口，在"状态"窗格中可查看当前网络状态，如图 2-38 所示，单击"以太网"区的"属性"按钮，可查看更多网络相关信息。

（1）网络适配器配置

网络适配器配置方法如下：

① 单击"Windows 设置"窗口左窗格中的"以太网"选项，进入"以太网"窗格，如图 2-39 所示。

② 单击"以太网"窗格"相关设置"区中的"更改适配器选项"，打开"网络连接"窗口，如图 2-40 所示。

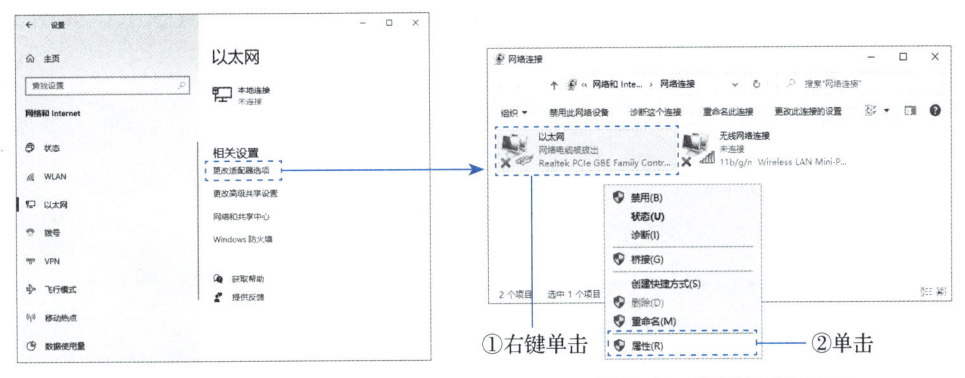

图 2-39 "以太网"窗格　　　　图 2-40 "网络连接"窗口

③ 右键单击"以太网"图标，在弹出的快捷菜单中，选择"属性"命令。

④ 打开"以太网 属性"对话框，完成局域网网络配置，具体方法同模块 3 中的实训 3-1。

（2）网络共享设置

1）启用网络发现和文件共享。

启用网络发现和文件共享方法如下：

① 打开"Windows 设置"窗口，单击左窗格中的"以太网"选项，进入"以太网"

窗格。

② 在"以太网"窗格中，单击"更改高级共享设置"，打开"高级共享设置"窗口。

③ 在"高级共享设置"窗口中，启用网络发现和文件共享，如图2-41所示，单击"保存更改"按钮，即可。

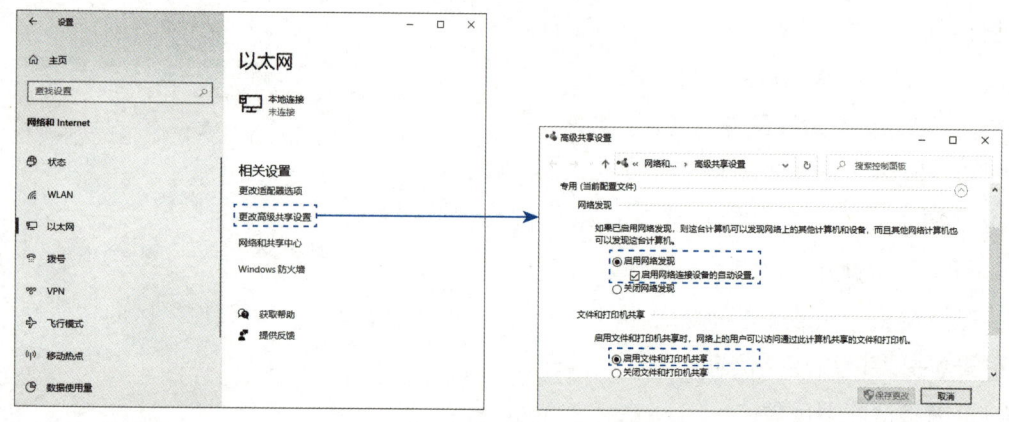

图2-41　启用网络发现和文件共享

2）配置共享文件夹。

配置共享文件夹方法如下：

① 右键单击想要共享的文件夹，在弹出的快捷菜单中选择"属性"命令。

② 在"属性"对话框中，单击"共享"选项卡，然后单击"共享"按钮。

③ 在打开的"网络访问"对话框中，选择要共享的用户，并设置权限，如图2-42所示。设置完成，单击下方的"共享"按钮，即可。

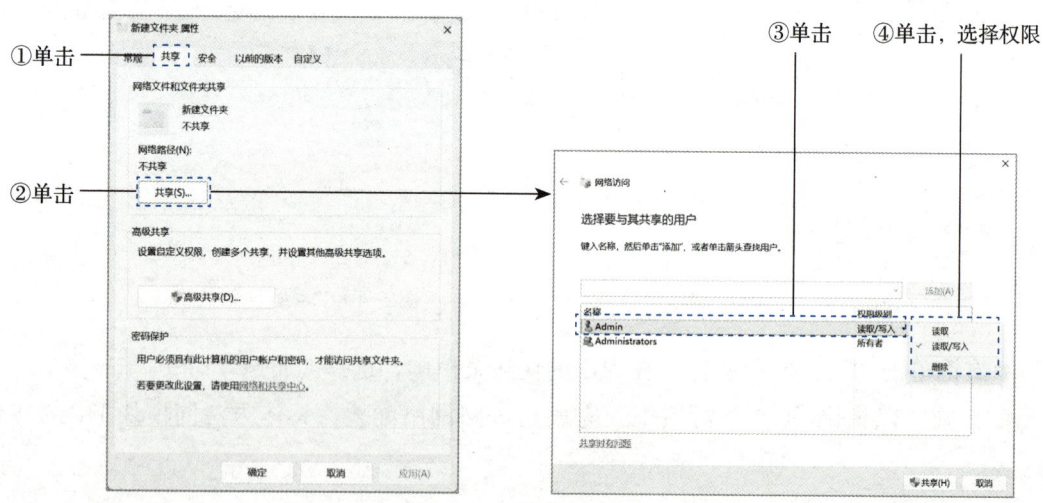

图2-42　配置共享文件夹

（3）配置Windows防火墙

Windows防火墙能够监控进出计算机的网络数据包，通过预设的规则允许或阻止数据传输。这有效地防止了未经授权的访问和恶意攻击，如病毒、木马、蠕虫等网络威胁，从而提高了设备的网络安全防护能力。在"Windows 设置"窗口的"状态"窗格中，单击"Windows 防火墙"选项，在打开的"Windows 安全中心"窗口中，即可完成防火墙的相关设置。

2.4.7 系统的常用工具

在 Windows 10 系统中，为用户提供了很多非常实用的工具，如截图、放大镜等工具。打开"开始"菜单，单击"Windows附件"，在弹出的下拉列表中，单击选择所需的工具，即可。

1. Windows 10 截图工具

全屏截图：按下键盘上的<Print Screen（PrtScn）>键，即可将整个屏幕的内容复制到剪贴板。随后，可以在支持粘贴的应用程序（如画图、Word等）中按下<Ctrl+V>组合键进行粘贴。

活动窗口截图：按下<Alt+Print Screen（PrtScn）>组合键，可以仅复制当前活动窗口的内容到剪贴板，在其他应用程序中粘贴即可。

2. 启用 Windows 10 屏幕键盘

Windows 10 屏幕键盘是一种虚拟键盘，可以在计算机屏幕上显示，方便用户在没有物理键盘的情况下使用计算机。

在"Windows 设置"窗口中，单击"轻松使用"，在打开的"轻松使用"窗口左侧窗格中，单击"键盘"选项，此时窗口右侧将显示"键盘"窗格，单击"使用屏幕键盘"按钮，即可打开屏幕键盘。

3. Windows 10 放大镜

为了能放大屏幕上的内容，使得阅读小字、查看细节或进行精密操作变得更为清晰和便捷，在 Windows 10 系统中，为用户提供放大镜这一辅助工具。同时按下<Win>键（Windows 徽标键）和加号键（+），即可打开"放大镜"。可以使用键盘<Win+Esc>组合键，来关闭放大镜。

2.4.8 系统安全

Windows 10 系统在安全方面进行了多项改进，提供了全面的安全设置和防护技巧，以确保用户的数据和系统安全。单击"开始"菜单中的"设置"，在打开的"设置"窗口中，选择"更新和安全"，进入"更新和安全"窗口，如图2-43所示。

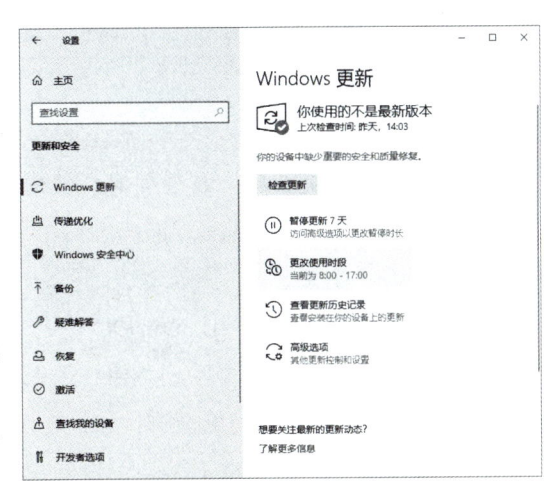

图2-43 "更新和安全"窗口

Windows 10的"更新和安全"功能为用户提供了一个安全、稳定、高效的数字工作环境。通过合理利用这些功能和资源，用户可以有效地抵御各种网络安全威胁，保护自己的数字世界。

　　1）Windows更新：Windows 10能够自动检测并安装最新的系统补丁和安全更新，确保系统始终保持最新状态。

　　2）Windows Defender安全中心：Windows 10内置了Windows Defender安全中心，这是一个强大的安全防护套件，集成了病毒防护、威胁防护、防火墙和设备性能与健康等多项功能。它能够实时监控并阻止恶意软件的入侵，同时提供全面的安全报告和建议，帮助用户了解并提升系统的安全状况。

　　3）防火墙：Windows 10的防火墙功能能够有效阻止未经授权的访问请求，保护用户的网络安全。

　　4）备份与恢复：备份功能允许用户创建系统或数据的副本，这些副本可以在原始数据丢失或损坏时提供恢复手段。无论是由于系统崩溃、硬件故障还是遭受恶意软件攻击，备份都能确保用户能够恢复重要数据，避免数据永久丢失的风险。

习　题

一、单选题

1. 以下不是Windows 10桌面元素的是（　　）。
   A. 任务栏　　　　　B. 开始菜单　　　　C. 控制面板　　　　D. 回收站
2. 快速最小化所有窗口的方法是（　　）。
   A. Win+D　　　　　B. Win+M　　　　　C. Alt+F4　　　　　D. Win+Tab
3. 文件资源管理器中"快速访问"的作用是（　　）。
   A. 保存密码　　　　　　　　　　　　　　B. 显示常用文件夹
   C. 加速开机　　　　　　　　　　　　　　D. 清理垃圾
4. 系统更新设置位于（　　）。
   A. 控制面板　　　　　　　　　　　　　　B. 设置→更新与安全
   C. 任务管理器　　　　　　　　　　　　　D. 设备管理器
5. 下列扩展名中，属于系统镜像文件的是（　　）。
   A. .txt　　　　　　B. .iso　　　　　　C. .exe　　　　　　D. .docx
6. 打开"任务管理器"的方法是（　　）。
   A. Ctrl+Alt+Del　　B. Win+X　　　　　C. Ctrl+Shift+Esc　D. 以上均可
7. 默认情况下，删除文件后文件会进入（　　）。
   A. 回收站　　　　　B. 临时文件夹　　　C. 直接永久删除　　D. 云存储
8. 修改屏幕分辨率可在（　　）设置中操作。

A. 个性化 B. 系统→显示
C. 设备→打印机 D. 网络和 Internet

9. 以下不属于电源选项模式的是（　　）。
   A. 平衡　　　　B. 节能　　　　C. 高性能　　　　D. 超频

10. 用户账户控制（UAC）的作用是（　　）。
    A. 限制上网时间　　　　B. 防止未经授权的系统更改
    C. 加密文件　　　　　　D. 管理密码

11. 扩展名为 .msi 的文件是（　　）。
    A. 系统日志　　B. 安装程序包　　C. 图片文件　　D. 视频文件

12. 可以快速搜索文件内容的方法是（　　）。
    A. 使用资源管理器的搜索框　　　B. 使用 Win+S
    C. 使用 Everything 软件　　　　D. 以上均可

13. 下列不属于浏览器 Edge 功能的是（　　）。
    A. 阅读模式　　B. 网页截图　　C. 扩展插件　　D. 3D 建模

14. 系统恢复选项不包含（　　）。
    A. 重置此计算机　　B. 系统还原　　C. 重装 Office　　D. 启动修复

15. 查看已连接的 Wi-Fi 密码的方法是（　　）。
    A. 控制面板→网络和共享中心
    B. 设置→网络和 Internet
    C. 命令提示符输入"netsh wlan show profile"
    D. 以上均可

二、填空题

1. 在 Windows10 中，打开文件资源管理器的快捷键是＿＿＿＿。
2. 任务视图按钮的作用是＿＿＿＿。
3. 要显示隐藏的文件或文件夹，需在文件资源管理器的＿＿＿＿选项卡中设置。
4. 系统默认的截图工具名称是＿＿＿＿。
5. 任务管理器中显示 CPU 占用率的选项卡是＿＿＿＿。
6. 系统版本信息可在＿＿＿＿界面查看。
7. 系统默认的压缩文件格式是＿＿＿＿。

三、操作题

1. 创建桌面快捷方式：为"画图"程序创建桌面快捷方式。
2. 压缩并加密文件夹：将"D:\资料"文件夹压缩为 ZIP 格式，并设置密码"123456"。
3. 创建新用户账户：新建一个标准用户，用户名为"Student"。

模块 3　计算机网络基础

信息技术基础（医学类）

3.1　计算机网络概述

3.1.1　计算机网络的概念和主要功能

1. 计算机网络的概念

在计算机网络发展的不同阶段，人们对计算机网络的理解和应用侧重点不同，就提出了不同的概念。就目前人们对计算机网络的理解和认识来看，通常从资源共享的观点出发将计算机网络定义为以能够相互共享资源的方式连接起来的独立计算机系统的集合。也就是说将地理位置不同的、且具有独立功能的多台计算机系统，通过通信线路连接起来，按照全网统一的网络协议进行数据通信，从而实现数据传输与资源共享的系统。

2. 计算机网络的主要功能

1）数据通信：实现不同地理位置的计算机之间的数据传输。可以是用户之间传输，例如通过电子邮件，将文字、图像等信息从发件人的计算机传送到收件人的计算机，也能在设备之间进行，比如计算机把打印数据发送给打印机。

2）资源共享：它主要包括硬件、软件和数据资源的共享。在硬件共享方面，例如在一个办公室局域网内，多台计算机可以共享一台打印机，这样就不需要为每台计算机都配备打印机，大大节约了成本。软件共享也很常见，比如在学校的计算机房，通过网络服务器可以将教学软件共享给机房内的所有计算机，方便统一管理和使用。

3.1.2　计算机网络的组成结构

1. 按覆盖范围分类

1）广域网（WAN）。覆盖范围广，通常可以跨越不同的城市、国家甚至大洲。一般由电信运营商或大型企业建设和维护。连接的设备数量众多，包括各种计算机、服务器、路由器等。传输速度相对较慢，通常在几兆比特每秒到几十兆比特每秒之间。例如，互联网就是一个典型的广域网。

2）城域网（MAN）。覆盖范围一般为一个城市或地区。可以由政府部门、电信运营商或企业建设。连接的设备主要包括企业、学校、政府机构等的计算机和服务器。传输速度比广域网快，通常在几十兆比特每秒到几百兆比特每秒之间。例如，一个城市的有线电视网络可以看作是一个城域网。

3）局域网（LAN）。覆盖范围较小，通常局限于一个建筑物、一个校园或一个企业内部。可以由企业、学校、家庭等自行建设和维护。连接的设备主要包括个人计算机、打印机、服务器、手机、平板电脑等。传输速度较快，通常在几百兆比特每秒到几千兆比特每秒之间。例如，一个办公室的网络就是一个局域网。

2. 按拓扑结构分类

计算机网络的拓扑结构是指网络中各个节点相互连接的形式，主要形式有总线型、星形、环形、树状、网状、混合型、蜂窝型等。

1）总线型拓扑。所有节点都连接在一条共享的通信总线上。优点是结构简单、成本低；缺点是一旦总线出现故障，整个网络都会受到影响。总线型结构如图3-1所示。

2）星形拓扑。以中央节点为中心，其他节点都与中央节点相连。优点是易于管理和维护，故障诊断和隔离容易；缺点是中央节点负担重，一旦出现故障，全网瘫痪。星形结构如图3-2所示。

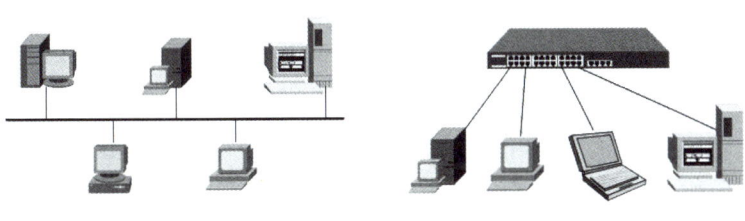

图3-1　总线型结构　　　　图3-2　星形结构

3）环形拓扑。所有节点通过链路组成一个闭合的环。优点是数据传输路径固定，控制简单；缺点是某个节点故障会影响整个环的工作。环形结构如图3-3所示。

4）树状拓扑。节点按层次进行连接，像一棵树。优点是易于扩展和故障隔离；缺点是对根节点依赖较大。树状结构如图3-4所示。

5）网状拓扑。节点之间的连接是任意的，没有规律。优点是可靠性高，容错能力强；缺点是结构复杂，成本高。网状结构如图3-5所示。

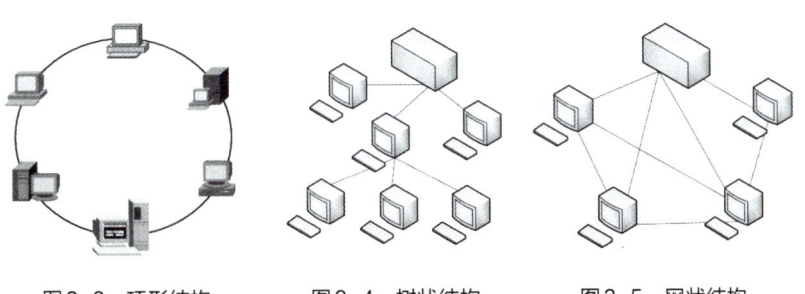

图3-3　环形结构　　　　图3-4　树状结构　　　　图3-5　网状结构

6）混合型拓扑。混合型拓扑结构就是指同时使用上面的五种网络拓扑结构中两种及以上的网络拓扑结构。优点是可以对网络的基本拓扑取长补短；缺点是网络配置数据包捕获难度大。

7）蜂窝型拓扑。蜂窝型拓扑结构是无线局域网中常用的机构。它以无线传输介质（微波、卫星、红外线、无线发射台等）点到点和点到多点传输为特征，是一种无线网，适用于城市网、校园网、企业网，更适用于移动通信。

3. 按传输介质分类

传输介质是连接网络中各节点的"物理通路"，分为：有线和无线。

（1）有线传输介质

目前常用的网络传输介质有双绞线、同轴电缆、光纤。

1）双绞线。双绞线由2根、4根或8根绝缘导线组成，如图3-6所示，2根绝缘导线绞合为1根线来作为一条通信链路。为了减少各线对之间的电磁干扰，各线对以均匀对称、螺旋状的方式扭绞在一起，绞合程度越高，抗干扰能力越强。

2）同轴电缆。同轴电缆由内导体、外屏蔽层、绝缘层及外部保护层组成，如图3-7所示。

3）光纤。它是一种利用光在玻璃或塑料制成的纤维中的全反射原理传递光脉冲，实现光信号传输的新型材料，如图3-8所示。因为它携带的是光脉冲，不受外界的电磁干扰或噪声影响，在有大电流脉冲干扰的环境下也能保持较高的数据传输速率并提供良好的数据安全性。因此，光纤是电气噪声环境中最好的传输介质，常用于以极快的速度传输巨量数据的场合。

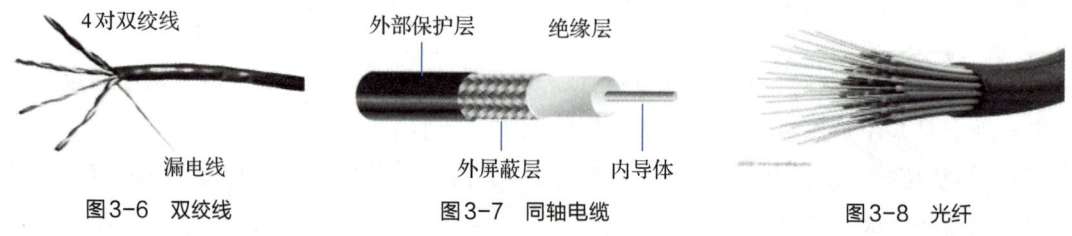

图3-6 双绞线　　　　图3-7 同轴电缆　　　　图3-8 光纤

（2）无线传输介质

无线传输介质是指利用各种无线技术进行信号传输的媒介，主要包括以下几种：

1）无线电波。无线电波是最常见的无线传输介质，频率范围在3kHz~300GHz。它可以传播很远的距离，能够穿透建筑物，用于广播（如电台、电视台）、通信（如手机通信）、无线网络（如Wi-Fi）等众多领域。

2）微波。微波是频率在300MHz～300GHz的电磁波，属于无线电波的高频段。它的特点是直线传播，不能像低频无线电波那样沿着地球表面传播或者绕过障碍物。

红外线的频率比微波更高，波长在760nm～1mm。它具有较强的方向性，常用于短距离通信和控制，如电视遥控器就是利用红外线来传输信号；在近距离的无线数据传输中也有应用。

3）激光。激光是一种高度聚焦、方向性极强的光束，通过将光信号调制后可以用于通信。激光通信具有极高的数据传输速率和很低的误码率。

4. 常用网络设备

（1）路由器（Router）

路由器是一种连接多个相同或不同类型网络的网络互连设备，如图3-9所示。它具有按某种准则自动选择一条到达目的子网的最佳传输路线的能力，用来连接两个及以上复杂网络。

a）有线路由器　　　　b）无线路由器

图3-9　路由器

（2）交换机

交换机是一种用于电（光）信号转发的网络设备，如图3-10所示。其主要功能有：提供连接端口，能为子网络提供更多连接端口，以连接多台计算机等设备；数据转发，根据数据包中的MAC地址，将数据从发送端口转发到接收端口，提高网络传输效率，避免传输冲突；支持VLAN、链路汇聚，部分有防火墙功能；可在不同类型网络间互连。

（3）网桥（bridge）

网桥也叫桥接器，是连接两个或多个在数据链路层以上具有相同或兼容协议的局域网的一种存储转发设备，如图3-11所示。

图3-10　交换机　　　　图3-11　网桥

（4）网关（Gateway）

又称网间连接器或协议转换器，用于将两个或多个在OSI参考模型的传输层以上层次使用不同协议的网络连接在一起，并在多个网络间提供数据转换服务的软件和硬件一体化设备。

5. 常用网络术语

（1）数据通信的主要技术指标

1）数据传输速率（Rate）：连接到网络上的节点在信道上传输数据的速率，也称为数据率或比特率。它是计算机网络中最重要的性能指标之一。速率的基本单位是比特每秒（bit/s），常见的表示方法有 kb/s、Mb/s、Gb/s 等。

2）带宽（Bandwidth）：表示网络中某通道传送数据的能力，即在单位时间内网络中的某信道所能通过的最高数据率。带宽的基本单位也是比特每秒（bit/s）。一条通信链路的带宽越宽，其所能传输的最高数据率也越高。

3）误码率（Bit Error Rate，简称 BER）：在数据传输过程中，接收端错误接收的比特数与发送的总比特数之间的比例，它是衡量数字通信系统传输可靠性的一个重要指标。

（2）数字信号与模拟信号

1）数字信号：在一定时间间隔内取有限个离散值的信号，它是离散时间信号的数字化表示，通常可由模拟信号经过采样、量化和编码等过程获得。

2）模拟信号：用连续变化的物理量所表达的信息，如温度、湿度、压力、长度、电流、电压等，其信号的幅度、频率或相位随时间做连续变化，在一定的时间范围内可以有无限多个不同的取值，因此我们通常又把模拟信号称为连续信号。

（3）调制、解调与调制解调器

1）调制：将数字信号转换为适合在模拟通信线路或其他传输媒介中传输的模拟信号的过程。

2）解调：调制的逆过程，指在接收端将接收到的已调制模拟信号还原为原始数字信号的过程。

3）调制解调器：一种能够实现通信所需的调制和解调功能的电子设备，由调制器和解调器两部分组成，是模拟信号和数字信号的"翻译员"，可以使数字设备通过模拟通信线路进行数据通信。

6.无线局域网

随着技术的发展，无线局域网（Wireless Local Area Network，WLAN）已经取代有线局域网，成为现代家庭和小型公司主流的局域网组建方式。无线局域网利用射频技术，使用电磁波取代由双绞线构成的局域网络。

无线局域网的实现技术很多，其中应用最广泛的是无线保真技术（Wi-Fi）。它是一种能够使各种终端都使用无线互联的技术，可以为用户屏蔽各种终端之间的差异性。目前实现无线局域网的功能，一般需要一台无线路由器，以及多台具备有线网卡、无线网卡的计算机或者手机、平板电脑等可以上网的智能移动设备。

常见的无线网络技术有：①Wi-Fi（无线保真）。应用最为广泛，能提供高速的无线局域网连接，工作在2.4GHz和5GHz频段。②蓝牙。用于短距离设备间的数据传输，如耳机与手机、鼠标与计算机的连接等。③移动数据网络（如4G、5G）。由电信运营商提供，支持移动设备随时随地接入互联网。④Zigbee。适用于低功耗、短距离、低数据速率的无线传感器网络和控制网络。

无线网络技术的优点：①灵活性和移动性。使用户能够在覆盖范围内自由移动并保持连接。②易于部署。相较于有线网络，减少了布线的成本和复杂性。

3.1.3 网络安全

1. 网络安全的含义

网络安全是指网络系统的硬件、软件及数据受到保护，不遭受偶然的或者恶意的破坏、更改、泄露，系统能够连续、可靠、正常地运行，网络服务不中断。从本质上讲，网络安全问题主要是网络信息的安全问题。凡是涉及网络信息的保密性、完整性、可用性、真实性和可控性的相关技术和理论，都是网络安全的研究领域。

网络安全的具体含义会随着"角度"的变化而变化。例如，从用户（个人、企业等）的角度来说，他们希望涉及个人隐私或商业利益的信息在网络上传输时受到机密性、完整性和真实性的保护，避免其他人窃听、冒充、篡改和抵赖；从管理者角度来说，他们希望对本地网络信息的访问、读写等操作受到保护和控制，避免出现"陷门"、病毒、非法存取、拒绝服务和网络资源非法占用和非法控制等威胁，制止和防御网络黑客的攻击。

2. 网络安全的特点

①完整性；②保密性；③可用性；④不可否认性；⑤可控性。

3. 网络安全的内容

网络安全涉及的内容包括技术和管理等多个方面，他们之间需要相互补充、综合协同防范。其中，技术方面主要侧重于防范外部非法攻击，管理方面则侧重于对内部人为因素的管理。从层次结构上，可将网络安全的内容概括为以下5个方面。

1）实体安全：实体安全又称物理安全，它包括环境安全、设备安全和介质安全等，是指保护网络设备、设施及其他介质免遭火灾、水灾、地震、有害气体和其他环境事故破坏的措施及过程。

2）系统安全：系统安全包括网络系统安全、操作系统安全和数据库系统安全等，是指根据系统的特点、条件和管理要求，有针对性地为系统提供安全策略机制及保障措施、安全管理规范和要求、应急修复方法等。

3）运行安全：运行安全包括相关系统的运行安全和访问控制安全，如用防火墙进行内外网隔离、访问控制等。

4）应用安全：应用安全由应用软件平台安全和应用数据安全两部分组成。

5）管理安全：管理安全又称安全管理，涉及法律法规、政策策略、规范标准、人员、设备、软件、操作、文档、数据、机房、运营、应用系统、安全培训等各个方面。

3.2 Internet基础

Internet是一个由全球范围内的计算机网络通过各种通信协议连接而成的巨大网络。如今，Internet已经覆盖了全球绝大部分地区，为人们提供了丰富多样的服务和应用。

3.2.1 通信协议

1. 计算机网络的体系结构

计算机网络体系结构是指计算机网络中各个层次和功能组成的结构体系。它定义了计算机网络中各层次之间的协议和接口，以实现不同类型、不同规模、不同性能的计算机之间的互联和通信，同时提供各种网络服务和应用。常见的网络体系结构有OSI（开放式系统互联）参考模型和TCP/IP。

OSI参考模型是由国际标准化组织（ISO）提出的，它将网络体系结构分为7层，分别是物理层、数据链路层、网络层、传输层、会话层、表示层和应用层。

TCP/IP是Internet通信的基础，通常被分为4个层次，分别是网络接口层、网络层、传输层和应用层。它是互联网所采用的主流体系结构，具有简洁、实用的特点。

OSI参考模型与TCP/IP的对照关系如图3-12所示。

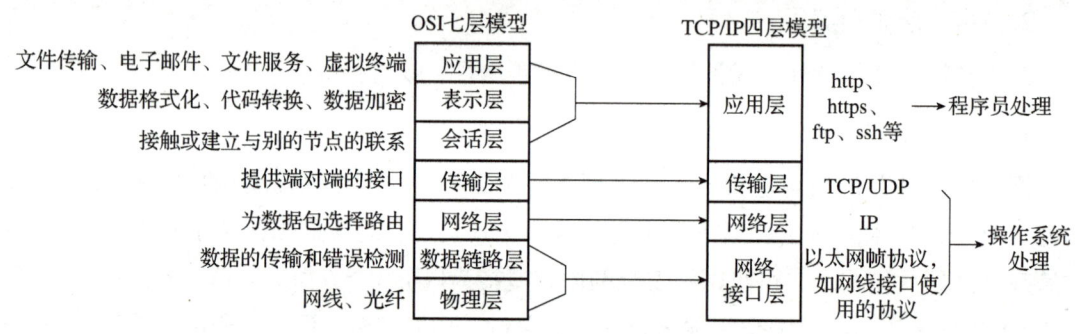

图3-12 OSI参考模型与TCP/IP的对照关系图

2. 网络协议

1）TCP/IP网络。采用TCP/IP族，是目前互联网上广泛使用的网络协议。具有开放性、通用性和灵活性等特点。支持多种应用程序，如电子邮件、网页浏览、文件传输等。

2）IPX/SPX网络。采用IPX/SPX协议族，主要用于Novell Net Ware网络系统。具有高效性、可靠性和安全性等特点。主要应用于企业内部的局域网。

3）AppleTalk网络。采用AppleTalk协议，主要用于苹果公司的计算机网络系统。具有简单易用、兼容性好等特点。主要应用于苹果公司的产品之间的网络连接。

总之，计算机网络的分类方法有很多种，不同的分类方法可以从不同的角度来描述计算机网络的特点和应用场景。在实际应用中，需要根据具体的需求和情况选择合适的计算机网络类型。

3.2.2 TCP/IP

TCP/IP是指传输控制协议/因特网协议，是一种通信协议。它是因特网的核心协议，用于在互联网上进行数据传输和网络通信。

1. TCP

传输控制协议（Transmission Control Protocol，TCP）是一种基于连接的协议，保证了数据传输的可靠性。它将数据分割成小的数据包进行传输，能够进行数据的校验和重传，保证了数据的正确性和完整性。TCP还实现了拥塞控制机制，能够避免网络拥塞引起的传输延迟和数据丢失。

2. IP

网际协议（Internet Protocol，IP）是一种无连接的协议，负责网络层的路由选择和数据包的传输。它使用IP地址定位网络上的设备，并将数据包从源地址传输到目的地址。IP提供了一个层次化、可扩展的网络架构，使得互联网上的大量设备可以进行通信。

TCP/IP将TCP和IP结合起来，实现了面向连接的数据传输和分组交换的网络通信，是现代计算机网络的基础协议。

3.2.3　IP地址与域名

1. IP地址

IP地址（Internet Protocol Address）是指互联网协议地址，是分配给连接到互联网的设备（如计算机、服务器、智能手机、物联网设备等）的数字标签。它就像是设备在网络世界中的"家庭住址"，用于在网络中唯一标识一个设备，使得数据能够准确地在不同设备之间传输。

IP地址由网络标识和主机标识两部分组成。网络标识用来区分Internet上互联的各个网络，即标识数据链路层不同段的唯一性（标识不同子网）；主机标识用来区分同一网络上的不同计算机（即主机），即标识同一子网的不同主机。

2. IP地址的分类

根据IP地址的版本和用途，可以将其分为多种类型。

（1）IPv4

由32位二进制数构成，通常分为四组，每一组用十进制数表示，表示范围是0～255，每组之间用小数点分隔。例如：202.168.16.1。IPv4地址支持五类编址方案（A、B、C、D、E类），其中常用的IP地址有A、B、C三类，其分类方式及应用范围见表3-1，而D、E类地址则有特殊用途。

表3-1　各类IP地址的分类方式及应用范围

类别	第一组数字范围	应用
A	1~127	大型网络，如大型企业网络或互联网服务提供商的网络等
B	128~191	中等规模的网络，如校园网等
C	192~223	小型局域网，如办公室网络或家庭网络等

(续)

类别	第一组数字范围	应用
D	224~239	广播地址发送
E	240~255	因特网实验和开发

（2）IPv6

随着互联网的迅速发展，IPv4定义的有限地址空间将被耗尽，而地址空间的不足必将妨碍互联网的进一步发展。为了扩大地址空间，IPv6使用128位二进制数来表示地址，提供了更大的地址空间，并引入了简化和优化的地址配置方法，以及更好的路由层次结构。其表示方式相较于IPv4更为复杂，通常使用冒号分隔的十六进制数来表示，如2001:0db8:85a3:0000:0000:8a2e:0370:7334。

3. 子网掩码

子网掩码与IP地址相同，也是一个32位的二进制数，用于划分子网。子网的划分避免了单个网络中因主机过多而拥堵，或因过少而造成IP地址浪费，划分后的子网能更好地管理和维护网络。掩码包含网络域和主机域，系统默认情况下，网络域地址全为"1"，主机域地址全为"0"。各类网络与子网掩码的对应关系见表3-2。

表3-2 各类网络与子网掩码的对应关系

类别	默认子网掩码
A	255.0.0.0
B	255.255.0.0
C	255.255.255.0

4. 域名

域名（Domain Name），是由一串用点分隔的名字组成的Internet上某一台计算机或计算机组的名称，用于在数据传输时对计算机的定位标识（有时也指地理位置）。由于IP地址具有不方便记忆并且不能显示地址组织的名称和性质等缺点，人们设计出了域名，并通过网域名称系统（DNS，Domain Name System）来将域名和IP地址相互映射，使人更方便地访问互联网，而不用去记住能够被机器直接读取的IP地址数串。

为了避免重名，域名采用层次结构，各层次的子域名之间用圆点"."分割，从右到左的顺序依次为一级域名、二级域名、……、主机名。

例如：chsi.com.cn是中国高等教育学生信息网（学信网）的域名，其中cn表示这台主机所在国家的名称，com表示这台主机工作所属的单位性质，chsi是这台主机的名字。

Internet域名中常见域名及含义见表3-3。

表3-3　Internet域名中常见域名及含义

域名	含义	域名	国家名称
com	商业组织	cn	中国
net	网络资源	de	德国
edu	教育部门	us	美国
gov	政府部门	jp	日本
org	非营利组织	gb	英国

5. 默认网关

默认网关（Default Gateway）是子网与外网连接的设备，通常是指每台主机上的一个配置参数，参数值为接在同一个网络上的某个路由器端口的IP地址，即缺省网关。默认网关主要是用于将计算机网络中的一个子网连接到另一个网络。在计算机网络中，默认网关是指当一台计算机想要发送数据到另一个网络时，它可以使用的一个默认的路由器。默认网关可以将一个网络中的计算机连接到另一个网络中的计算机，以便它们可以交换数据。

6. DNS服务器

DNS是因特网上作为域名和IP地址相互映射的一个分布式数据库，能够使用户更方便地访问互联网，而不用去记住那些能够被机器直接读取的IP数串。通过主机名，最终得到该主机名对应的IP地址的过程叫作域名解析（或主机名解析）。

3.2.4　Internet服务

Internet服务指的是为用户提供的互联网服务，用户通过Internet服务可以进行互联网访问，获取需要的信息。随着网络技术的发展及用户需求的不断增加，Internet中提供的服务越来越多样化。

1. 万维网（WWW）服务

这是互联网最广泛使用的服务之一。用户通过浏览器（如Chrome、Firefox、Safari等）访问各种网站。网站由网页组成，网页可以包含文本、图像、音频、视频等多种形式的信息。例如，人们可以在新闻网站（如新浪等）上获取最新的时事新闻；在学术网站（如知网等）查找科研文献，或者在电商网站（如淘宝等）浏览和购买商品。

1）超文本标记语言（HTML）。超文本标记语言是构建网页的基础语言，它定义了网页的结构和内容展示方式。

2）统一资源定位符（URL）。统一资源定位符用于定位互联网上的资源，比如"https://www.baidu.com"这个URL就可以让用户访问百度的首页。

3）超文本传输协议（HTTP）。超文本传输协议是一种用于在计算机网络之间传输超文本和其他资源的应用层协议，是构建万维网（World Wide Web）的基础，对互联网有着极其重要的影响。

2. 通信交流服务

1）电子邮件（E-mail）服务。电子邮件允许用户发送和接收消息、文件等信息。它由邮件客户端（如Outlook等）和邮件服务器组成。用户通过在邮件客户端配置自己的邮箱账号（用户名@邮箱域名，如abc@163.com），就可以撰写邮件内容并发送给其他用户。邮件服务器负责存储和转发邮件。例如，企业员工之间可以通过电子邮件进行工作沟通，发送项目文档、会议安排等信息。

2）即时通讯（IM）服务。即时通信软件（如微信、QQ等）让用户能够实时地发送和接收消息。它还支持多种功能，如语音通话、视频通话、群聊等。例如，朋友之间可以通过即时通信软件分享生活中的趣事，进行语音或视频聊天；在工作场景中，团队成员可以通过群聊功能快速沟通项目进展和问题。

3. FTP文件传输服务

1）文件传输协议（FTP）服务。FTP是用于在网络上进行文件传输的标准协议。它有两种工作模式：主动模式和被动模式。用户可以通过FTP客户端软件（如FileZilla等）连接到FTP服务器，上传和下载文件。例如，网站开发者可以使用FTP将制作好的网页文件上传到服务器，以便网站能够正常访问；企业内部也可以通过FTP服务器共享和传输大型文件，如设计图纸、产品手册等。

2）云存储服务。云存储服务（如百度网盘、阿里云盘等）允许用户将文件存储在云端服务器上。用户可以通过互联网随时随地访问自己存储的文件，还可以进行文件分享。例如，用户可以将自己拍摄的照片、视频等存储在云盘中，从而释放本地设备的存储空间，并且可以方便地在不同设备（如手机、计算机等）之间同步和访问这些文件。

4. 远程登录（Telnet）服务

远程登录（Telnet）服务是一种基于Telnet协议的网络服务。Telnet协议是TCP/IP族中的一员，也是Internet远程登录服务的标准协议和主要方式，能让用户通过互联网或局域网在本地计算机上登录并操作远程计算机，使用户的计算机暂时成为远程主机的一个仿真终端。

3.3 Internet的简单应用

在当今数字化时代，Internet（互联网）已经成为人们生活中不可或缺的一部分。它就像一座无形的桥梁，将世界各地的人们紧密相连，使信息的传递和交流变得前所未有的便捷。

3.3.1 Internet的接入方式

Internet的接入一般分为宽带接入、局域网接入、专线接入及无线接入等方式。

1. 宽带接入

宽带接入是指通过各种通信技术，将用户的计算机或其他终端设备连接到互联网，提供高速数据传输服务的方式。以下是一些常见的宽带接入方式及其特点：

（1）数字用户线路（DSL）接入

1）ADSL（非对称数字用户线路）。ASDL是一种通过普通电话线路提供宽带数据传输服务的技术。ADSL采用先进的数字编码技术，能够在同一对电话线上同时传输数据和话音信号，实现高速上网和电话通话互不干扰。由于ADSL的不对称性，即下行（从服务器到用户终端）速率高于上行（从用户终端到服务器）速率，这对于大多数互联网应用来说非常合适，因为大部分时间用户都在下载数据（如浏览网页、观看视频等），而不是上传数据。具体来说，ADSL的下行速率可以达到8Mbps甚至更高，而上行速率通常在1Mbps左右。

2）VDSL（超高速数字用户线路）。VDSL是ADSL的升级技术，它同样使用电话线，但在短距离内能够提供更高的数据传输速率。它使用的频段比ADSL更宽，能够实现更高的带宽。例如，在距离机房较近（一般不超过1.5千米）的情况下，VDSL的下行速率可以达到52Mbps甚至更高，上行速率也能达到16Mbps左右。

（2）同轴电缆接入

电缆调制解调器（Cable Modem）接入。它利用有线电视网络的同轴电缆来实现数据传输。同轴电缆具有较宽的带宽，通过在有线电视网络上添加数据传输功能，将数据信号调制到同轴电缆的频段上，与电视信号一起传输。在用户端，电缆调制解调器将接收到的信号分离，提取出数据信号并转换为可以被计算机等设备使用的格式。其传输速率因网络状况和运营商配置等因素而有所不同，一般下行速率可以达到几十Mbps到几百Mbps。

（3）无线宽带接入

1）Wi-Fi接入。Wi-Fi，即无线保真（Wireless Fidelity）的缩写，是一种基于IEEE 802.11标准的通过无线电波传输数据的技术。它通过无线路由器将有线网络信号转换为无线信号，用户的终端设备（如手机、笔记本计算机等）只要配备了Wi-Fi功能，就可以在无线路由器的覆盖范围内连接到互联网。Wi-Fi的传输速率根据其标准和环境等因素而不同，例如，常见的Wi-Fi5标准理论最大传输速率可以达到3.5Gbps左右，Wi-Fi6标准则可以达到9.6Gbps左右。

2）移动宽带接入（如4G/5G）。4G（第四代移动通信技术）和5G（第五代移动通信技术）是通过移动运营商的基站与用户的移动终端（如手机、移动热点设备等）进行通信。4G主要采用了LTE（长期演进）技术，能够提供较高的传输速率，其理论峰值下载速率可以达到100Mbps~300Mbps。5G则在4G的基础上进一步提高了速度、降低了延迟并且增加了网络容量。5G的理论下载速率峰值可以达到数Gbps到数十Gbps。它们通过在空中接口传输数据，将用户连接到互联网。

2. 局域网接入

局域网（Local Area Network，LAN）接入是指将用户设备连接到一个局部范围内的计算机网络，从而实现资源共享、信息交流等功能。目前，以太网（Ethernet）接入是应用最广泛的局域网技术。它基于 IEEE 802.3 标准，使用双绞线（如常见的五类线、六类线）或光纤作为传输介质。当用户设备（如计算机）通过以太网卡连接到以太网交换机或路由器时，数据帧在网络中通过 MAC（Media Access Control）地址进行寻址和转发。MAC 地址是每个网络设备的唯一标识符，就像设备的"身份证号码"一样。例如，在一个办公室的局域网中，计算机 A 要向计算机 B 发送文件，数据帧会根据计算机 B 的 MAC 地址在以太网交换机中进行转发，最终到达计算机 B。

3. 专线接入

专线接入是指为用户提供的专用的、高速的、可靠的网络连接线路。它与普通宽带接入不同，专线是用户独占的通信线路，不是共享带宽，这就保证了网络速度的稳定性和较高的带宽保障。例如，普通宽带在网络高峰时期可能会因为用户过多而导致速度下降，而专线接入基本可以维持在约定的速度水平。专线接入的安全性也比较高，因为线路相对独立，受到外部网络干扰和安全威胁的可能性相对较小，比较适合对数据安全和隐私要求较高的企业用户。

（1）数字数据网（DDN）专线

DDN 是利用数字信道提供永久性或半永久性连接电路，以传输数据信号为主的数字传输网络。它通过时分复用技术，将多个用户的数据信号复用在一条物理线路上。例如，不同企业用户的数据可以按照预先分配好的时隙在同一条 DDN 线路上传输，每个用户在自己的时隙内独占线路资源，就像在一条高速公路上划分了不同的车道给不同的车辆专用一样。

（2）虚拟专线

虚拟专线是一种逻辑上的网络连接，它利用公共网络资源，通过特定的技术手段为用户建立起一条专用的、安全的通信通道，使其在功能和效果上类似于物理专线，但成本相对较低且具有更高的灵活性。

1）利用有线电视网构建虚拟专线：有线电视网拥有广泛的网络覆盖和较高的带宽资源，一些服务提供商可以利用有线电视网的基础设施，通过特定的技术和设备，为用户提供虚拟专线服务。例如，通过在有线电视网的接入端和用户端部署相应的设备，采用 VPN 等技术，在有线电视网上建立虚拟的专用通道，为用户提供安全、稳定的网络连接。

2）虚拟专线在有线电视网中的应用：有线电视网络运营商可以利用虚拟专线技术，为企业用户或特定的客户群体提供增值服务。例如，为企业提供内部网络互联、视频监控数据传输、远程办公等虚拟专线服务；或者为智能社区、智能建筑等提供安全的网络连接，实现各种智能化应用的互联互通。

3.3.2 计算机网络的配置

计算机网络的配置是对计算机网络进行配置和优化的过程，它确保计算机能够稳定、高效地与网络进行通信。配置涉及多个方面，包括硬件设备、软件协议和网络服务的设置与优化。

1. 硬件设备配置

计算机网络首先需要一系列的硬件设备来构建基础架构。

1）计算机：作为网络中的节点，每台计算机都有一个唯一的IP地址，用于在网络中的定位。

2）服务器：专用计算机，提供各种网络服务，如Web服务器、文件服务器、邮件服务器等。

3）路由器：用于在不同的网络之间转发数据包，根据IP地址和路由表决定数据包的转发路径。

4）交换机：在局域网内转发数据包，根据MAC地址提高传输效率。

5）网卡：计算机连接到网络的接口，负责数据转换。

6）传输介质：数据传输的物理通道，如电缆、光纤和无线信号。

2. 软件协议配置

1）TCP/IP：是计算机网络中最重要的协议之一，它负责数据的可靠传输和路由转发。在配置时，需设置IP地址、子网掩码、网关和DNS服务器等参数，以确保数据包能够准确到达目的地。

2）DNS协议：将域名映射为IP地址，使用户能够通过域名访问网站。

3）DHCP：用于自动分配IP地址和其他网络配置信息，简化网络管理。

实训3-1　通过局域网接入Internet

01 任务描述：

为新购置的计算机进行配置，使其通过局域网访问Internet。计算机操作系统已安装，路由器也已经配置完成，计算机与路由器已通过双绞线连接。新计算机的网络配置内容如下：

IP地址：192.168.1.19

子网掩码：255.255.255.0

默认网关：192.168.1.1

DNS服务器：222.29.64.169

计算机名：PC-9

02 任务分析：

新计算机通过局域网访问Internet，需要进行网络属性的设置。

03 实施步骤：

① 将网线插入计算机，接入网络。

② 在"控制面板"窗口中单击"网络和Internet"选项，选择"网络和共享中心"，在"网络和共享中心"窗口中可以看到当前网络连接的情况，如图3-13所示。

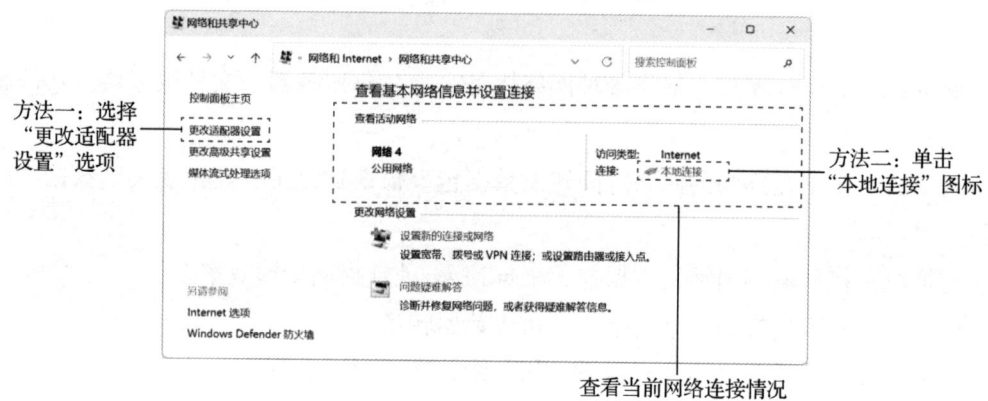

图3-13 "网络和共享中心"窗口

③ 打开"本地连接 属性"对话框，如图3-14所示。

方法一：选择窗口左侧"控制面板主页"区中的"更改适配器设置"选项，打开"网络连接"窗口，右击"本地连接"，在弹出的快捷菜单中选择"属性"。

方法二：双击"本地连接"图标，打开"本地连接 状态"对话框，单击"属性"按钮，打开"本地连接 属性"对话框。

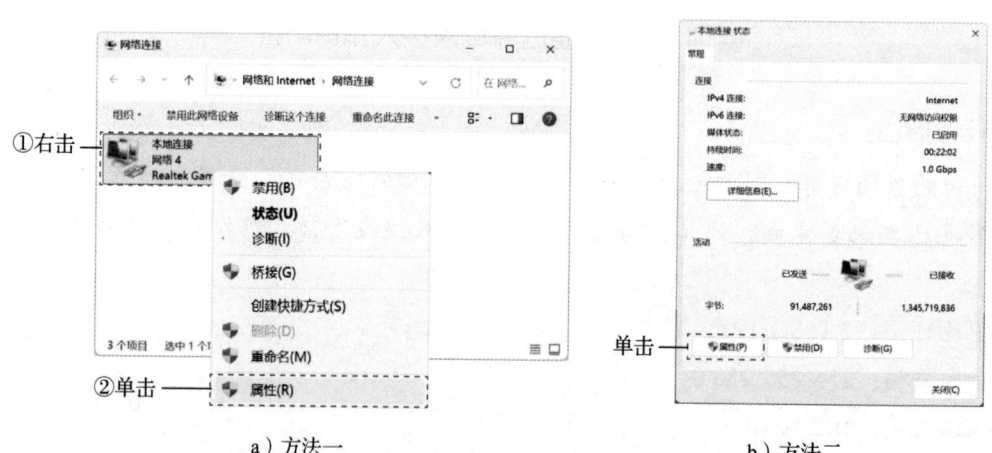

a) 方法一　　　　　　　　　　　b) 方法二

图3-14 打开"本地连接属性"对话框

④ 在"本地连接 属性"对话框中，选择"Internet协议版本4（TCP/IPv4）"选项后，

单击"属性"按钮，在弹出的"Internet协议版本4（TCP/IPv4）属性"对话框中输入IP地址、子网掩码、默认网关，首选DNS服务器信息，如图3-15所示，最后单击"确定"按钮，即可。

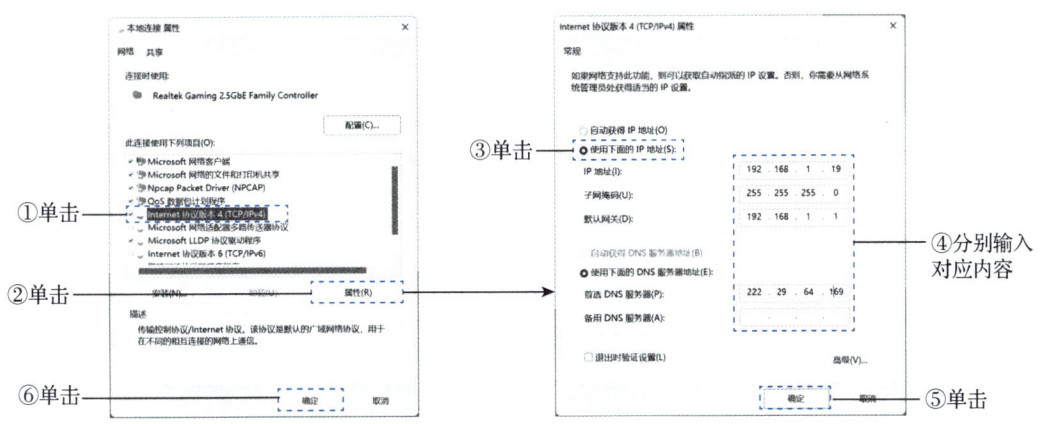

图3-15 设置Internet协议

> **知识扩展3-1**
>
> 目前的家庭网络基本采用无线路由器接入Internet。WiFi允许设备如智能手机、计算机、平板等在不需要物理连接的情况下连接到互联网或本地网络。因此WiFi作为无线传输介质，在家庭网络中起到关键作用。

3.3.3 Internet应用

1. 浏览器的使用

浏览器（WebBrowser）是一种通过互联网传输对信息资源进行检索、呈现和浏览的应用程序。Windows 10操作系统自带了两种主要的浏览器：Microsoft Edge和Internet Explorer（简称IE）。

Microsoft Edge是Windows 10系统的默认浏览器，由微软开发。它采用了全新的渲染引擎EdgeHTML，旨在提供更快的性能、更好的兼容性以及更低的资源消耗。Edge浏览器支持现代Web标准，包括HTML5、CSS3和JavaScript等，能够为用户提供流畅的网页浏览体验。Edge还集成了一些实用的功能，如集锦收藏、阅读视图、网页笔记等，方便用户进行个性化设置和内容管理。

Internet Explorer（IE）是Windows操作系统的传统浏览器，在Windows 10中，IE浏览器默认处于未启用状态，但用户可以通过程序管理将其启用。IE浏览器主要用于兼容一些老旧的网站或企业内部系统，这些网站可能尚未完全支持现代Web标准。

浏览器作为互联网时代的重要工具，在不断发展中满足了用户多样化的需求。用户可以根据自己的喜好和需求选择合适的浏览器进行使用。除操作系统自带的浏览器外，目前常见的浏览器还有谷歌浏览器（Google Chrome）、火狐浏览器（Mozilla Firefox）、360安全浏览器、QQ浏览器、UC浏览器和Opera浏览器。

实训3-2　Microsoft Edge浏览器的使用与URL

01　任务描述：

使用Microsoft Edge浏览器访问网易网站的教育频道，观看"北京大学：精品公开课"内容，并了解浏览器的功能与设置。

02　任务分析：

为了更好地兼容网站信息，选用Microsoft Edge浏览器访问网页。由于会经常访问指定网站，为了以后能快速访问该网页，提高工作效率，需要对浏览器进行设置。

03　实施步骤：

① 在"开始"菜单应用列表中选择"Microsoft Edge"选项，启动Edge浏览器，如图3-16所示，在浏览器的"地址栏"内输入"www.163.com"，并按<Enter>键，打开网易主页。

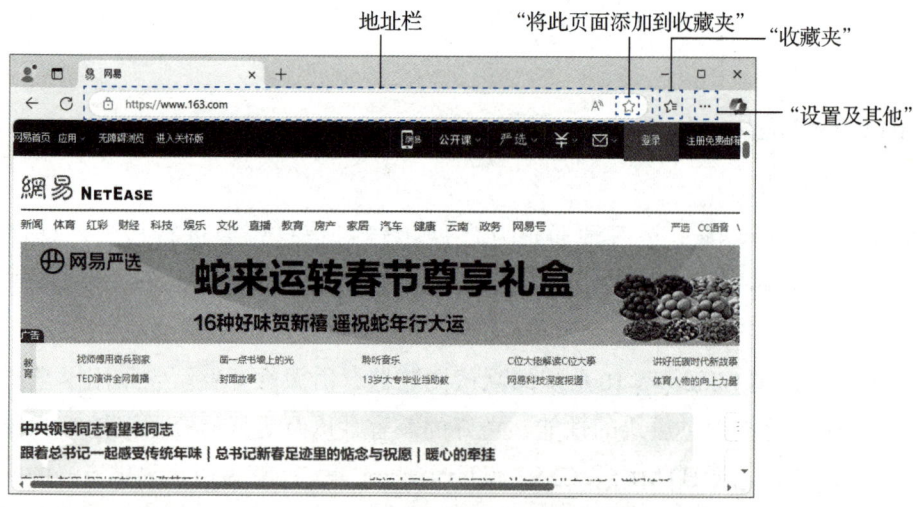

图3-16　Microsoft Edge浏览器窗口

> **知识扩展3-2**
>
> 　　输入网址，按<Enter>键后，系统会自动添加超文本传输协议（http://）。
> 　　网页是以文件的形式存放在www服务器中。因此，主页也是网页，它是访问网站的入口，常以"index.html"或"index.htm"等为文件名。在浏览器地址栏内输入的URL如果没有包含网页路径和文件名，系统将默认访问该网站的主页。

② 在网易的主页中，单击"教育"类，进入网易的教育频道。

③ 在"网易教育频道"中，单击"北京大学：精品公开课"项。

④ 收藏"北京大学：精品公开课"页面。单击地址栏后面的"将此页面添加到收藏夹"按钮，打开"已添加到收藏夹"对话框。在对话框中使用默认的名称，单击"完成"按钮，如图3-17a所示，即可。或单击"收藏夹"按钮，弹出"收藏夹"列表，如图3-17b所示，单击"将此页面添加到收藏夹"按钮，即可将网页以默认的名称添加到下面的列表中。

- "名称"文本框：可以为收藏的网页重新命名。
- "文件夹"下拉列表：可以选择收藏网页的文件夹。

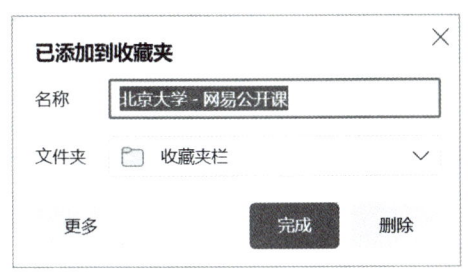 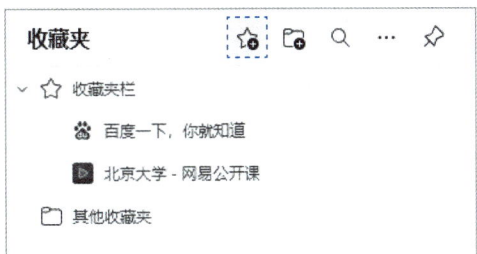

a)"已添加到收藏夹"对话框　　　　b)"收藏夹"下拉列表

图3-17　收藏"北京大学：精品公开课"页面

⑤ 保存教师信息。拖选网页中教师的简介，右击选定区，在弹出的快捷菜单中，选择"复制"命令，打开"记事本"应用程序，直接使用<Ctrl+V>组合键，进行粘贴；并将复制下来的教师信息以"jiaoshi.txt"文件名保存在桌面的"北大公开课"文件夹中。

⑥ 保存"北京大学公开课：中国当代文学史"的图片。右键单击"北京大学公开课：中国当代文学史"图片，在弹出的快捷菜单中，选择"将图片另存为"命令，将打开"另存为"对话框，将该图片以"北京大学.jpg"文件名保存在桌面的"北大公开课"文件夹中。

2. 电子邮件的使用

Email，全称为Electronic Mail，即电子邮件，是一种用电子手段提供信息交换的通信方式，是互联网应用最广的服务。而电子邮箱就是提供交流的电子信息空间，具有储存和收发电子信息的功能。

实训3-3　收发电子邮件

01 任务描述：

进入电子邮箱，将实训3-2中所保存的教师信息及北京大学图片作为附件给老师发送一封电子邮件，邮件主题为个人的"专业班级姓名"，如"护理1班张三"。

02 任务分析：

电子邮件是实现日常工作交流使用最广泛的一种服务，要使用此项服务，首先要拥有一个电子邮箱。电子邮箱是由提供电子邮件服务的机构为用户建立的，用户通过登录网站，完成申请后，即可获得该机构提供的电子邮件服务。

03 实施步骤：

① 打开浏览器，在地址栏内输入 mail.qq.com，进入QQ邮箱登录界面，输入通过申请后的用户名及密码，进入QQ电子邮箱。

② 单击"写信"，如图3-18所示，进入邮件编辑页面，在"收件人"后的文本框中输入老师的邮箱地址，在"主题"后的文本框中输入个人的"专业班级姓名"。单击"添加附件"，将弹出"打开"对话框，在对话框中找到实训3-2中保存的教师信息及北京大学图片的文件，单击"打开"按钮，即可将文件以附件的形式添加到邮件中。

③ 返回到邮件编辑页面，完成邮件内容编辑后，单击"发送"按钮，即可。

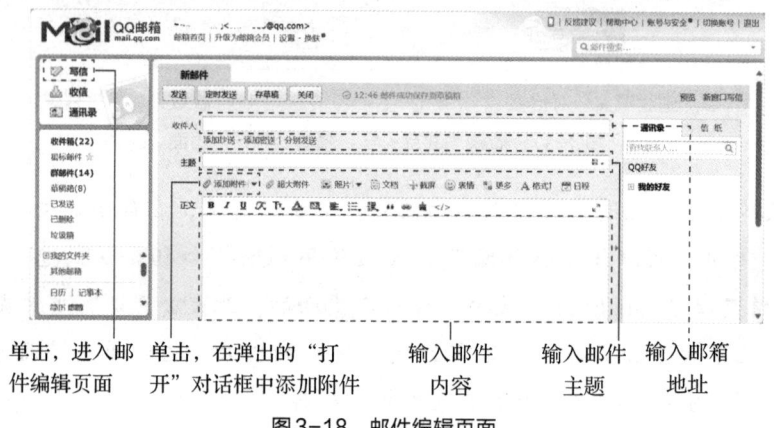

图3-18　邮件编辑页面

单击"收件箱"选项，进入邮件管理页面，如图3-19所示。在邮件列表中单击要阅读的邮件，将进入邮件阅读页面。

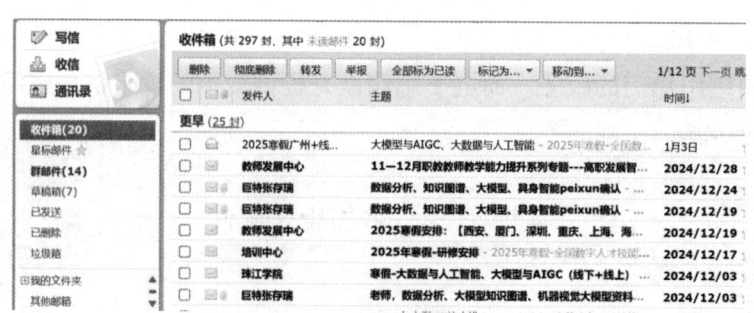

图3-19　邮件管理页面

在邮件阅读页面中，单击页面最右侧的"⌄"按钮，打开其扩展功能，如图3-20所示，在扩展功能中，可以将该邮件保存在本机中。

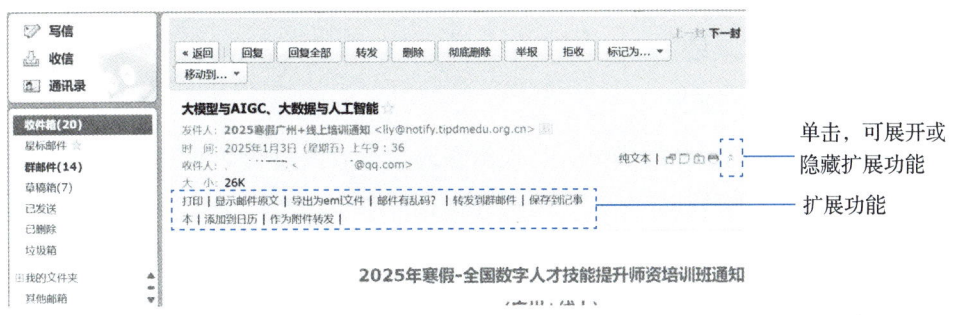

图3-20　邮件阅读页面

3.3.4　常见网络工具与服务

1. FTP文件传输

FTP主要使用C/S（客户端—服务器）模型，进行文件传输。用户可通过IE浏览器，也可利用软件（如CuteFTP、FileZilla等）登录FTP服务器实现文件的上传和下载。

2. 网盘

网盘，全称为网络硬盘，是一种基于云计算技术的在线存储服务，具有便捷性、安全性、共享性、扩展性和多平台支持等特点。网盘通过数据中心的服务器存储用户数据，用户可以通过客户端或网页上传、下载和管理文件。它提供了在线存储、文件共享、备份、同步等多种功能，因此，被广泛应用于个人和企业领域。个人用户可以使用网盘来存储个人照片、视频、文档等文件，并随时随地进行访问和分享。企业用户则可以利用网盘来实现团队文件的共享和协作，提高工作效率。同时，网盘还可以作为数据备份和恢复的工具，确保重要数据的安全性。

目前最常用的网盘有夸克网盘、百度网盘、WPS云盘等，如图3-21所示。用户可通过官方网站注册并下载其客户端，安装后登录使用。

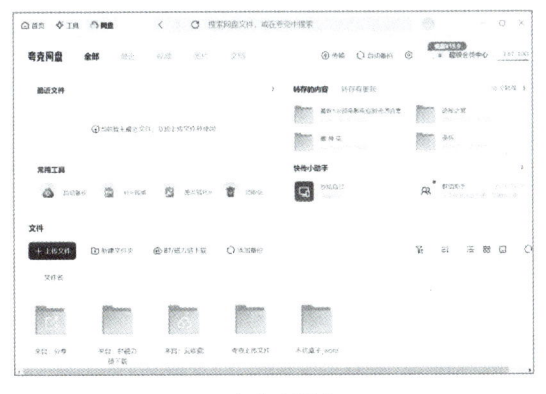

a）夸克网盘

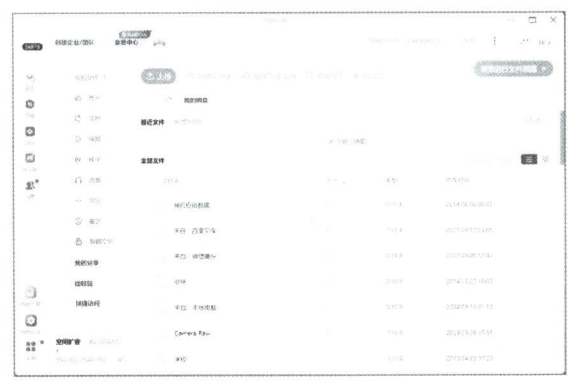

b）百度网盘

图3-21　网盘

3.4 医学文献检索

3.4.1 医学文献检索概述

1. 知识、文献及医学文献

知识是人类认识客观世界的成果,是人类在改造世界的过程中所获取的经验和认知的总和。文献是记载知识的载体,是知识传播和保存的重要工具。医学文献的类型包括医学图书、期刊、学位论文、会议记录、科技报告、专利、标准规范等。

2. 医学文献检索的步骤及方法

医学文献检索是利用检索工具,准确、全面地查询与特定研究课题有关的文献资料,从大量的医学文献中查找特定文献资料的过程。医学文献检索有助于医生及科研人员检索最新研究成果,获取有用的知识、信息。

医学文献检索的步骤:

1)分析检索课题。明确检索要求,包括研究性质、领域、主题等。
2)选择检索工具。选择数据库工具,强调查准、查全、新颖等要素。
3)选择检索词。构建检索式,提高检索效率,遵循检索词原则。
4)选择检索途径。包括题名、分类、著者、主题、关键词途径等。

医学文献检索常用方法包括顺查、倒查、抽查、追溯、分段法等。

3. 医学文献检索工具

医学文献检索工具是帮助用户从大量文献中查找特定信息的工具,包括数据库、索引、目录等。索引工具可分为手工检索的检索工具书和计算机检索的数据库。常见医学文献检索有中文医学文献检索、外文医学文献检索、循证医学检索、引文检索、特种医学文献检索等类型。

3.4.2 中文医学文献检索

随着计算机网络技术的发展,医学文献检索逐渐从手工检索过渡到了计算机检索。常见的中文医学文献检索数据库有中国生物医学文献服务系统(SinoMed)、中国知网(CNKI)、中文期刊服务平台、万方数据知识服务平台等。

1. 中国生物医学文献服务系统(SinoMed)

中国生物医学文献服务系统(https://www.sinomed.ac.cn/),由中国医学科学院医学信息研究所/图书馆研制,整合了中国生物医学文献数据库(CBM)、中国生物医学引文数据库(CBMCI)、西文生物医学文献数据库(WBM)、北京协和医学院博硕学位论文库(PUMCD)等多种资源,集成了文献检索、引文检索、期刊检索及文献传递等数据服务,提供了跨库、快速、高级、主题及分类检索等功能。SinoMed的检索方法如下:

1)跨库检索。SinoMed首页的输入框即跨库快速检索框,其右侧是跨库的高级检索,单击后进入跨库高级检索，如图3-22所示。

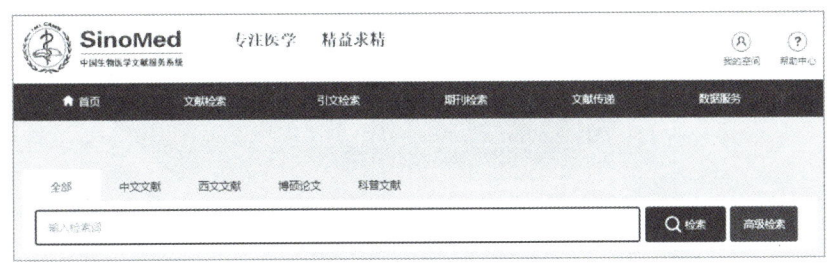

图3-22　SinoMed首页

2）快速检索。跨库检索默认在常用字段内执行快速检索。

3）高级检索。支持输入AND、OR、NOT等逻辑运算。

4）主题检索。采用单个或多个主题词，也可使用逻辑运算符AND、OR和NOT进行组配检索，有利于提高查全率和查准率。

5）分类检索。可通过类名或分类导航定位，也可单个或多个类目同时检索，使用逻辑运算符AND、OR和NOT组配检索。

6）引文检索。在引文检索结果页面，单击"创建引文报告"，可对检索结果的所有引文进行分析，生成引文分析报告。SinoMed引文检索如图3-23所示。

图3-23　SinoMed引文检索

7）期刊检索。支持对中文学术期刊、科普期刊及西文学术期刊整合检索和查看。

8）结果处理。在文献检索结果概览页，可以设置检出文献的显示格式（题录，文摘）、每页显示条数、排序规则（入库、年代、作者等），并且可以进行翻页和跳转。系统支持检索结果的多维度分组。检索结果格式支持题录、文摘、参考文献等多种格式。

9）文献传递。可采用电子邮件、传真或快递等方式获取所需原文。

2. 中国知网（CNKI）

中国知网（https://www.cnki.net/）是以全文数据库与二次文献数据库为核心，覆盖了理工、医学等广泛学科，涵盖了学术期刊、学位论文、会议、报纸、年鉴、专利、图书、会议等多种文献类型的知识网络平台。CNKI检索方法如下：

1）基本检索。在中国知网首页的文本框内输入检索内容，单击"检索"按钮，如图3-24所示，即可。也可单击"主题"下拉按钮，在下拉列表中选择检索类型。

图3-24　CNKI首页

2）高级检索。高级检索适用于精确检索。单击首页中的"高级检索"，进入高级检索界面，如图3-25所示。选择检索项后的下拉菜单，进行精确或模糊匹配，可检索得更精确。

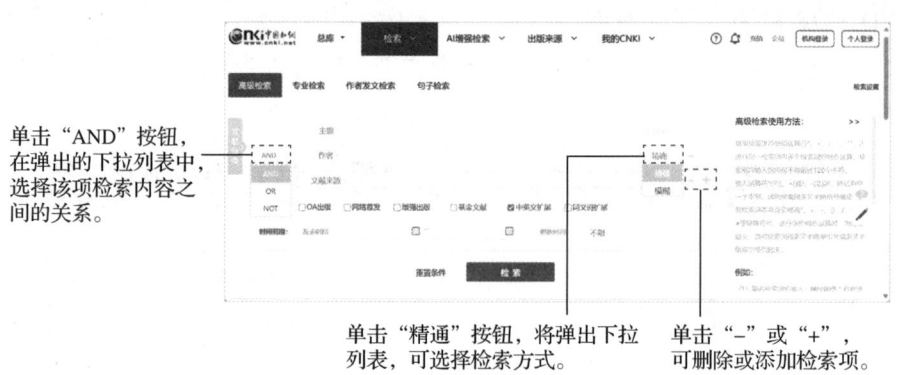

图3-25　CNKI高级检索

3）专业检索。在高级检索页切换至"专业检索"。专业检索支持检索算符、检索式、时间等，如：SU=主题，TKA=篇关摘，KY=关键词，TI=篇名，FT=全文，AU=作者，FI=第一作者等。

示例：TI='远程医疗' and KY='远程医疗系统' and (AU % '喻' + '杨') 可以检索篇名包括"远程医疗"并且关键词为"远程医疗系统"并且作者包含"喻"和"杨"的文献，如图3-26所示。

图3-26　CNKI专业检索示例

4）检索结果的处理。可对检索结果进行排序（如时间、频次等）和筛选（如文献类型、语种等），也可按详情、列表、可视化分功能查看检索结果及文献分布情况，对检索结果进行优化、分析与导出，如图3-27所示。

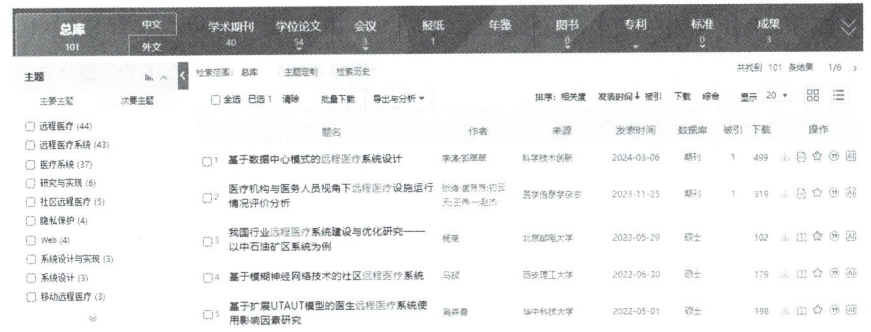

图3-27　CNKI检索结果处理

3. 中文期刊服务平台

中文期刊服务平台（https://qikan.cqvip.com/）收录了1989年至今15000余种期刊，现刊9000余种，文献7700余万篇，是我国数字图书馆的核心资源之一，是科研查证科技查新的数据库，提供基本、高级、检索式检索等检索方式。中文期刊服务平台首页如图3-28所示。

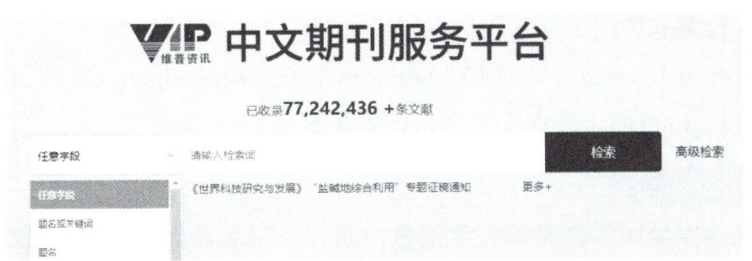

图3-28　中文期刊服务平台首页

4. 万方数据知识服务平台

万方数据知识服务平台（https://www.wanfangdata.com.cn/）汇集了期刊、学位、会议、科技报告、专利、科技成果、标准、法规、地方志等知识资源，涵盖自然科学、工程技术、医药卫生、农业科学、社会科学等全学科领域，集成了中国学术期刊数据库（CSPD）、中国学位论文全文数据库（CDDB）、中外专利数据库（WFPD）、中国科技成果数据库（CSTAD）等知识库。万方数据知识服务平台的文献检索包括快速检索、高级检索、专业检索等。万方数据知识服务平台首页如图3-29所示。

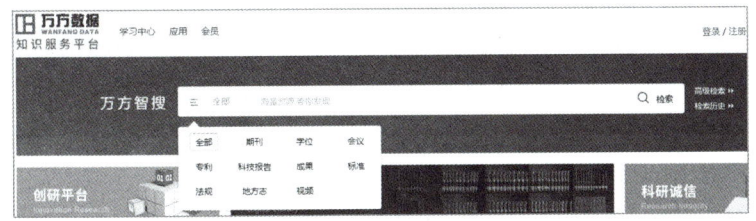

图3-29　万方数据知识服务平台首页

3.4.3 外文医学文献检索

PubMed（https://www.ncbi.nlm.nih.gov/）（美国国家医学图书馆生物技术信息中心网上医学文献检索系统）收录了80多个国家1万多种期刊的生物医学期刊摘要和部分全文，涵盖了基础、临床、护理等医学相关领域，约有5%的文献可以免费查看全文，约95%提供摘要信息，是医学文献检索重要的数据库之一。PubMed的核心数据库MEDLINE收录了超过3200万篇的生物医学文献和摘要；PubMed Central收录了生物医学领域的4100多种期刊，是开放式全文数据库；PubMed bookshelf数据库是以生物医学相关的书籍及报告为主的全文数据库。

3.4.4 其他医学文献检索方式

1. 网络资源检索

1）百度（https://www.baidu.com/），综合性的搜索引擎。

2）中国科技论文在线（https://www.paper.edu.cn/），国内免费全文期刊库，教育部主管，中国科技论文在线发起，已收录逾130万篇各领域科技论文全文。

3）Medscape（http://www.medscape.com/），医学专业搜索引擎，收录了30个临床学科的全文文献，检索方法包括浏览和自由词检索等。

4）Free Medical Journals（FMLJ）（http://www.freemedicaljournals.com/），医学专业搜索引擎，Amedeo Group创建的医学全文期刊数据库。

2. 循证医学信息检索

循证医学又称实证医学。循证医学信息检索旨在获取最佳循证医学证据。循证医学信息资源主要有循证医学期刊、医学杂志、临床实践指南等，简要如下。

1）Bandelier。由牛津大学使用循证医学技术，收集的以临床研究为基础的系统评价，可免费获取全文。

2）中国循证医学杂志（http://www.cjebm.com/journal/zgxzyxzz）。2001年中国循证医学中心创办的第一份中文循证医学期刊。

3）中国临床指南文库网（China Guideline Clearinghouse）。2011年建设的中国一站式网上指南平台，提供免费查阅及下载临床指南。

3. 引文检索

引文是列于文献末尾的参考文献，通过引文检索可以分析、追踪相关主题的最新文献。医学相关中文引文检索数据库有中文科技期刊数据库（引文版）、中国引文数据库。

（1）中文科技期刊数据库（引文版）

中文科技期刊数据库（引文版）（https://ccd1.cqvip.com/）是2010年推出的目前国内最大的文摘及引文索引数据库，收录了8000多种中文科技期刊，对文献之间的引证关系进行数据挖掘，引文数据可追溯至2000年，内容涵盖了自然、医学、工程、经济等相关领域。

引证功能主要有参考文献检索、引证文献检索、耦合文献检索等。中文科技期刊数据库（引文版）首页如图3-30所示。

（2）中国引文数据库

中国引文数据库（CCD）（https://ref.cnki.net/ref）是中国知网（CNKI）的子库，内容涵盖学术期刊、硕博学位论文、会议论文、图书、专利、标准等，检索方法有快速检索、高级检索和专业检索。中国引文数据库首页如图3-31所示。

图3-30　中文科技期刊数据库（引文版）首页

图3-31　中国引文数据库首页

（3）中国科学引文数据库（CSCD）

中国科学引文数据库（CSCD）（http://sdb.csdl.ac.cn/）由中国科学院文献情报中心创建，收录了我国数学、生物、医药等领域的优秀期刊，核心期刊990多种，积累了1989年至今论文620万条，引文1亿余条。提供简单检索、高级检索和来源期刊浏览，中国科学引文数据库首页如图3-32所示。

4. 特种文献检索

特种文献主要包括专利文献、标准文献、学位论文、会议文献等。

（1）国内专利文献检索

1）中华人民共和国知识产权局专利检索及分析系统（https://cponline.cnipa.gov.cn/）。系统收录了100多个国家的专利数据，提供常规、高级、命令行等多种检索方式。专利检索及分析系统首页如图3-33所示。

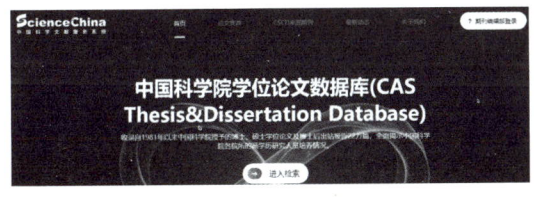

图3-32　中国科学引文数据库首页

图3-33　专利检索及分析系统首页

2）中国知识产权网专利信息服务平台。系统收录了1985年至今公开的中国发明、实用新型等，还收录了美国、日本、世界知识产权组织等国家及组织的专利数据。系统提供简单、高级、热点等检索方式。

（2）标准文献检索

标准文献是对产品或工程的质量、规格等所做的技术规定，常用的标准检索数据库如下。

1）中国标准服务网（https://www.cssn.net.cn/）。它是中国标准化研究院主办的国家标准信息服务平台。平台提供简单、高级、分类及批量等检索方式。

2）中国标准化研究院国家标准馆（https://ndls.org.cn/）。它是我国唯一的国家级标准文献和标准化图书情报馆藏。标准馆提供简单、批量、高级等检索方式。

5.文献管理软件

文献管理软件是一种用于协助获取、组织管理文献资料，建立个人文献数据库的工具。常用的文献管理软件有EndNote、NoteExpress、NoteFirest、知网研学平台等。以知网研学平台为例，文献管理软件提供了Web版、PC端、移动端的应用，可在平台主页下载应用软件进行安装，进行建立文献专题、添加文献信息、管理专题等文献管理。

3.5 远程医疗系统及应用

3.5.1 远程医疗系统概述

远程医疗是计算机、通信以及多媒体信息技术与现代医学技术结合的新型医疗模式，充分利用了远程医疗的时间、空间及资源优势，实现了异地诊断、治疗、咨询及护理，促进了分级诊疗和优质医疗资源的下沉。

远程医疗系统又称为远程医疗信息系统（Telemedicine Information System），是一种集成现代通信、计算机、多媒体、物联网技术与现代医学技术，实现远程医疗信息采集、传输、处理、存储和查询的医疗信息系统。1997年12月，远程医疗与全球卫生发展战略会议对远程医疗系统定义为：远程医疗系统是通过信息和通信技术从事远距离健康活动和服务的系统。

国外远程医疗系统的应用始于20世纪50年代，我国首次现代意义上的远程医疗活动始于1988年解放军总医院的远程病例讨论。随着物联网、智能终端、便携式数字化生命体征监测装备在社区和家庭的应用，以及云计算、互联网+、远程医疗技术应用的发展，远程会诊、远程医疗诊断、远程医疗监护等远程医疗系统的应用不断涌现。依托区域卫生平台和医疗机构之间的网络，远程医疗信息系统可开展异地咨询、会诊、监护、查房、协助诊断、指导检查、治疗、手术、教学等医疗活动。

3.5.2 远程医疗系统的整体架构

远程医疗系统通常由应用层、服务层、资源层、交互层、接入层、标准规范及安全保障等部分组成，远程医疗系统的整体架构，如图3-34所示。

远程医疗系统通常采用国家、省、市/县、基层（乡、村）的四级医疗机构层级架构模式，由省级医院、市/县级医院、基层医疗机构服务终端站点组成，通过业务专网形成一个综合的远程医疗服务体系。

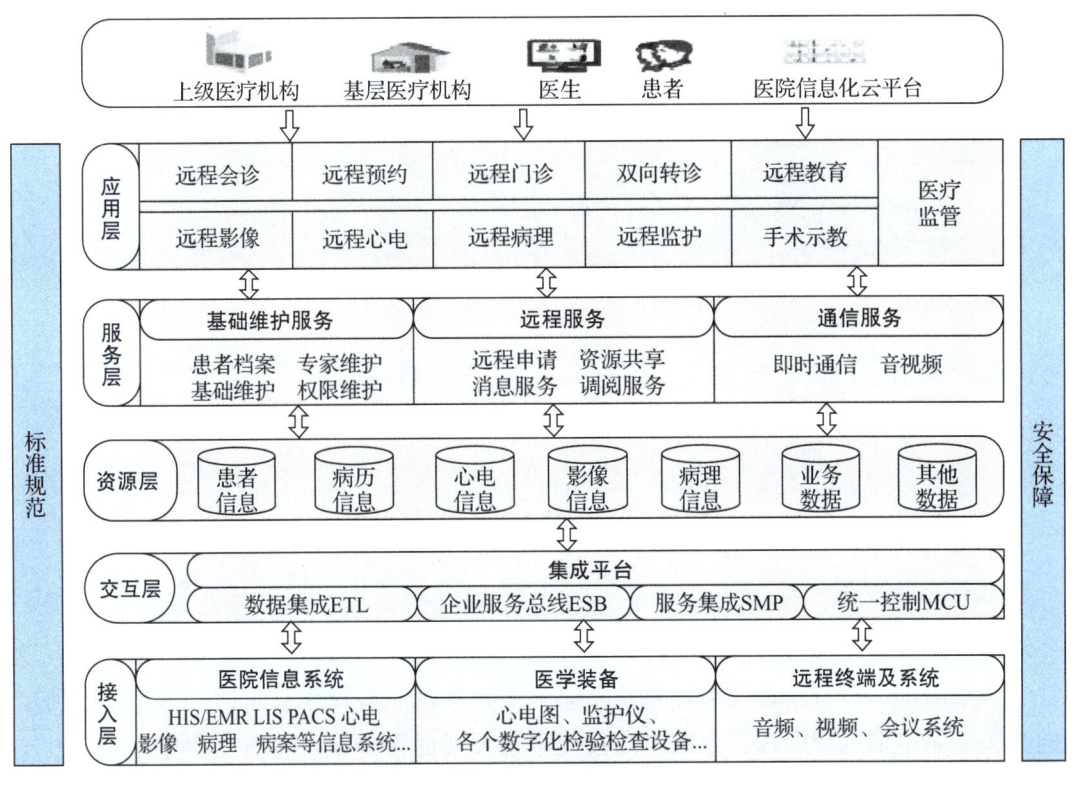

图3-34 远程医疗系统的整体架构

3.5.3 远程医疗系统的应用

根据1997年远程医疗与全球卫生会议关于远程医疗应用领域的划分，远程医疗系统由远程医疗会诊、远程医疗咨询、区域远程医疗、急救远程医疗、交互式手术、医学继续教育、家庭远程监护、远程医疗会议等组成。根据国家卫生行业关于远程医疗信息系统的规范，远程医疗系统的功能应用可分为远程会诊、远程预约、远程双向转诊、远程影像诊断、远程心电诊断、远程医学教育、远程重症监护、远程手术示教等。

目前常见的远程医疗信息系统的主要功能应用模块，如图3-35所示。

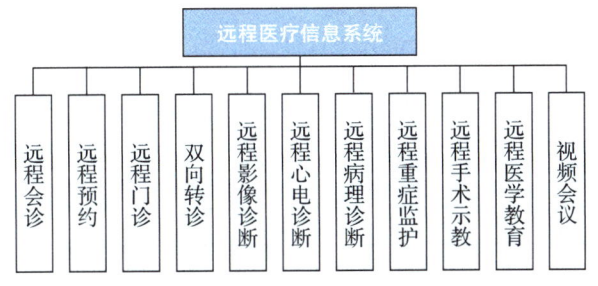

图3-35 远程医疗信息系统的主要功能应用模块

以基层医疗机构的远程系统应用为例，远程医疗系统的应用包括远程会诊、双向转诊、联合门诊、远程咨询、远程监护、患者档案、随访管理、医疗协同、远程教学、急诊急救等功能,如图3-36所示。

图3-36 基层医疗机构远程医疗系统示例

1. 远程会诊应用

远程会诊是医疗机构之间利用计算机网络技术,开展异地指导检查、协助诊断、指导治疗等医疗活动的过程。远程会诊系统是集成了计算机、多媒体与医疗技术,通过基层医生向上级专家申请远程会诊,上级专家接受申请开展远程会诊,并出具诊断意见与报告的一种远程医疗信息系统。

(1)远程会诊系统的功能应用

基础远程会诊系统的应用由基层机构、上级机构,会诊中心等组成。

1)会诊中心管理。包括申请审核、会诊专家管理、病历调阅等。

2)上级机构管理。包括排程查询、病历调阅、会诊服务模块。

3)基层机构管理。包括会诊申请、会诊模块、病历查阅等功能。

4)基础管理。包括专家维护、权限管理、病案管理、服务监控等。

(2)远程会诊系统的业务流程

远程会诊系统的主要业务流程包括会诊申请、会诊审核、会诊管理等,远程会诊系统简要业务流程如图3-37所示。

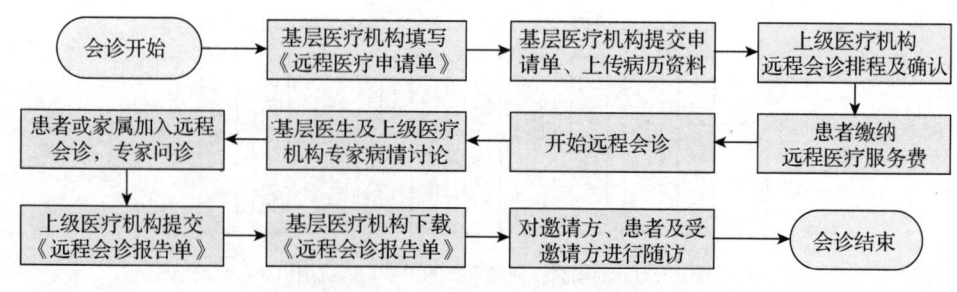

图3-37 远程会诊系统简要业务流程

综合性的远程会诊系统涵盖了远程视频会议、远程影像诊断、远程检查、远程预约、费用结算、远程继续教育、手术示教、远程医疗咨询等子系统功能，综合性的远程会诊系统是远程医疗的主要业务应用系统。

2. 远程诊断应用

（1）远程心电诊断

远程心电诊断是邀请方提供患者临床资料和心电图资料，受邀方出具诊断意见及报告的过程。远程心电诊断系统是一种集成了现代通信、计算机网络和医疗诊断技术的医疗信息系统。

远程心电诊断系统的应用包括心电采集设备、智能终端、远程诊断中心等。智能终端的应用包括用户登录、患者信息提取、患者信息维护、心电数据采集、数据上传、报告查询等；诊断中心的应用包括诊疗申请接收，心电数据查询、心电报告编辑、审核、打印等功能。

远程心电诊断系统通过在基层医疗机构部署心电采集设备，利用无线蓝牙、智能终端（如平板或智能手机）、5G等心电互联网络，将心电图（ECG）数据远程传输至上级医疗机构，实现心电图的远程诊断、分析及监测。远程心电诊断因心电信息采集及报告的实时性、准确性、便捷性，被广泛应用于基层医疗机构及家庭监测。

（2）远程病理诊断

远程病理诊断是邀请方提供患者临床资料和病理资料，受邀方出具诊断意见及报告的过程。远程病理诊断系统集成了显微影像处理、Web图像浏览等技术，基层医疗机构利用病理检查工作站将病理切片上传到远程病理诊断系统中，上级医疗机构病理医师在远端控制显微镜，观察显微镜下的组织病理图片，为患者分析病理组织图，并出具诊断报告。远程病理诊断系统应用包括切片采集、数据传输、数据存储、远程冰冻切片会诊、医生诊断交流、疑难病例讨论、专家数字切片解读以及病理远程教学等。

（3）远程影像诊断

远程影像诊断是邀请方提供影像资料，受邀方出具诊断意见及治疗指导意见的过程。远程影像诊断系统主要是将基层医疗影像检查设备的DICOM影像上传到远程影像数据中心，上级医疗机构影像医师通过诊断给出诊断结果。远程诊断系统的应用包括远程诊断、信息调阅、专家会诊、远程培训等功能。远程集中阅片诊断的应用，整合了基层医疗机构和医学影像中心的人力及医学装备资源，减少了患者的医疗成本。

3. 远程诊疗应用

（1）远程预约

远程预约是医疗机构通过远程预约服务平台将专家号源、床位、检验检查设备发布到平台官方网站或App，供各医疗机构或患者预约的过程。远程预约的资源包括专家、检验检查、手术、住院及床位等。远程预约管理平台的应用包括资源维护、发布、查询等，远程预约的终端应用包括预约申请、信息反馈等。

（2）远程联合门诊

远程联合门诊是一种基于互联网和智慧医疗的服务创新。患者在基层医疗机构预约挂号，通过远程视频及会诊系统，将患者病历信息传输到上级医疗机构，由上级医生负责查体、沟通和诊疗，实现患者、基层医生和上级医生远程交流诊断。

（3）远程双向转诊

双向转诊是医务人员根据患者病情治疗的需要，在各级医疗机构之间转院的过程。双向转诊是远程医疗系统应用的一部分。双向转诊的应用包括转诊申请、转诊安排、报到就诊等。

双向转诊的业务流程包括：

1) 转诊申请。基层或上级医生填写转诊申请单、选择接收方。

2) 转诊安排。提交申请、查询转诊申请单。接收方审核转诊单、安排接诊医生及时间、查询转诊信息、通知申请方。

3) 报到就诊。接收方确认转诊申请，患者凭身份信息报到就诊。

4. 其他应用

1) 远程手术示教。通过远程会诊技术和视频技术的应用，对临床手术现场实时记录和远程传输手术教学。

2) 远程医学教育。通过远程医疗信息系统，以实时音视频等方式为基层医生提供培训、教学及技术支持。

习 题

一、单选题

1. 计算机网络是计算机技术与（　　）结合的产物。
   A. 其他计算机　　B. 电话　　C. 通信技术　　D. 通信协议

2. 计算机网络给人们带来了极大的便利，其最基本的功能是（　　）。
   A. 数据传输和资源共享　　B. 科学计算
   C. 硬件资源共享　　D. 信息资源共享

3. 计算机网络中的共享资源不包括（　　）。
   A. 硬件资源　　B. 软件资源　　C. 网络拓扑　　D. 信息资源

4. 将计算机网络按拓扑结构分类，不属于该类的是（　　）。
   A. 星形网络　　B. 总线型网络　　C. 环形网络　　D. 双绞线网络

5. 总线型拓扑的优点是（　　）。
   A. 所需电缆长度短　　B. 故障易于检测和隔离
   C. 易于扩充　　D. 可靠性高

6. 在（　　）范围内的计算机网络可称之为局域网。

A. 一个楼宇　　　　B. 一个城市　　　　C. 一个国家　　　　D. 全世界

7. IPv4地址用（　　）位二进制数表示。

　　A. 32位　　　　　B. 48位　　　　　　C. 128位　　　　　D. 64位

8. 医学文献检索的核心目的是（　　）。

　　A. 提高阅读速度　　　　　　　　　B. 支持临床决策、科研创新和医学教育

　　C. 增加文献收藏量　　　　　　　　D. 减少科研经费

9. 医学文献检索的步骤是（　　）。

　　① 制定检索策略　② 选择检索工具　③ 明确检索需求　④ 获取并筛选文献

　　A. ③→②→①→④　　　　　　　　B. ②→③→①→④

　　C. ③→①→②→④　　　　　　　　D. ①→③→②→④

10. 国内标准文献的检索平台是（　　）。

　　A. 国家知识产权局专利检索系统　　B. 万方数据标准数据库

　　C. 中国知网（CNKI）　　　　　　　D. 中国标准在线服务网

11. 通过哪个数据库可以检索国内医学相关的学位论文（　　）。

　　A. 中国科学引文数据库（CSCD）　　B. 中国知网（CNKI）

　　C. 万方数据的标准文献库　　　　　D. PubMed

12. 以下哪项属于远程诊断应用的场景（　　）。

　　A. 远程手术示教　　　　　　　　　B. 远程心电诊断

　　C. 远程双向转诊　　　　　　　　　D. 远程医学教育

13. 远程病理诊断主要用于以下哪种场景（　　）。

　　A. 实时分析患者心电图数据　　　　B. 通过数字切片进行组织样本分析

　　C. 跨院区联合门诊会诊　　　　　　D. 培训基层医生手术技巧

14. 远程心电诊断系统常用的技术是（　　）。

　　A. 无线蓝牙和5G互联网络　　　　　B. 卫星通信

　　C. 量子加密　　　　　　　　　　　D. 虚拟现实

15. 下列哪项是远程影像诊断的主要工具？（　　）

　　A. 心电图机　　　　　　　　　　　B. 数字病理扫描仪

　　C. CT/MRI图像传输系统　　　　　　D. 手术机器人

16. 远程医疗系统中，以下哪项不属于远程会诊的流程？（　　）

　　A. 会诊申请　　　　　　　　　　　B. 会诊审核

　　C. 患者隐私保护　　　　　　　　　D. 病历调阅

17. 远程医学教育的主要形式不包括（　　）。

　　A. 在线直播课程　　　　　　　　　B. 手术实时示教

　　C. 病理切片共享分析　　　　　　　D. 虚拟现实模拟培训

二、判断题

1. 计算机网络的主要功能是数据通信和资源共享。（   ）
2. 计算机网络的资源只包含硬件资源和软件资源。（   ）
3. 总线型拓扑结构中，各节点发送的信号都有一条专用的线路进行传播。（   ）
4. 星形网络的最大缺点是一旦中央节点发生故障，则整个网络完全瘫痪。（   ）
5. 在实际组网时，只能选择单一拓扑结构，不能多种拓扑结构混用。（   ）
6. 计算机网络按照网络的覆盖范围可分为局域网、城域网和互联网。（   ）
7. 局域网的作用范围在几千米内，广泛用于连接办公室、校园、工厂及企业的个人计算机工作站。（   ）
8. 网络体系结构就是网络各层及其协议的集合。（   ）
9. 在OSI参考模型中，最低两层为物理层和传输层。（   ）
10. TCP/IP参考模型中，最高两层为表示层和应用层。（   ）
11. 与TCP/IP参考模型相比，OSI参考模型应用更为广泛。（   ）
12. 通过局域网上网的计算机的IP地址是固定不变的。（   ）
13. IP地址是Internet上主机的唯一标识。（   ）

三、简答题

1. 什么是计算机网络？
2. 按传输介质分类，计算机网络分为哪两类？并列举常见的有线传输介质。
3. 无线局域网的优点有哪些？
4. 常见的无线网络技术有哪些？
5. 常见的Internet接入方式有哪些？
6. 什么是医学文献检索？其作用是什么？
7. 简述远程会诊系统的主要业务流程？
8. 简述远程双向转诊的业务流程。

模块 4　新一代信息技术

信息技术基础（医学类）

新一代信息技术不仅仅是指信息领域的一些分支技术如集成电路、计算机、无线通信等的纵向升级，更主要的是指信息技术的整体平台和产业的代际变迁。新一代信息技术的发展将推动产业升级和转型，促进经济和社会的高质量发展。同时，它也将为人们的生活带来更加便捷、智能和高效的体验。

4.1　云计算

随着信息时代的飞速发展，越来越多的设备终端通过互联网相互共享信息，但同时也面临着信息资源的地域和物理限制、资源部署难度大、运营成本高等诸多问题。云计算作为一种新兴的计算模式，不仅改变了传统的信息处理和管理方式，而且对于推动信息技术的发展和创新具有重要的意义。

4.1.1　云计算概述

云计算概念的萌芽期可以追溯到20世纪60年代。西方提出了ARPANET项目，其目的是通过分布式的计算机网络实现信息的快速通信和处理，而这正是云计算的核心优势之一——资源的集中管理和分配。

云计算作为一种新型信息技术服务模式，其核心优势在于提供灵活、高效、便捷的云计算资源。例如，在医院挂号就诊过程中，通过互联网可以快速、便捷访问医院就诊科室、就诊医生信息，对比传统就医环节能够实现互联网挂号排队就诊，极大减少信息盲区并且不受地区以及手机、计算机等设备因素的影响，因此云计算对比传统人工信息获取、处理方式具有以下特点：

1）弹性（Elasticity）。体现在能够动态访问医院信息，例如查看不同时间段就诊医生的信息、确定专家号所需排队时间等。对比传统静态信息活动，能够根据自己的需求动态确定预约时间，有效提高了医院人力资源配置的灵活性和效率。

2）虚拟化（Virtualization）。体现在能够通过互联网实现病情预诊，例如患者某部位疼痛，可通过虚拟化智慧就诊服务，来初步筛查自己的病情，了解到应就诊科室，并且可以通过网上支付极大减少排队初诊、缴费等环节的时间，提高了资源的利用率。

3）资源池化（Resource Pooling）。体现在患者可访问不同医院的信息，查看医院的专家信息，允许患者通过互联网随时随地访问云端的资源，通过云计算的技术进行统一的管理和分配，让患者能够便捷、高效地获取医院资源。

实训4-1　云文档的编辑和使用

01 任务描述：

通过WPS Office云文档功能，在班级微信群中统计班级所有同学的身高信息。

02 实施步骤：

① 使用WPS打开"身高信息统计表.docx"文件，单击WPS编辑界面右上角的"分享"按钮，如图4-1所示，将文档上传至云端，完成云文档创建。

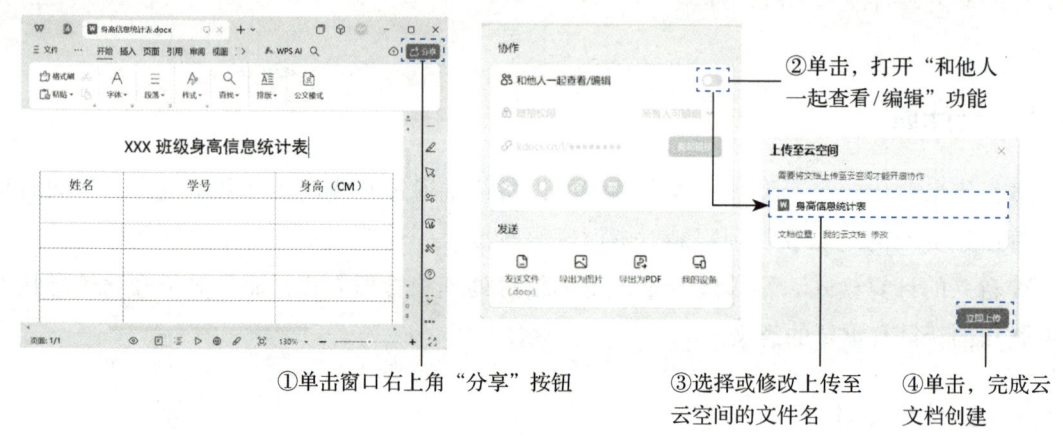

图4-1　身高信息统计表云文档创建

② 创建云文档后，"协作"对话框将变为可编辑状态。通过"协作"对话框中的功能列表，可采用链接、二维码方式创建链接，实现云文档共同编辑功能，如图4-2所示。

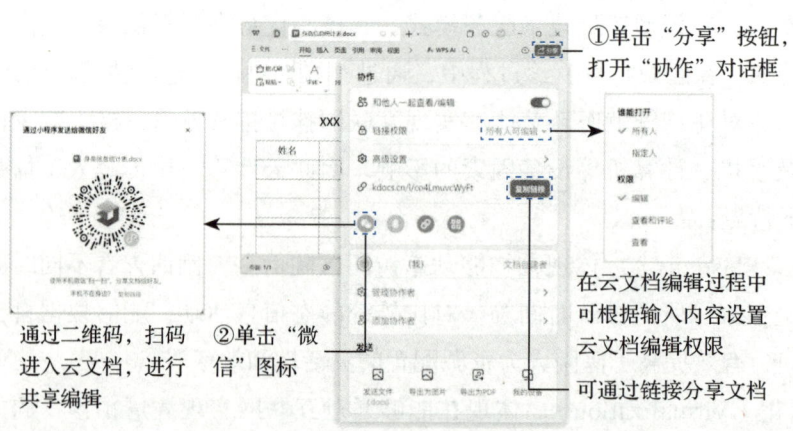

图4-2　WPS云文档共同编辑

讨论1　在数据信息采集过程中，云文档编辑对比传统单一收集汇总有哪些区别？

讨论2　除云文档使用外，在专业课程学习中有哪些场景可以使用"云"概念呢？

4.1.2　云计算架构

云计算从用户服务对象上可划分为：基础设施即服务（IaaS）、平台即服务（PaaS）和软件即服务（SaaS）三种服务模型。

1. 基础设施即服务（IaaS）

基础设施即服务（IaaS）位于云计算架构的最底层，可通过互联网获得计算资源（如服务器）、存储资源（如硬盘存储空间）、网络资源（如IP地址、虚拟网络）等。通过在这些基础设施上部署和运行操作系统、软件应用，并可以使用对应的操作系统、存储、网络设备等。

2. 平台即服务（PaaS）

平台即服务（PaaS）是建立在 IaaS 之上的服务层，它提供了一个完整的开发和部署环境，可以通过该平台对应用程序进行开发、测试、运行和管理。例如医院的电子病历系统、处方单用药管理系统等。

3. 软件即服务（SaaS）

软件即服务（SaaS）是建立在 PaaS 之上的云服务层，它提供了完整且可通过互联网访问的应用程序。SaaS的优势在于它为终端用户提供了一个即开即用的软件解决方案，用户无须安装任何软件，只需要通过浏览器或者应用程序界面就可以访问和使用软件，极大简化了软件的使用和管理。

实例 4-2　云平台的架构

01　任务描述：

在传统医院就诊模式中，存在着医院号源无处查询、挂号排队难，看诊缴费、取报告诊疗流程重复，看诊过程得不到有效指导，医院、专家停诊等临时信息无法得知，缴费单据收纳麻烦、相关信息无通知等行业痛点。现通过云计算服务平台，有效解决了智慧挂号、候诊提醒、智慧支付诊间费用、电子报告微信实时送达、医院科室智慧导航、票据电子化、即时通知等相关问题。通过云HIS系统，能够高效对接患者与医保社保中心，通过参保人绑定医保卡，对就诊费用核算医保报销比例，实现参保人就医一站式结算医保社保报销，如图4-3所示。

讨论1　对比传统医疗模式，通过云平台实时就诊有哪些优势？

讨论2　除了医院预约挂号就诊服务，你还在医院机构接触过哪些云计算应用场景？

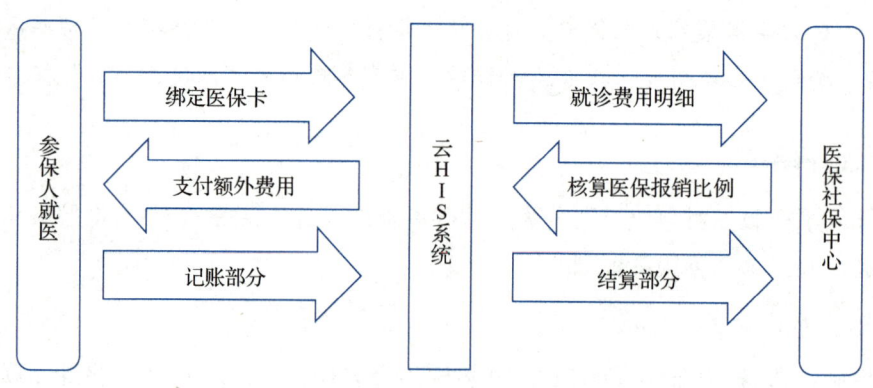

图 4-3　云 HIS 系统医保一站式结算功能

> **知识扩展 4-1**
>
> 云计算核心技术包括：
>
> 1. 分布式计算。将大量计算任务分割成若干可以独立执行的小型计算任务，以提高计算效率。如患者通过云平台可分别实现预约挂号、排队就诊、电子缴费、电子报告单查阅等功能。
>
> 2. 大数据技术。能够处理和分析海量数据，并从中提取有价值的信息进行分析，从而提供决策依据。如计算机辅助诊断等技术。
>
> 3. 云存储技术。通过集群应用、网络技术、分布式文件系统等技术融合，实现对数据存档，并且不受地域限制。如患者电子病历建档。
>
> 4. 安全技术。通过加密算法来确保医院数据的安全性，将敏感数据转换为只有授权用户才能访问的方式，有效防止数据的非授权访问和泄露。如患者身份证信息、病情诊断信息的加密保存。

4.1.3　云计算在医疗健康领域的应用

在医疗健康领域，云计算的应用正在逐渐改变着传统的医疗模式，为患者和医生提供了更为精准、高效的医疗诊断和治疗手段。

1. 电子病历管理

传统的纸质或本地存储方式的病历系统不仅占用物理空间，而且在调阅、共享和长期保存上效率低下。通过云平台，医疗机构可以建立电子病历系统，将病人的电子病历信息进行集中存储和管理。医生和护士可以根据权限访问相关患者的病历，实现在不同地点、不同设备上的病历信息共享和查看，从而提升医疗工作的连续性和及时性。同时，患者也可以随时访问自己的电子病历，实现医疗信息的透明化。

2. 医疗影像分析

传统的医疗影像资料，如 X 光片、CT、MRI 等，需要通过物理介质进行存储和传输，这不仅增加了管理成本，而且影响了诊断的效率和准确性。借助云计算，医疗影像资料可以上传至云端，医生可以在任何地点、任何时间进行查阅和分析，极大地提高了医疗服务的可及性和分析的灵活性。

3. 远程医疗服务

在云平台的支持下，医疗资源的配置和分享变得更加灵活，医疗机构可以为患者提供远程预约、远程会诊、远程医疗咨询等服务，尤其对于偏远地区的患者来说，远程医疗服务大大缩短了他们获得专业医疗服务的时间和空间距离。远程医疗服务还可以帮助医生对大量的医疗数据进行远程分析和讨论，提高医疗决策的效率，有助于缓解医疗资源分布不均的问题。

4. 药物研发数据

药物研发过程中需要大量的数据分析和模拟实验，这些任务对计算能力和存储空间的要求很高，云计算平台可以提供高性能的计算资源和海量的存储空间，帮助研发人员更快完成药物设计和临床试验的数据处理工作。

4.2 人工智能技术

人工智能（Artificial Intelligence，AI）是研究、开发用于模拟、延伸和扩展人的智能的理论、方法、技术及应用系统的一门技术学科，包括语言识别、图像识别、自然语言处理、专家系统、机器学习、计算机视觉等技术。

4.2.1 人工智能概述

人工智能技术是指通过模拟人类智能行为，让计算机或其他机器具有类似人类的智能水平的技术，是计算机科学和认知科学领域的交叉学科，通过计算机来处理复杂的自然语言、图像、声音等信息，包括：

1）学习与适应：AI模型需要具备学习的能力，通过经验不断调整自己的行为。如机器学习算法可以让机器通过大量的样本数据来训练模型，用来降低模型最小误差。

2）问题解决：AI模型用于解决现实中逻辑推理、决策制定等复杂问题。如专家系统可以应用于医疗诊断，通过患者的症状、医学知识库来提供诊断服务。

3）感知能力：AI模型通过传感器等设备来感知外界信息，如图像、声音、温度等，然后对这些信息进行处理和分析。如计算机视觉技术可以让计算机"看"图像并识别出其中的物体。

4）交互与沟通：AI模型应具备与人类自然交互的能力，包括理解自然语言和进行有效沟通。如聊天机器人可以通过分析用户的输入来提供适当的回复。

实例 4-3　人工智能技术应用

01 任务描述：

以医院"智能导诊"功能为例，可对患者就诊提供参考依据。如图4-4所示，通过"智能导诊"功能可对患者疼痛部位及病情进行预诊，确定看诊科室，提供挂号科室意见，选择科室（专家）、时段，支付挂号费用，完成挂号等相关功能。从建立病例库，到患者提出问题、AI模型学习，到将结果反馈回患者并提供可参考建议，实现了智能导诊服务。

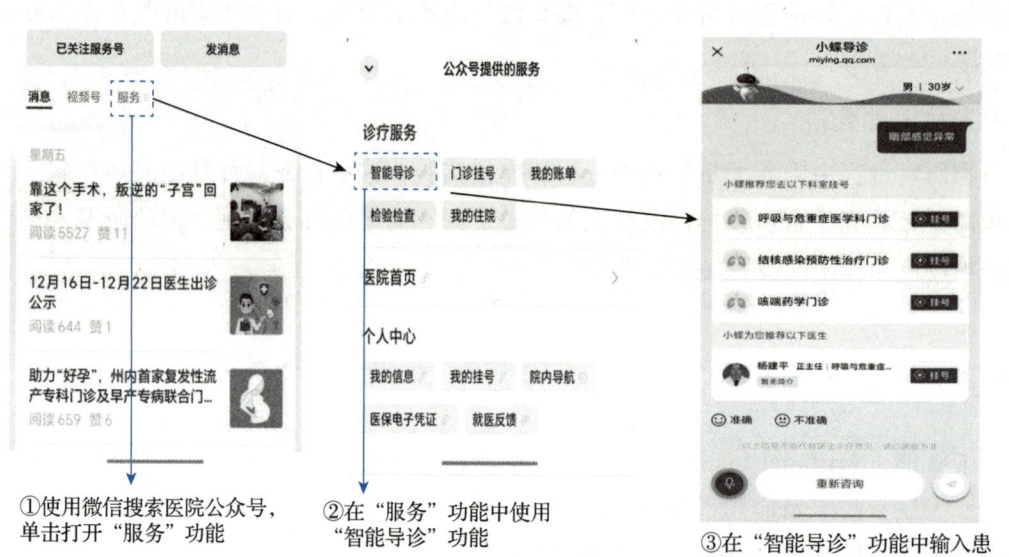

图4-4　AI智慧问答就诊应用

02 任务分析：

从学科角度来看，人工智能是一个模拟人类能力和智慧行为的跨领域学科，涉及计算机科学、控制论、信息论、神经生理学、语言学、心理学等多个领域。从功能的角度来看，人工智能则是赋予机器类似人类的智能功能，包括问题解决、学习、规划、推理和决策等，通过AI技术，计算机能够通过自主学习、推理、判断、决策、解决问题来模拟、延伸和扩展人的智能的理论、方法和技术，研究方向包括机器人技术、语言识别、图像处理、自然语言处理、专家系统以及智慧医疗等。

4.2.2　人工智能模型

人工智能从原始数据到应用过程，可大致分为三层，如图4-5所示。其中，从数据获取到AI模型评估构建了人工智能数据学习过程，一旦模型训练完成并且性能达到要求，可通过接口将其部署到生产环境中，如当前华为的小艺AI助手、百度文心一言、豆包软件等。

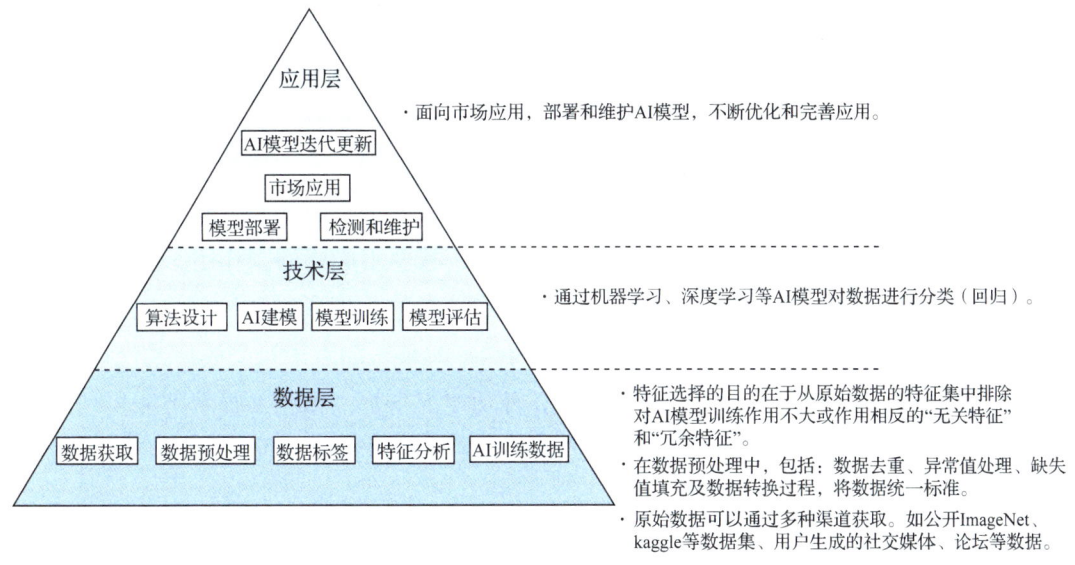

图4-5 人工智能模型分层

4.2.3 人工智能技术在医疗健康领域的应用

"AI+医疗"是人工智能与医疗健康领域的深度融合,涵盖了多个方面,包括医学影像分析、医学治疗、医学监测、个性化医疗方案等,如图4-6所示。

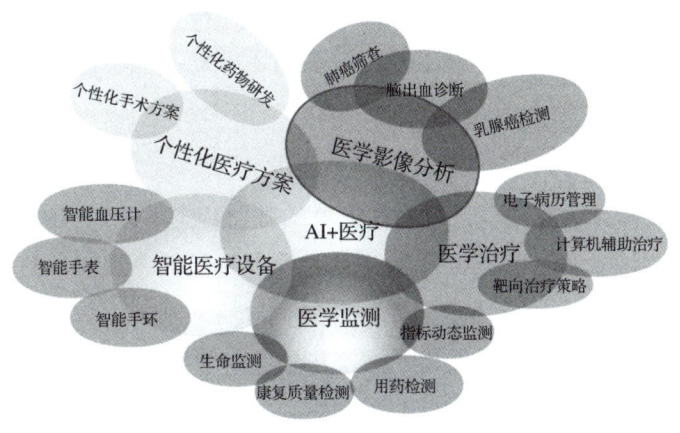

图4-6 AI+医疗

1. 医学影像分析

医学影像分析是通过AI技术对医疗影像进行识别与分析,以辅助医生进行疾病的定位、诊断和治疗。医学影像技术包括但不限于CT、MRI、X射线、超声波等多种成像技术,应用范围涵盖了脑部疾病、眼部疾病、肺部疾病、血液疾病等,如肺癌筛查、乳腺癌检测、脑出血诊断、病理切片等。AI技术从医疗影像数据中自动学习特征,对相关疾病进行分类诊断,从而辅助医生进行更加准确的治疗。

2. 医学治疗

AI技术可以协助医生进行更为全面的治疗规划，并将专业知识传递给新医生，当医生面临困难案例时，AI也能提供辅助决策，减少医生的失误。如在肿瘤治疗中，人工智能可以综合分析患者的基因组数据、临床数据以及各种检查结果，从而帮助医生确定最适合患者的治疗方案，包括但不限于化疗方案、放疗计划以及靶向治疗策略。这种精准医疗的实现，不仅可以提升治疗的针对性和有效性，还有助于减少不必要的副作用。同时，AI技术可以在治疗过程中起到监控的作用，通过持续收集患者的生理参数和治疗响应，及时调整治疗方案，以适应患者的实际情况，确保最佳的治疗效果。如对于接受放疗或化疗的患者，人工智能系统可以实时监控患者的血常规、肝肾功能等指标，预测并提示可能出现的副作用，这样医生可以及时进行干预，减少不良反应和并发症的发生。

3. 医学监测

医学监测是对患者的生命体征、疾病症状、治疗反应等关键健康信息进行持续、动态的跟踪与记录。利用AI技术，特别是其在数据处理和模式识别方面的优势，如在生命体征监测中，通过可穿戴设备、移动医疗应用或远程监护系统，将患者的心率、血压、体温等生命体征实时上传至云端数据库，AI算法能够对这些数据进行实时监控和分析，一旦发现异常，系统会自动报警，医生可以迅速做出判断和干预；如在疾病进程跟踪中，对于慢性疾病管理（如糖尿病、心血管病等），AI技术能够根据患者过往的历史数据和治疗反应，预测疾病可能的进展，帮助医生评估治疗方案是否需要调整；如在治疗反应监测中，AI技术通过分析患者的反应数据，如药物浓度、药物副作用等，为药物治疗的安全性和有效性评估提供数据支持。

4. 个性化医疗方案

个性化医疗，又称为精准医疗，是根据患者的基因、生活方式、生活环境等个体差异，提供个性化的预防、诊断和治疗策略。在这一过程中，人工智能技术的应用场景广泛。如在个性化药物研发中，通过AI技术能够处理和分析海量的基因组数据、药物化学结构数据以及临床试验数据，加速新药的发现和开发，并且可以通过AI模型预测药物与靶标的结合来评估药物的潜在副作用，在药物研发的早期阶段筛选出有潜力的药物，显著提高研发效率和安全性；如在个性化手术方案中，AI技术可通过对大量的医疗数据进行分析，包括影像数据、临床数据和患者的具体情况，在CT或MRI影像上精确地识别出病变位置和性质，辅助医生进行手术规划，甚至直接参与到微创手术中，通过机器人进行精准的手术操作。

> **知识扩展4-2**
>
> 通过AI模型能够让计算机从特征数据中自动学习，并根据不同的标准对数据进行分类或预测，如天气预测、AI辅助诊断疾病识别功能等就是通过AI模型训练结果，针对新数据进行预测结果。其中一个常见的标准是根据训练期间接受的监督数量和监督类

型，将机器学习分为以下四种类型：监督学习、无监督学习、强化学习和深度学习。

1）监督学习是对带有类别的数据进行预测的过程，在这一过程中，涉及分类模型和回归模型两大类。分类模型将输入数据分到预先定义的几个类别中的一个，如通过分析电子邮件数据，一个分类模型可以预测一封邮件是不是垃圾邮件；回归模型则专注于预测一个连续的输出值，如房价、温度、股票价格等连续变量的数据，希望建立一个模型来预测这些值时，就需要使用回归模型。

2）无监督学习是对未标记的数据挖掘其内在关联性与结构特征。在无监督学习模型中，最为核心和常见的两种模型为聚类模型和降维模型。聚类模型通过算法将数据归类到同一类别中，如商品推荐系统、社交网络分析；降维模型是将高维度数据降低数据维度映射到低维度空间中，降维的过程可以去除数据中的噪声和冗余信息，提高数据处理速度以及后续的机器学习模型的性能，如数据可视化过程、数据压缩。

3）强化学习。强化学习的目标是学习一种策略，它让智能体(agent)在与环境的交互中通过不断尝试和反馈来学习最优的行为策略。强化学习的基本要素包括智能体、环境、状态、动作、奖励和策略，如Q-learning、SARSA以及Deep Q-Network(DQN)算法等。

4）深度学习模型通过多层次的非线性变换对数据进行特征学习，被广泛应用于图像识别、语音识别、自然语言处理等多个领域，常见的深度学习模型有卷积神经网络、循环神经网络等，用于实现图形识别、计算机辅助疾病诊断等。

4.3 大数据技术

大数据是数量巨大、种类繁多且生成速度极快的数据集合。大数据技术通过先进的分析技术和算法，从中提取有价值的信息，以支持决策制定和创新。

4.3.1 大数据的基本内涵

1. 大数据的概念

在信息化时代，随着人们生产数据的能力飞速提升，数据数量急剧增加，大数据应运而生。大数据（Big Data）是指无法在一定时间内用常规软件工具捕捉、管理和处理的数据集合。要从这些数据中获取有用的信息，需要进行大数据分析，以形成具有更强决策力、洞察力和流程优化能力的海量、高增长率和多样化的数据资产。这不仅需要强大的数据分析能力，还需研究新的数据分析算法。

针对大数据的分析技术是指用于传送、存储、分析和应用大数据的软件和硬件技术，也可视为面向数据的高性能计算系统。在技术层面，必须依托分布式架构来对海量数据进行分布式挖掘，利用到云计算的分布式处理、分布式数据库、云存储和虚拟化技术。

2. 大数据的特征

大数据的特征主要包括五个方面，见表4-1。

表4-1 大数据的特征

特征名称	特征说明
体量大（Volume）	数据规模巨大，存储单位从GB到TB、PB、EB甚至更高。大数据的重点不在于"大"，而在于"用"
类型多（Variety）	丰富的数据来源导致大数据类型繁多，包括结构化、半结构化和非结构化数据
价值密度低（Value）	大数据中的价值密度相对较低，需要通过深入的分析和挖掘才能获取有价值的信息
处理速度快（Velocity）	数据产生和处理的速度非常快，要求能够实时或近实时地处理和分析数据
真实性（Veracity）	数据的质量和准确性至关重要，数据处理的结果要保证数据的完整性、一致性和可靠性

4.3.2 大数据的关键技术

大数据的关键技术是分布式存储和分布式处理。

1. 分布式存储

分布式存储是通过网络使用每台计算机上的磁盘空间，并将这些分散的存储资源构成一个虚拟的存储设备，而数据则分散地存储在网络中的每台计算机中。

2. 分布式处理

分布式处理将不同地点的，或具有不同功能的，或拥有不同数据的多台计算机通过通信网络连接起来，在控制系统的统一管理下，完成大规模信息处理任务。

大数据分布式处理技术围绕大数据产业链在技术角度涉及的四个环节而展开，如图4-7所示，主要包括大数据采集与预处理、大数据存储和管理、大数据处理与分析、大数据可视化与应用。

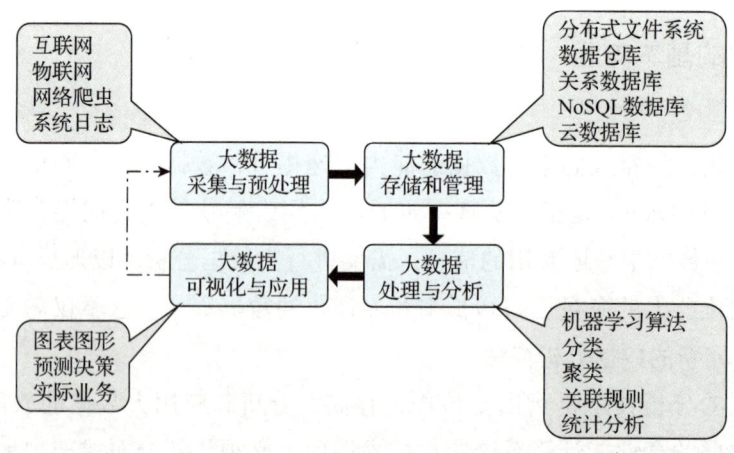

图4-7 大数据的四个产业链环节

大数据采集与预处理是大数据处理流程中的重要前置环节。按获取的方式不同，大数据采集分为设备数据采集和互联网数据采集，预处理是对采集到的原始数据进行初步的处理和清洗，以提高数据质量；大数据存储和管理是利用分布式文件系统、数据仓库、关系数据库、NoSQL数据库、云数据库等，实现对结构化、半结构化和非结构化海量数据的存储和管理，以便后续的查询和分析；大数据处理与分析是利用分布式并行编程模型和计算框架，结合机器学习算法、数据挖掘技术（如分类、聚类、关联规则挖掘等）以及统计分析方法等，实现对存储的海量数据的处理和分析；大数据可视化与应用是将分析处理后的结果以直观、易懂的图表、图形等形式展示给用户，帮助用户更好地理解数据和做出决策。同时，将大数据分析的成果应用于实际业务场景，以实现数据的价值最大化。

4.3.3 大数据技术在医疗健康领域的应用

大数据技术在医疗健康领域的应用涵盖个性化医疗、疾病预测与预防、医疗资源优化、公共卫生监测以及药物研发等多个领域，有效提升了医疗服务的质量和效率，还为个性化医疗和疾病预防的进步提供了新的契机。通过对患者电子健康记录和基因组数据的大数据分析，个性化医疗能够为患者量身定制治疗方案，从而显著提高治疗效果和患者生活质量。在疾病预测与预防中，大数据分析社交媒体和气象数据，以预测流行病的暴发趋势，帮助公共卫生机构提前制定有效的预防策略。大数据在优化医疗资源配置方面也发挥了重要作用，通过深入分析急诊室运营数据，可以显著减少患者等待时间，提高医疗服务效率。在药物研发方面，通过分析大规模临床试验数据，可以快速评估疫苗的安全性和有效性，从而缩短药物研发周期，降低研发成本。

4.4 物联网技术

物联网（Internet of Things，IoT）即"万物相连的互联网"，是在互联网基础上的延伸和扩展，是新一代信息技术的重要组成部分，也是信息化时代的重要发展方向，其将现实世界数字化，应用范围十分广泛。

4.4.1 物联网概述

1. 物联网的定义

物联网是通过射频识别（RFID）装置、红外感应器、全球定位系统、激光扫描器等信息传感设备，按约定的协议，通过各种局域网、接入网、互联网将物与物、人与物、人与人连接起来，进行信息交换与通信，以实现智能化识别、定位、跟踪、监控和管理的一种信息网络。

2. 物联网的特征

与传统的互联网相比，物联网具有以下鲜明的特征，见表4-2。

表4-2 物联网的特征

特征名称	特征说明	特征事例
全面感知	利用各种感知设备对物体进行信息采集和获取,实现人与人、人与物、物与物全面互联的网络	洗衣机通过物联网感应器"知晓"衣物对水温和洗涤方式的要求;无人驾驶汽车可以感知路况信息
可靠传输	通过以太网、无线网、移动网等,对接收到的感知信息进行实时远程传送,实现信息的交互和共享,并进行各种有效的处理	5G车联网在行驶安全与协同服务业务应用中,提供安全预警、交通出行效率提升等服务
智能处理	利用云计算、数据挖掘、模糊识别等各种智能计算技术,对接收到的跨地域、跨行业、跨部门的海量数据和信息进行分析处理,实现智能化的决策和控制	行驶在路上时,只需通过联网的导航仪或手机就可以实时了解路况,从而绕开拥堵路段

4.4.2 物联网技术在医学上的应用

物联网应用中有四项关键技术,见表4-3。

表4-3 物联网的关键技术

名称	介绍
传感器技术	从自然信源获取信息并对信息进行处理、变换、识别的一门多学科交叉的现代科学与工程技术,能够把模拟信号转换成数字信号
射频识别技术(RFID)	通过射频信号自动识别目标对象并获取相关数据,识别工作无须人工干预
嵌入式系统技术	综合计算机软/硬件、传感器技术、集成电路技术、电子应用技术等为一体的复杂技术
通信与网络技术	主要功能是信息的传输,物联网感知的大量信息可以有效地交换与共享

物联网技术在医学领域应用日益广泛,覆盖医疗资产管理、设备监控、资产定位和节能管理等多个方面。智慧医院的物联网监测管理服务正为医疗机构引入全新的数字化智能管理模式。这些智能化方案助力医疗机构更有效地响应患者需求,优化资源配置,并提升运营效率。

在医疗资产管理中,物联网技术通过RFID标签和无线传感器实现对设备的实时监控和维护,显著提高管理效率和资源配置。当需要使用设备时,工作人员可通过物联网系统快速定位和查询设备状态,减少时间浪费,提高设备利用率。系统还能自动记录设备使用情况和维护需求,及时提醒保养,延长设备寿命。

在设备监控中,传感器数据采集与状态分析使医院能在问题发生前进行预防性维护,避免停机影响诊断和治疗。例如,MRI设备集成物联网模块,实时监测温度、湿度、电流等参数,异常时自动报警并生成报告。

在资产定位中,利用蓝牙和Wi-Fi技术,将轮椅、担架车、便携式输液泵等设备的位置信息上传至物联网管理系统,医护人员可通过计算机或手机快速定位设备。这种高效的资产定位节省了时间,提高了医院的服务响应速度。

在节能管理中,医院通过智能传感器和控制系统实现照明、供暖、空调等设施的自动化管理。例如，可根据病房实时占用情况动态调整灯光与空调设置，既保障环境舒适，又最大限度节约能源。

智慧医院的物联网监测管理服务依托物联网平台，提供一系列的诊断、监测和管理服务功能。例如，通过连接生物传感器和远程监控设备，为住院患者提供连续的健康监测服务；心率、血压、体温等生命体征数据实时传输到医院的信息系统，医生能够随时查看并进行及时干预；基于物联网的病房管理系统，可根据患者病情变化自动安排护理计划，优化护士工作流程。

4.5 虚拟现实技术

虚拟现实技术（VR）是一种利用计算机技术创建沉浸式三维虚拟空间的技术，使用户获得类似真实世界的感知与交互体验。

虚拟现实系统由计算机系统、显示设备和传感器设备组成，协同实现沉浸式互动体验。计算机系统作为控制中心，处理传感器数据并生成实时图像。虚拟现实技术在医疗健康领域的应用主要能达到以下效果。

1. 提高手术成功率

虚拟现实技术通过提供三维互动仿真环境，有效提升了复杂手术的规划和成功率。传统二维影像难以全面模拟手术，而VR可创建逼真的患者解剖模型，支持精准再现生理结构和动态变化。在虚拟环境中，医生能预演手术操作，优化器械路径并识别潜在风险，从而制定更安全的手术方案。VR提供的全方位立体视野和实时反馈功能，也增强了手术计划的灵活性和对突发情况的应对能力。

2. 降低医疗成本

VR技术通过减少操作失误、节省设备耗材、降低培训成本以及减少能耗和基础设施建设，有效降低医疗成本。VR模拟手术和操作，降低实际操作错误率，减少额外开销；VR教学减少了对物理材料的依赖，降低耗材成本。此外，VR技术减少了对实际操作空间和设备的需求，节省了空间和能源。

3. 促进康复训练

VR技术通过提供沉浸式三维环境，增强康复训练的趣味性和互动性，并根据患者情况制定个性化方案，提高康复效果。VR可定制康复训练方案，确保训练强度适中和方法适宜。即时反馈和互动性可激发患者兴趣，提高参与度和投入程度，例如脑卒中患者可在虚拟环境中进行模拟训练。

4. 提高心理健康水平

VR技术创建可控的沉浸式环境，辅助治疗心理健康问题，如焦虑症和创伤后应激障碍

（PTSD）。VR允许患者在安全环境中重复暴露疗法，降低风险并提高效果。即时反馈帮助治疗师调整方案，提升患者情绪调节和应对策略。VR技术还可作为预防工具，帮助个体提前识别和管理心理问题。

5. 远程医疗

远程医疗通过信息技术优化资源配置，提高服务效率。VR技术进一步扩展其功能，提升了效率和质量。医生可利用VR进行手术模拟，减少实际操作风险。VR扩大了远程医疗的适用范围，尤其在复杂手术中，通过VR指导和远程控制手术机器人，提升偏远地区医疗服务质量。VR技术降低了医疗成本，增强了服务可及性，优化了资源分配。

6. 健康监测

VR技术通过三维交互界面和生物反馈系统，实时监测患者健康状况，如心率、血压等，为医生提供重要的诊断依据。VR减少了传统侵入式方法的风险和负担。患者可在虚拟环境中进行康复训练，实时数据分析帮助医生调整治疗方案，实现个性化医疗。VR的互动性还支持长期健康管理，动态调整训练内容，提高治疗效果。

习 题

一、单选题

1. 云计算的核心优势是（　　）。
   A. 存储服务　　　　　　　　　B. 数据库服务
   C. 网络服务　　　　　　　　　D. 资源的集中管理和分配

2. 云计算服务模式中，哪种模式允许用户通过互联网访问应用程序？（　　）
   A. IaaS（基础设施即服务）　　B. PaaS（平台即服务）
   C. SaaS（软件即服务）　　　　D. FaaS（函数即服务）

3. 以下哪个不是云计算的核心技术？（　　）
   A. 大数据技术　　B. 分布式计算　　C. 安全技术　　D. 数据挖掘

4. 下列选项中，属于人工智能技术中图像识别技术的是（　　）。
   A. 人脸识别支付　　　　　　　B. 编写Word文档
   C. 制作多媒体　　　　　　　　D. 制作PPT

5. 关于人工智能的概念，下列表述正确的是（　　）。
   A. 任何计算机程序都具有人工智能
   B. 人工智能程序和人类具有相同的思考方式
   C. 针对特点的任务，人工智能程序都具有自主学习的能力
   D. 人工智能可以替代人类做一切事情

6. 无监督学习可以完成什么任务？（　　）
   A. 回归　　　　　　　　　　　B. 聚类

C. 分类 D. 回归、聚类、分类

7. 大数据的核心特征不包括（　　）。

 A. 体量大（Volume） B. 类型多（Variety）

 C. 价值密度高（Value） D. 处理速度快（Velocity）

8. 医院利用物联网技术优化资产管理的核心应用是（　　）。

 A. 实时监测设备温度 B. 通过RFID标签定位设备

 C. 动态调整病房灯光 D. 分析患者基因组数据

9. 虚拟现实技术降低医疗成本的途径不包括（　　）。

 A. 减少操作失误 B. 节省设备耗材

 C. 增加基础设施建设 D. 降低培训成本

二、多选题

1. 云计算的特点包括哪些？（　　）

 A. 按需自助服务 B. 广泛的网络访问

 C. 资源池化 D. 快速弹性

2. 云计算服务模型包括哪些？（　　）

 A. IaaS B. PaaS C. SaaS D. DaaS

3. 云计算的数据安全挑战包括哪些？（　　）

 A. 数据泄露 B. 非法访问 C. 数据丢失 D. 服务中断

4. 云计算在医疗健康领域的应用有（　　）。

 A. 电子病历管理 B. 医疗影像分析

 C. 远程医疗服务 D. 药物研发数据

5. 人工智能技术中计算机视觉可应用在以下哪些领域？（　　）

 A. 智能影像诊断 B. 患者人脸识别身份验证

 C. 医院安全及监控领域 D. 药品推荐

6. 人工智能技术中机器学习包括（　　）。

 A. 监督学习 B. 无监督学习 C. 强化学习 D. 半监督学习

三、判断题

1. 云计算可以减少医院的信息化成本。（　　）

2. 云计算只适用于大型医院。（　　）

3. 云计算中的虚拟化技术可以提高资源的利用率。（　　）

4. 人工智能是一门研究如何构造智能机器或者智能系统，使它能够模拟、延伸、扩展人类智能的学科。（　　）

5. 人工智能技术可以通过深度学习实现疾病辅助诊断。（　　）

6. 人工智能技术能够代替医生完成全部工作。（　　）

7. 人工智能可以通过AI手段提高患者自查率，更早发现、更好管理疾病。（　　）

四、简答题

1. 大数据在医疗健康领域的应用有哪些？
2. 物联网技术在医疗资产管理中如何实现设备全生命周期管理？
3. 虚拟现实技术如何提升手术的成功率？请描述其技术实现路径。

模块 5　WPS综合应用基础

信息技术基础（医学类）

　　WPS Office是一款由金山办公软件公司自主研发的办公软件套装。随着办公需求的不断变化、办公场景的逐步迁移和办公技术的持续进步，WPS从单一的文字处理系统，发展为PC时代的文字、表格和演示的三大套件，再演变为现如今的一站式办公服务平台。WPS除了提供传统三件套加PDF的一体办公能力，还集成了一系列在线办公服务和应用；除了可进行多人协作和云端存储功能外，还可随时随地在不同设备上进行文件编辑和共享，极大地提高了团队协作的效率。目前，WPS已完整覆盖了桌面和移动两大终端领域，支持Windows、Linux、Mac、Android和iOS等五大操作系统，通过浏览器访问金山办公官网www.wps.cn，下载并安装相应版本即可使用相应服务。

　　WPS Office的核心组件包括WPS文字、WPS表格和WPS演示。WPS文字是一个功能强大的文本编辑器，支持多种文档格式，可以使用它进行文档的编辑、排版、打印等操作；WPS表格则是一个强大的电子表格软件，能够处理大量的数据，提供丰富的数据分析工具；WPS演示则专注于演示文稿的制作，支持多种幻灯片格式，提供丰富的设计模板和动画效果。

　　除了上述核心组件外，WPS Office还具有良好的文件兼容性，能够轻松打开和编辑多种文件格式，如.doc、.docx、.xls、.xlsx、.ppt、.pptx等，方便与其他办公软件进行无缝衔接和文件交换。

5.1　WPS一站式融合办公

　　WPS一站式融合办公是金山办公推出的先进办公解决方案，它将文档处理、消息通信、会议协作、邮箱管理等多种功能融于一体，旨在为企业提供高效、智能、安全的办公体验。WPS一站式融合办公的核心优势在于其全面的功能覆盖和强大的AI技术支持。WPS一站式融合办公可以在一个平台上完成从文档编辑、数据分析到团队协作、会议安排等所有办公任务；同时，WPS AI技术的融入，使得文档处理更加智能化，能够自动完成排版、校对、内容推荐等工作，使得办公效率得到了极大提升。

5.1.1 WPS一站式融合工作环境

WPS首页是工作的起始位置，窗口主要是由标签区、主视图区、全局搜索框、设置和账号、应用中心、扩展面板等组成。WPS首页界面如图5-1所示。

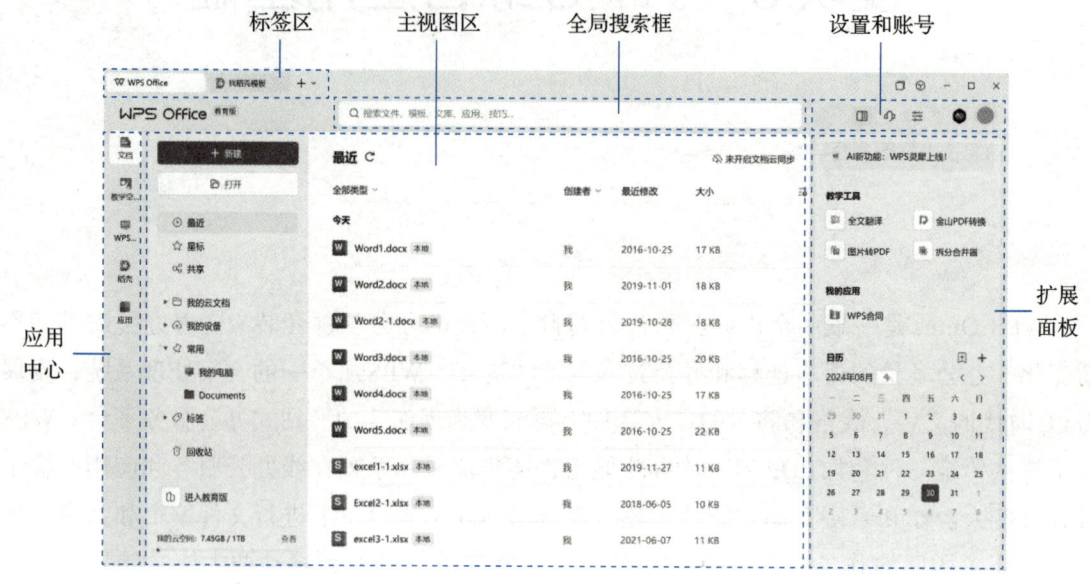

图5-1 WPS首页界面

1. 标签区

标签区属于应用程序窗口标题栏的一部分，用于标签管理。

2. 主视图区

首页的主体部分，分为文档导航和文档列表两个区域，用于访问文档或查看日程。

3. 全局搜索框

全局搜索框位于WPS首页顶部，利用全局搜索框，可以搜索本地文档、云文档、办公技巧和帮助、模板资源，同时也可打开WPS云文档分享的网址链接。

4. 设置和账号

全局设置和账号管理，可以进行皮肤外观和工作环境等的设置。

5. 应用中心

集成了众多第三方应用和服务的平台。通过WPS应用中心，可以轻松找到并安装各种实用的办公工具、模板、素材等，以满足不同场景下的办公需求。

6. 扩展面板

在文档视图中，选择文档时将自动展开"文档详情"面板，可以进行分享文档等快捷操作。

5.1.2 WPS的标签与工作窗口管理

1. 窗口管理

为满足不同场景下的使用需求，在WPS中，存在着两种窗口管理模式：整合模式和多组件模式。两种模式的切换，可单击首页中的"全局设置"按钮 ≡，在弹出的下拉列表中选择"设置"命令，进入"设置中心"页面，单击"切换窗口管理模式"选项，打开"切换窗口管理模式"对话框，如图5-2所示。

（1）整合模式

一种将多个文档、表格或PPT等文件整合在同一个窗口中的管理方式。这种模式下支持在一个窗口内方便地切换和查看不同的文件，无需频繁地打开和关闭窗口。这种模式特别适用于需要同时处理多个文件的场景，可以显著提高工作效率。

（2）多组件模式

将每个文档、表格或PPT等文件作为独立的组件进行管理。在这种模式下，每个文件都会打开一个新的窗口或标签页，通过切换窗口或标签页来查看不同的文件。虽然在这种模式下处理单个文件时可能更为直观，但在处理多个文件时可能会稍显烦琐。

WPS以标签的形式来承载文档窗口，一个文档标签对应一个文档窗口，多个文档标签在标签栏中合并显示。可以利用文档标签的快捷菜单对文档进行"保存""分享文档""固定标签""关闭"等快速操作。

2. WPS随行

单击WPS窗口标签栏的"WPS随行"按钮，打开如图5-3所示的"随行面板"，可以管理当前账号的关联设备，通过WPS随行可以轻松实现文档的多端查看、编辑、分享和管理，无论是手机、平板还是计算机，都能无缝衔接。同时，WPS随行还支持多种文件格式的导入和导出，满足不同场景下的文档处理需求。

图5-2 "切换窗口管理模式"对话框

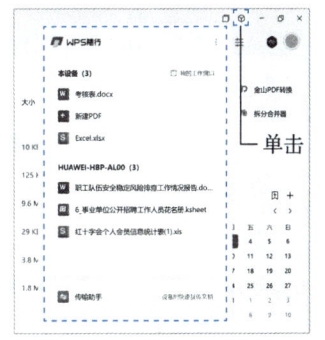

图5-3 WPS"随行面板"

5.1.3 在WPS中新建、访问和管理文档

1. 新建文档

在WPS首页的"文档导航"中单击"新建"按钮，或在窗口标签栏中单击"+"按钮，

在打开如图5-4所示的"新建"列表区中选择文档类型,即可新建空白文档或套用在线模板完成新建。

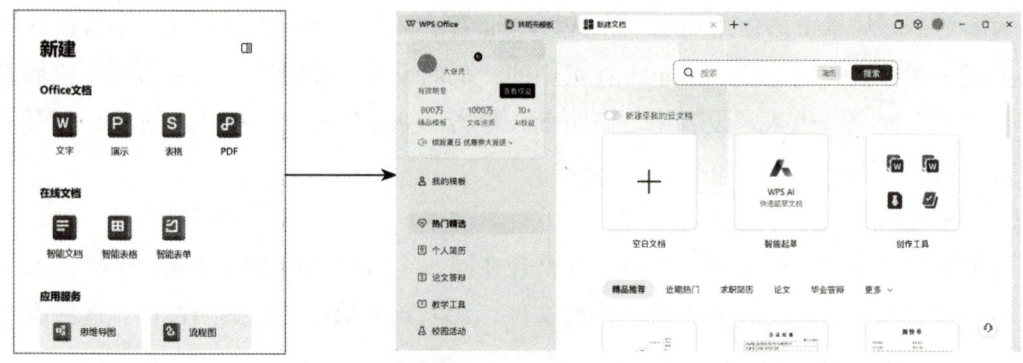

图5-4　新建文档

2. 访问和管理文档

WPS首页的主视图区提供了多个文档访问入口。操作基本与Windows系统的资源管理器类似,但也增加了更多辅助功能。

在文档的主视图区中,如图5-5所示,"文档导航"用于切换文件访问路径;"文档列表"展示了路径下包含的文件,并可通过右键快捷菜单进行快速操作。

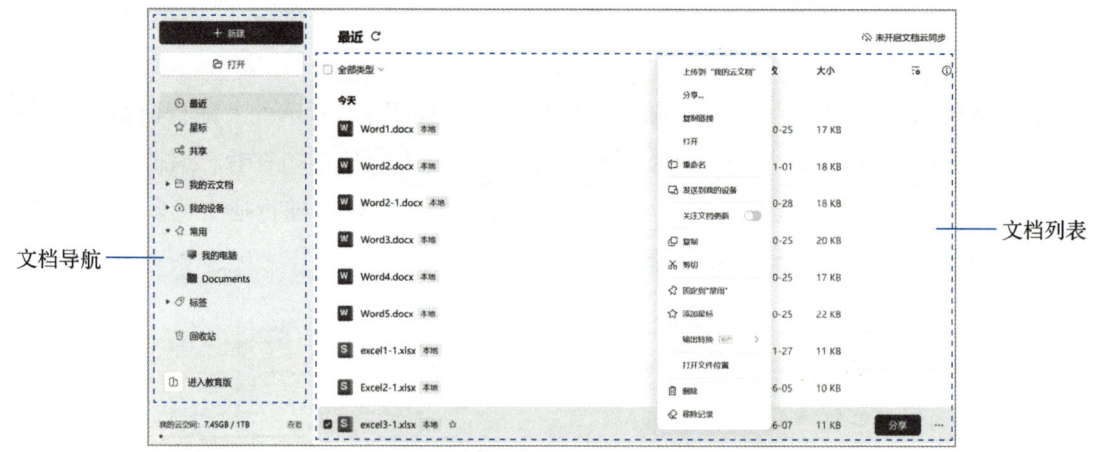

图5-5　主视图区

- 最近:当前账号最近访问过的文档,便于跨设备处理未完成的文档。
- 星标:展示标注了星标的云文档,便于快速查找和访问待处理或重要的文档。
- 共享:展示共享文件夹、收到的文件以及发出的文件。
- 我的云文档:"云文档"是指WPS中集成的在线文档存储服务。
- 我的设备:可以通过这个模块查看和管理关联的设备。
- 常用:常用的文件夹或团队,便于快速定位和访问文档。
- 标签:文档可以按不同应用场景添加标签,便于分类管理。

5.2 WPS PDF 的应用

PDF 是一种常用的文件格式，用于呈现和共享文档。它支持文本、图像、表格等多种内容，并且可以在不同的设备和操作系统上保持一致的显示效果，因此，被广泛应用于出版印刷、资料存档、证照凭证、公文外发等多种场景。WPS PDF 就是用于对 PDF 文档进行阅读和处理的软件。

5.2.1 PDF 功能界面

WPS PDF 的功能界面主要由标签栏、功能区、编辑区、导航窗格、任务窗格、状态栏 6 个部分组成，如图 5-6 所示。

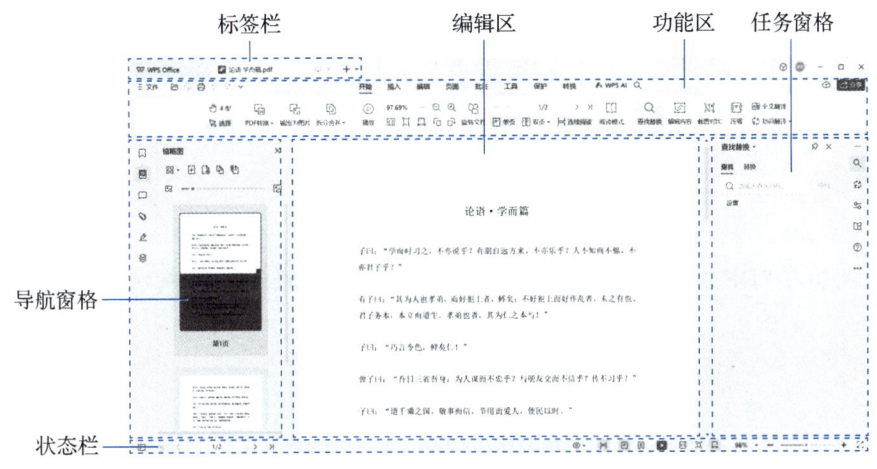

图 5-6　WPS PDF 功能界面

5.2.2 新建和打开 PDF 文件

1. 新建 PDF 文件

PDF 文件的新建可以使用多种方式进行。既可以使用 WPS 首页中的"新建"功能，也可以将多个 PDF 文件合并为一个文件，还可以将图片、文字/演示/表格等格式的文件转换生成新的 PDF 文件。

2. 打开 PDF 文件

WPS 支持多种方式打开 PDF 文件，与后面介绍的文档打开方式基本相同。

5.2.3 阅读 PDF 文件

在 WPS PDF 中，可以按不同习惯进行阅读方式的设置，如图 5-7 所示。

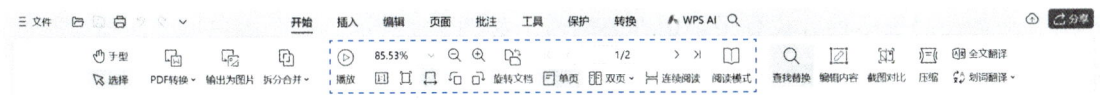

图 5-7　阅读设置

5.2.4　编辑和保护PDF文件

1. 编辑PDF文件

由于PDF文件是固化的版面，难以编辑的特性也给实际应用带来了困扰。然而，WPS解决了这一问题，在"编辑"功能区中，用户可以对PDF文字进行编辑，对图片进行处理，包括PDF扫描件和图片中的文字都可以被轻松编辑，如图5-8所示。

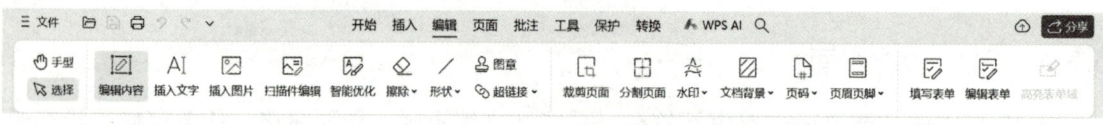

图5-8　"编辑"功能区

2. 保护PDF文件

WPS PDF安全保护功能包括设置密码保护、权限控制、数字签名等，可以有效防止PDF文件被未经授权的查看、修改或打印。

> **知识扩展5-1**
>
> • 证书签名
>
> WPS支持在PDF中添加、管理"证书签名"，即可验证文件中的数字签名。"证书签名"是电子文件中用于辨识文件的签署者及表示对该文件内容负责所使用的电子数字标识。

5.3　WPS云办公服务

WPS云办公服务是金山办公提供的一站式云端办公解决方案，支持在线文档编辑、存储、协作和共享。通过WPS登录金山办公账号后，即可在任何设备上实时访问文档，支持多人在线协作编辑，提供文档加密保护，确保数据安全。此外，还提供会议管理、日程安排、邮件收发等功能，帮助企业提高工作效率。

5.3.1　云备份与云同步

云备份是指将数据存储在网络上的远程服务器中，以防止数据丢失或损坏。云同步则是指在不同设备之间实时更新和同步文件或数据的过程。

1. 登录账号

在WPS工作界面的右上角单击"立即登录"按钮，可通过手机号验证、微信扫码、WPS移动端扫码等多种方式登录金山办公账号，如图5-9所示。一个用户可以注册多个账号，WPS客户端支持多账号同时登录，切换账号即可分别访问不同账号下的云端文档，如图5-10所示。

图 5-9　登录金山办公账户　　　　图 5-10　切换账户

2. 云同步

在 WPS 中登录金山办公账号后，单击首页"主视图区"右上角的"未开启文档云同步"确认后即可。或进入"设置中心"页面，在"工作环境"区域中打开"文档云同步"。云同步能快速持续处理其他设备未完成的文档，或从云端找回因意外而丢失的文件。

3. 云备份

登录金山办公账号后，需要进行备份设置，包括选择要备份的文件或文件夹、设置备份频率（如每日、每周或每月）以及备份数据的保留期限等。

WPS 云办公服务可以轻松地进行云备份操作，保护数据安全并随时随地访问重要文件。同时，结合云同步功能，还可以在不同设备之间实现数据的实时共享和更新，提高工作效率和协作能力。

4. WPS 云盘

安装 WPS 客户端并登录金山办公账号后，会在"此电脑"的设备和驱动器中自动生成一个虚拟的"WPS 云盘"。双击进入 WPS 云盘后，可通过鼠标拖拽或复制粘贴等操作将本地文件上云，也可自动将云文档从云端下载到本地，编辑之后保存文档即可回传云端自动更新。

5.3.2　云共享与云协作

云共享与云协作整合了 WPS 产品家族的所有服务，如 WPS IM、WPS Office、WPS 云文档、WPS 协作文档、WPS 安全文档等，旨在为企业提供全方位的协同办公解决方案，帮助企业实现更加高效、便捷的文档处理和协作体验。

1. 云共享

云共享是指将文件存储在网络上的云存储服务中，并通过互联网在任何设备上访问这些文件。WPS在线办公服务中，个人账号可以使用"共享文件夹"与他人建立文档共享群组，企业账号则可通过"团队文档"与同事共建资料库。如图5-11所示，在WPS首页的主视图区左侧，选择"我的云文档"，在所选文件夹中单击"分享"按钮生成邀请链接，在弹出的"邀请成员"对话框中可对邀请进行设置。

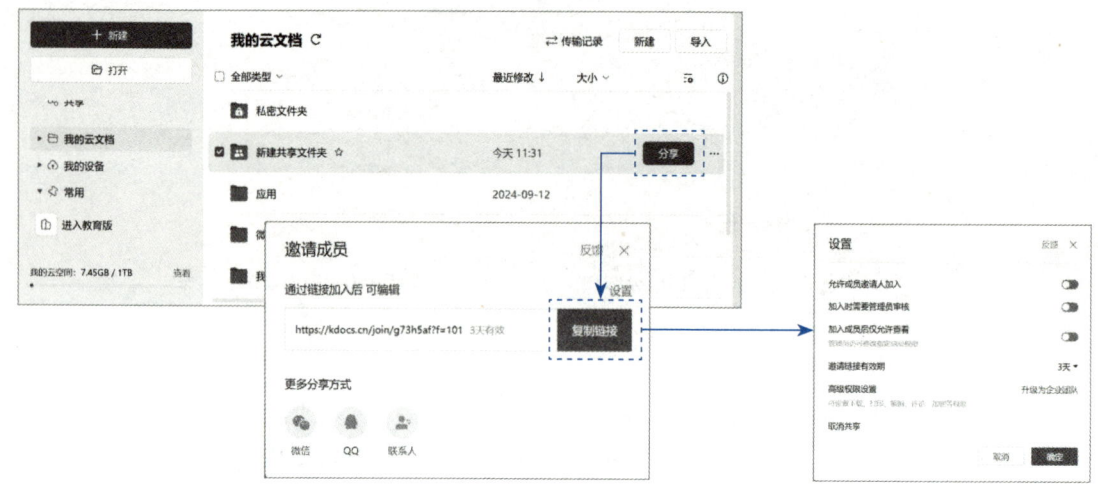

图5-11　共享文件夹

2. 云协作

云协作则是在云共享的基础上，允许多人同时在线编辑和查看同一文件，实时同步更改，从而提高工作效率和团队协作能力。在WPS中打开本地文档，在功能区右上角单击"分享"按钮，如图5-12所示，弹出"协作"列表区，打开"和他人一起查看/编辑"功能，如图5-13所示，即可。

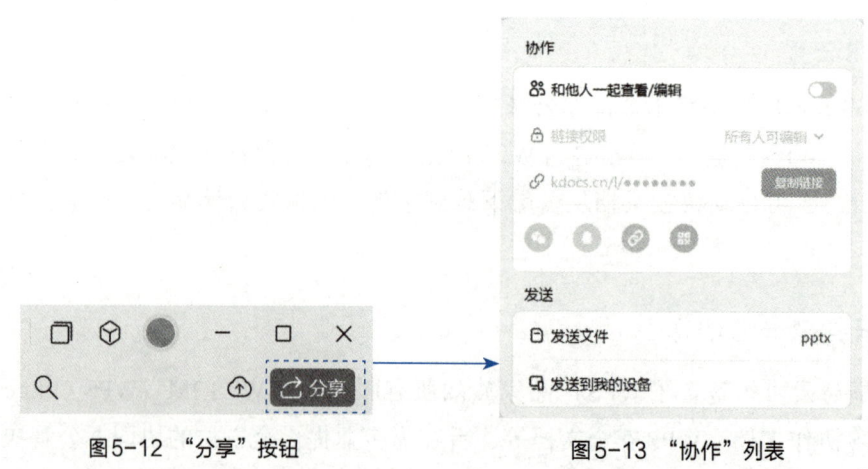

图5-12　"分享"按钮　　　　　　图5-13　"协作"列表

习 题

一、单选题

1. WPS Office 首页由哪几个区域组成（　　）。
   A. 全局搜索框、标签区、应用中心、主视图区、设置和账号、扩展面板
   B. 全局搜索框、标签区、应用中心、主视图区、扩展面板
   C. 全局搜索框、标签区、主视图区、设置和账号、扩展面板
   D. 全局搜索框、标签区、应用中心、主视图区、设置和账号

2. 在 WPS 中，用户创建的文档可在多个设备上访问的是（　　）。
   A. 本地文档　　　B. 共享文档　　　C. 云文档　　　D. 临时文档

3. 在 WPS 在线协作中，不能实现的操作是（　　）。
   A. 实时编辑文档　　　　　　　　B. 留言评论
   C. 锁定文档　　　　　　　　　　D. 撤销其他用户的更改

4. 在 WPS 云办公中，说法正确的是（　　）。
   A. WPS 云文档一旦保存，就不能查看原文档
   B. WPS 云文档一旦删除，就不能被找回
   C. 通过链接分享的文档，可以设置链接有效时间
   D. 通过链接分享的文档，不可以进行权限的管理

5. WPS 首页的最近列表中，包含的内容是（　　）。
   A. 最近打开过的文档　　　　　　B. 最近访问过的文件夹
   C. 最近浏览过的网页　　　　　　D. 最近联系过的同事

6. 在 WPS 中可以创建多种类型的 PDF 签名，不支持的是（　　）。
   A. 语音签名　　　B. 文字签名　　　C. 图片签名　　　D. 手写签名

7. 要在 WPS 中新建文档，可以使用的方法有（　　）。
   A. 单击首页左侧导航栏—新建
   B. 单击顶部标签栏的"+"号按钮
   C. 登录后，在"我的云文档"列表中，选择右键菜单中要新建的文档
   D. 以上均是

二、多选题

1. 使用 WPS 云文档的优点是（　　）。
   A. 多设备同步　　　　　　　　　B. 数据备份
   C. 实时协作　　　　　　　　　　D. 无限存储空间

2. WPS 云文档同步管理功能有（　　）。
   A. 自动保存　　　　　　　　　　B. 文档历史版本
   C. 文件夹分类　　　　　　　　　D. 离线编辑

3. 默认情况下，WPS文档都以标签形式打开。下列有关标签的叙述中，正确的是（　　）。

  A. 重要文档可以使用"固定标签"命令将其固定在标签栏的左侧

  B. 被固定的标签不显示"关闭"按钮

  C. 通过拖动标签操作，可以调整文档标签的位置

  D. 使用<Shift+Tab>组合键，可以实现在标签之间的轮流切换

三、判断题

1. 云文档只能在有网络连接的情况下进行编辑。(　　)

2. 在线协作允许多人同时编辑同一个文档。(　　)

3. 云文档同步管理不需要用户手动操作。(　　)

4. WPS的"协同编辑"中，只有"协同编辑"发起人可以查看当前文档的在线协作人员。(　　)

5. WPS支持文件格式的相互转换，因此可以将PDF文件转换为视频。(　　)

模块6　WPS文档编辑与排版

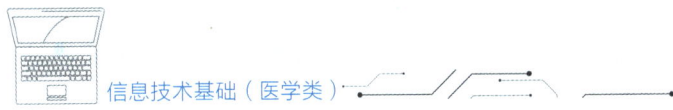

信息技术基础（医学类）

WPS文字是WPS Office中的一个重要组件，它提供了丰富的文档编辑和格式输出功能，基本上能满足一般的文字编辑处理需求。本模块主要讲解WPS文字的基础知识、文档的编辑、排版、长文档的编辑及文档的修订和审阅等。

6.1　WPS文字基础知识

6.1.1　WPS文字概述

WPS文字是WPS Office办公套件的重要组成部分，其主要功能是处理文本文档，可以满足文字编辑、排版、表格制作、图文混排等多种办公文档处理需求，支持多人在线协作编辑文档，具有良好的兼容性。

WPS文字提供直观的用户界面，便于用户快速掌握和使用。WPS文字窗口组成如图6-1所示。

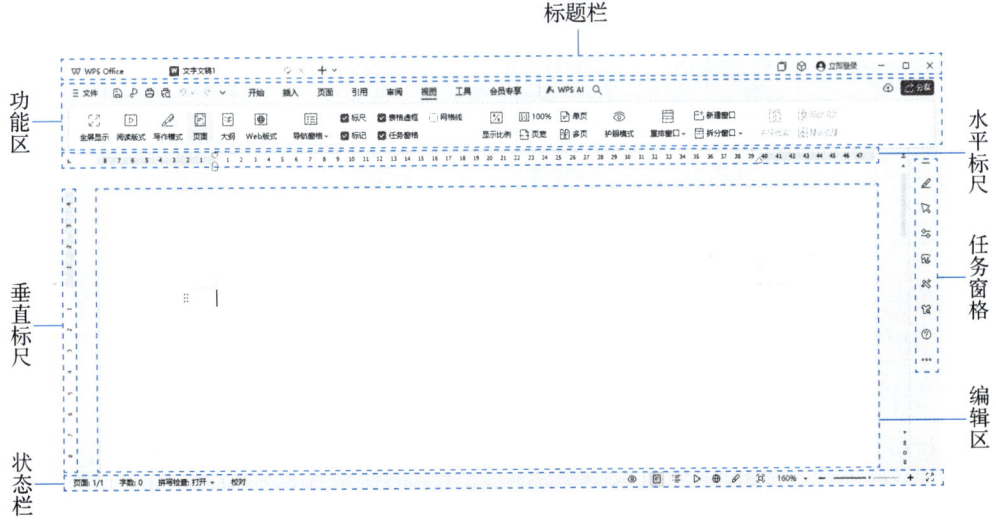

图6-1　WPS文字窗口组成

1. 标题栏

标题栏用于标签切换和窗口控制，最左端显示打开的软件名称，中间显示当前正在编辑及打开的文档名称，最右端为窗口控制区域（软件登录、最小化、最大化及关闭等）。

2. 功能区

功能区包含"文件"菜单、快速访问工具栏和选项卡。"文件"菜单提供了"新建""保存""另存为"等文档的基本操作，快速访问工具栏上的功能按钮可由用户根据需求自行设置。

WPS文字功能区中的选项卡主要有开始、插入、页面、引用、审阅、视图、工具、会员专享等，WPS AI选项卡需要开通WPS AI会员才能使用。有部分选项卡在特定的情况下才会显示，比如文档中插入图片后，选中插入的图片，会出现"图片工具"选项卡；文档中插入表格后，会出现"表格工具"和"表格样式"选项卡。功能区各组成部分名称如图6-2所示。

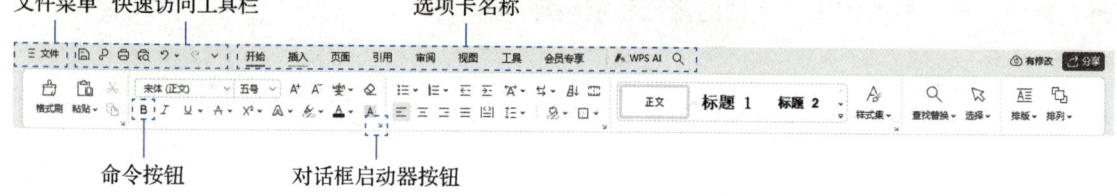

图6-2　功能区各组成部分名称

> **知识扩展6-1**
>
> • 显示功能组名称
>
> 打开WPS文字文档后，窗口上方的功能区中看不到功能区分组名，使用起来很不方便，可以通过单击快速访问工具栏的展开按钮，将其中"显示功能区分组名"选中，即可将每个选项卡下面对应的功能组组名显示出来。

3. 任务窗格

任务窗格是提供高级编辑功能的辅助面板，单击上面的功能按钮，将弹出相应的功能界面供用户操作。

4. 编辑区

编辑区是WPS文字进行文本编辑的主要区域，编辑区上闪烁的竖线"|"为插入点光标，代表当前可进行文本输入的位置，在编辑区可呈现出即时的编辑效果。

5. 状态栏

状态栏位于窗口最下方，包含了文档状态显示区、视图切换按钮区和页面显示比例区。

文档状态显示区显示了当前文档的页面总数、总字数等信息；通过单击视图切换按钮区的不同视图按钮，可以将文档在不同显示模式间进行切换；通过调节页面显示比例滑动条，可以改变文档的显示比例。状态栏各组成部分如图6-3所示。

图6-3　状态栏各组成部分

　　WPS提供了全屏显示、阅读版式、写作模式、页面、大纲和Web版式六种视图方式，默认设置为页面视图方式，这是最常用的视图方式，在此方式下文档的显示效果与打印效果一致。

　　全屏显示方式将编辑区以外的所有部分隐藏，将文档以全屏方式呈现在计算机屏幕上。阅读版式同样将除编辑区以外的部分隐藏，同时提供更大的阅读版面，便于阅读文档。选择写作模式后，会出现"写作"选项卡，为写作提供额外选项，便于更好地组织和查看章节内容。大纲视图适用于长文档的结构调整和查看，方便对文档各层次有针对性地进行操作，如整体移动等。Web版式视图指的是以网页形式查看文档内容，在此视图方式下，文档将不再分页，文本和表格将自动换行以适应窗口大小。

6. 垂直标尺和水平标尺

　　可以通过"视图"选项卡选择显示或隐藏标尺，也可以通过单击"向上滚动文档"按钮上方的"标尺"按钮来对标尺进行显示和隐藏。

7. "选项"命令

　　文件菜单下的"选项"命令是WPS Office中的一个功能区域，可以通过"选项"中的命令自定义和调整软件的功能和界面。

　　（1）"视图"选项卡

　　"选项"命令下的"视图"选项卡，包括"页面显示选项""显示文档内容""格式标记""功能区选项"四个部分，可以通过复选框的选定与否来决定相应对象的显示或隐藏。"视图"选项卡如图6-4所示。

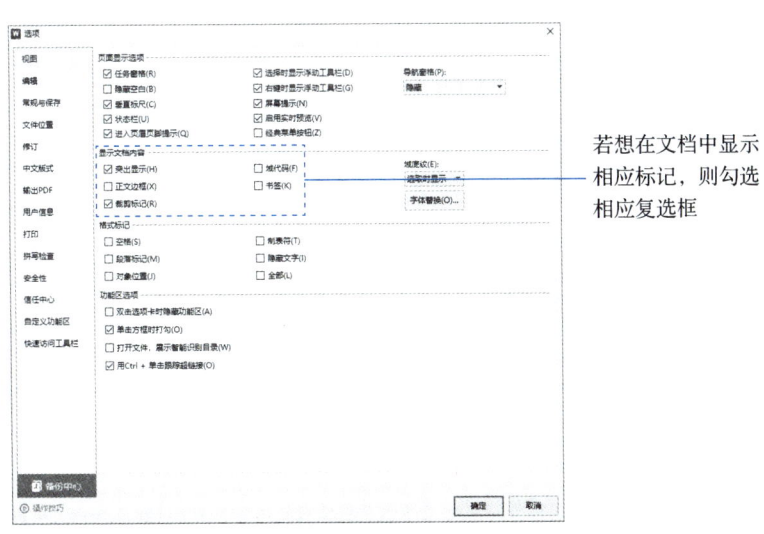

图6-4　"视图"选项卡

（2）"编辑"选项卡

若需要更改WPS文字编辑时的默认编辑选项，如是否进行自动编号、是否自动首字母大写等，则需要在"选项"命令下的"编辑"选项卡中进行。"编辑"选项卡包括"编辑选项""即点即输""自动编号""自动更正""剪切和粘贴选项"五个部分，可使用复选框和下拉菜单进行相应设置。"编辑"选项卡如图6-5所示。

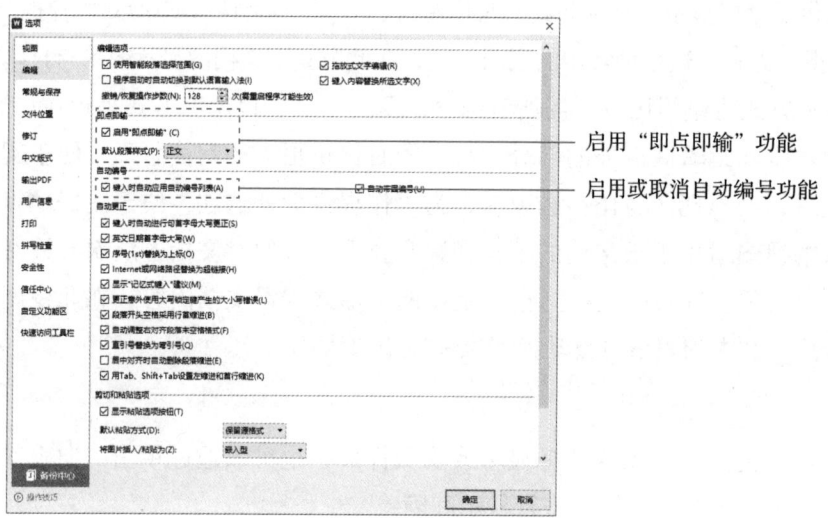

图6-5 "编辑"选项卡

（3）"自定义功能区"选项卡

通过"自定义功能区"选项卡，可对已有选项卡下的功能组进行添加或删除操作，可以新建选项卡，对选项卡进行重命名，并在新建选项卡中添加功能组和功能按钮。"自定义功能区"选项卡如图6-6所示。

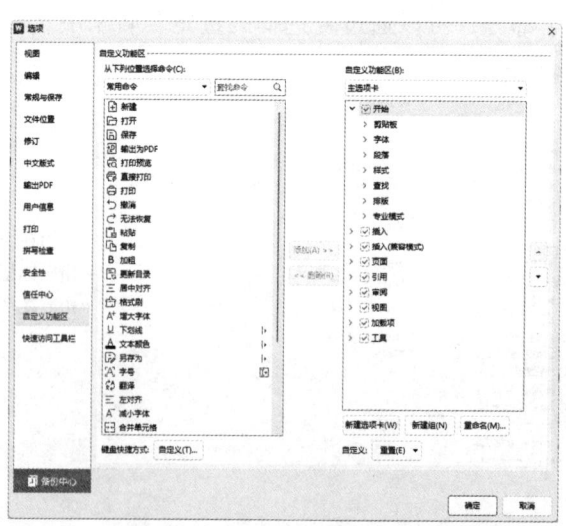

图6-6 "自定义功能区"选项卡

新建选项卡，并在新建选项卡中新建功能组和功能按钮的步骤如图6-7所示。

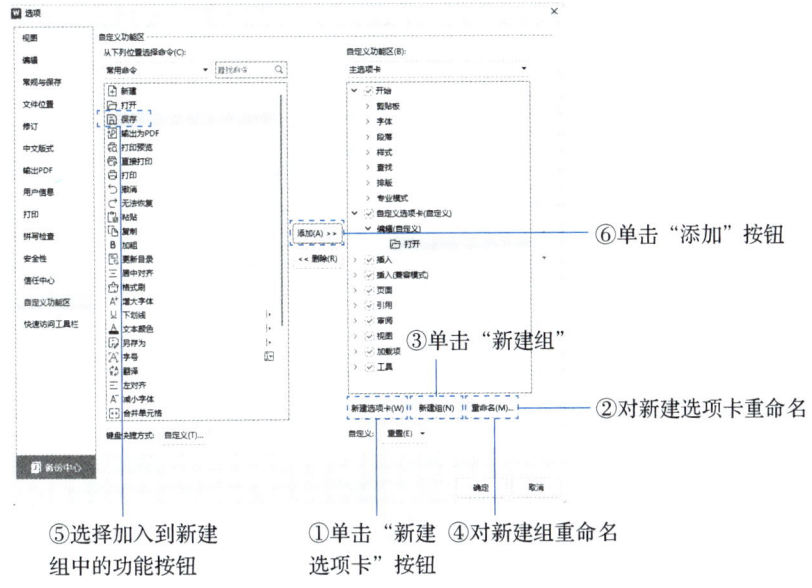

图6-7 新建选项卡、功能组和功能按钮

实训6-1 WPS文字操作环境设置

01 任务描述：

取消WPS在键入时自动应用编号列表的功能，在功能区中新建一个名为"常用功能"的选项卡，在该选项卡下新建"文件操作"和"页面设置"两个功能组。"文件操作"功能组中包括"打开""保存""打印预览"和"打印"四个功能按钮；将"纸张方向""纸张大小""页边距"三个功能按钮添加到"页面设置"功能组中，并将"字体"和"段落"两个功能组添加到新建选项卡中。

02 任务分析：

通过对WPS文字操作环境的设置，可以提高文档编辑的效率。本任务主要通过对"文件"菜单下"选项"的设置，达到取消WPS文字默认功能及新建选项卡的目的。

03 操作步骤：

（1）取消自动应用编号列表的功能

①单击"文件"，选择下拉菜单中的"选项"。

②选择"编辑"选项卡，取消"自动编号"功能区中"键入时自动应用自动编号列表（A）"复选框中的勾选，如图6-5所示。

（2）新建选项卡

①选择"选项"中的"自定义功能区"选项卡，单击"新建选项卡"按钮。

②鼠标左键选中"新建选项卡（自定义）"，单击"重命名"按钮，在弹出的对话框中输入"常用功能"，单击"确定"按钮，如图6-8所示。

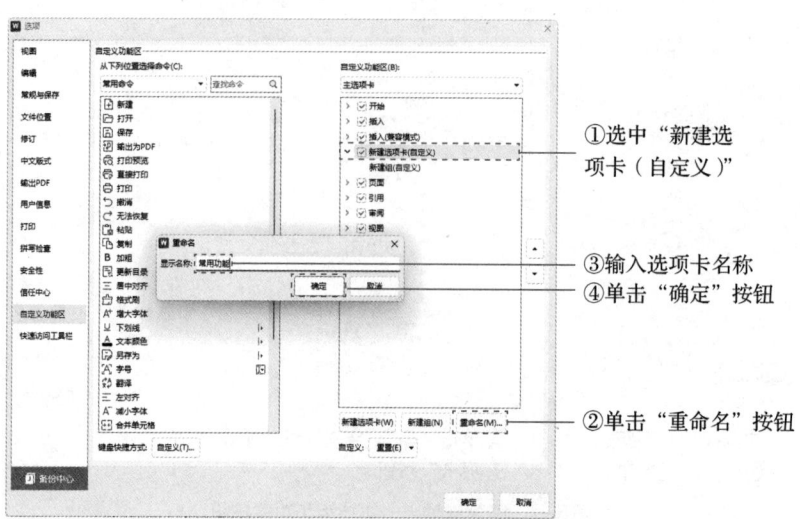

图6-8　重命名新建选项卡

③选中已经改好名字的"常用功能"选项卡下的"新建组（自定义）"，单击"重命名"按钮，在弹出的对话框中输入第一个功能组名称"文件操作"，此时单击"新建组"按钮，并按照相同的重命名操作，将第二个功能组名称命名为"格式设置"，以此类推，新建并将第三个功能组命名为"页面设置"。

④选中"文件操作（自定义）"，选择"从下列位置选择命令（C）"中的"常用命令"，选中列表框中的"打开"命令，单击"添加"按钮，将"打开"命令添加到"文件操作（自定义）"功能组中，按此方法，依次将常用命令中的"保存""打印预览"和"打印"命令添加到"文件操作（自定义）"功能组中，如图6-9所示。

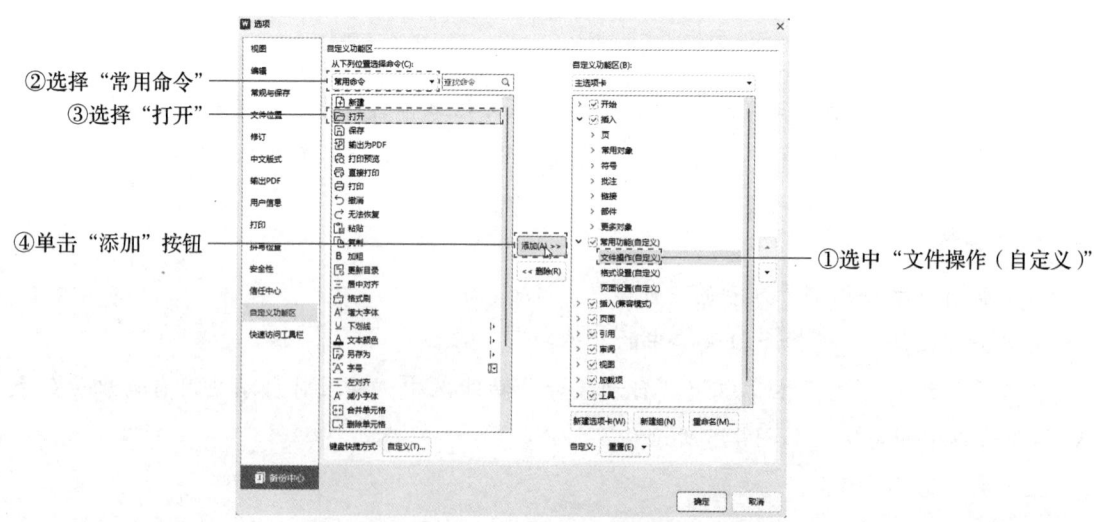

图6-9　设置"文件操作（自定义）"功能组

⑤选中"页面设置(自定义)",选择"从下列位置选择命令(C)"中的"所有命令",在搜索框中输入"纸张方向",单击"搜索"按钮,选中搜索出来的"纸张方向",单击添加,将该命令添加到"页面设置(自定义)"功能组中,按此方法,依次将"纸张大小""页边距"添加到"页面设置(自定义)"功能组中,如图6-10所示。

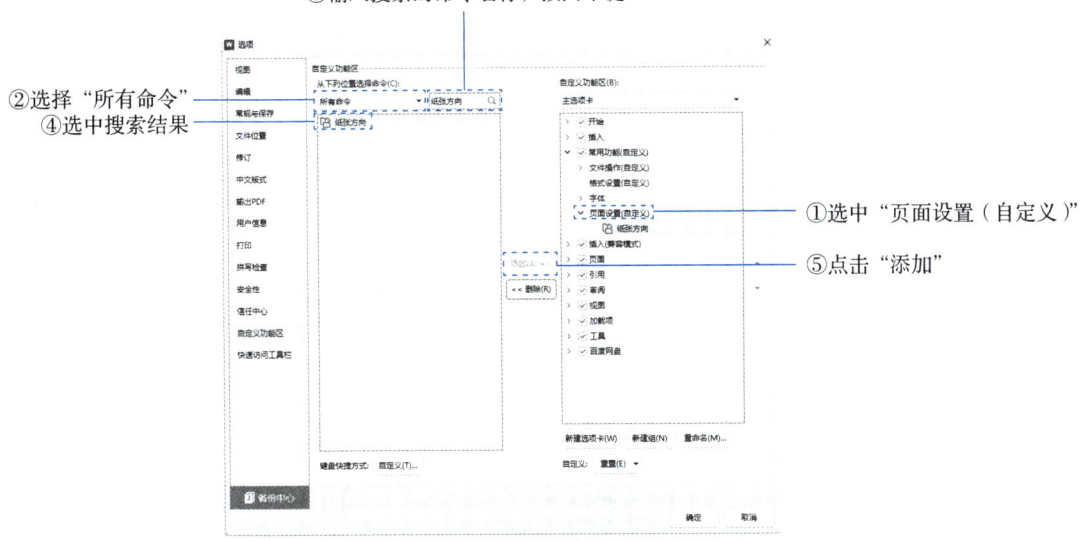

图6-10 设置"页面设置(自定义)"功能组

⑥选择"从下列位置选择命令(C)"中的"主选项卡",打开"开始"菜单,选中"字体",单击"添加",将"字体"功能组添加到"常用功能"选项卡中,按此方法,将"段落"功能组添加到"常用功能"选项卡中,如图6-11所示。

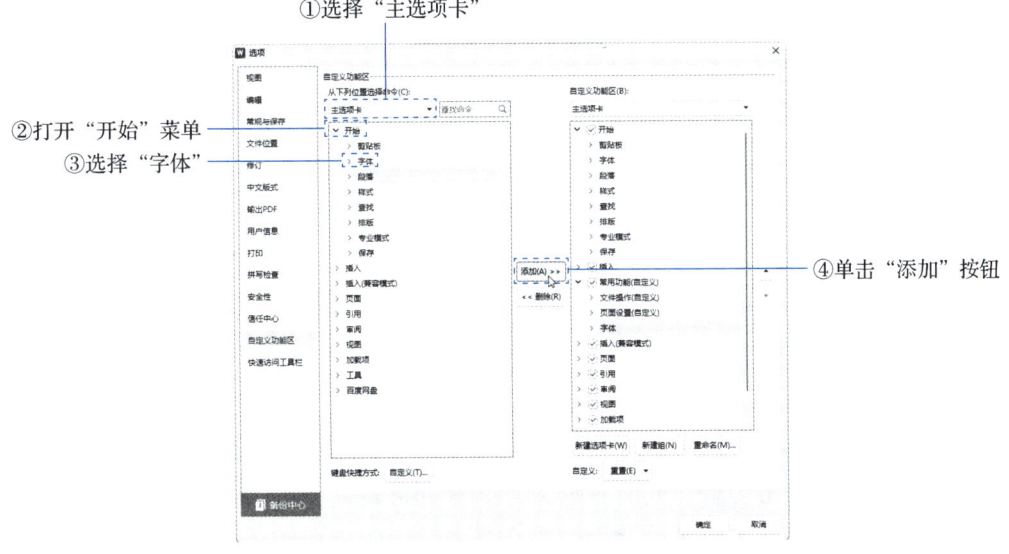

图6-11 添加"字体"功能组

6.1.2　WPS文字基本操作

1. 新建文档

WPS新建文档的方法有多种，其中最常用的，是使用"WPS文字"首页标签的"新建"按钮进行新建，新建文档将以"文字文稿1"作为默认文档名。使用"新建"按钮新建文档具体操作步骤如图6-12所示。

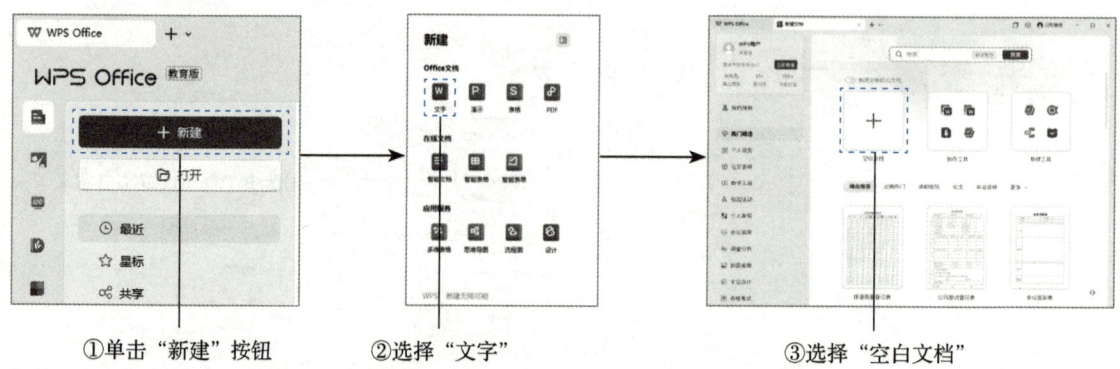

①单击"新建"按钮　　　②选择"文字"　　　③选择"空白文档"

图6-12　使用"WPS文字"首页标签"新建"按钮新建文档

在已经有文档打开的情况下，可以通过单击文档标题旁边的加号 ➕ 新建文档，也可以使用"文件"菜单下的"新建"命令新建文档，还可以使用<Ctrl+N>组合键新建文档。如果快速访问工具栏中添加了新建命令，可以通过使用快速访问工具栏中的新建命令新建文档。

除了新建空白文档，还可以通过选择某一类型模板，快速生成具有特定布局和样式的文档，节省设计和排版时间，提高工作效率。

2. 录入文字

选择一种输入法，通过键盘或手写输入设备录入文字，输入点光标会随着文字的录入不断向后移动，当录入的文字到达右页边距时，输入点光标会自动折返到下一行行首。完成一个自然段的录入后，按键盘上的回车（Enter）键，会形成一个段落。在WPS Office中，以符号"↵"代表一个段落的结束。

录入文字的过程中，如果发现录入有误，可以通过按退格（Backspace）键删除插入点前的字符，或者按删除（Delete）键删除插入点后的字符，也可以直接选中要删除的文字，按退格键或删除键直接删除。

（1）即点即输

WPS支持"即点即输"，在文档编辑区空白处任意位置双击鼠标左键，可以使输入点光标快速定位至鼠标点击位置，此时在输入点光标处可输入文字。如果不能使用即点即输功能，则需要在"文件"菜单下的"选项"命令中，启用该功能。启用或关闭即点即输功能的步骤如图6-5所示。

（2）插入公式和符号

1）插入公式。在进行某些专业文档编辑的时候，经常需要添加数学公式，这些公式无法使用键盘直接输入，这时可以使用"插入"选项卡下面的"公式"命令完成公式的输入。输入公式如图6-13所示。

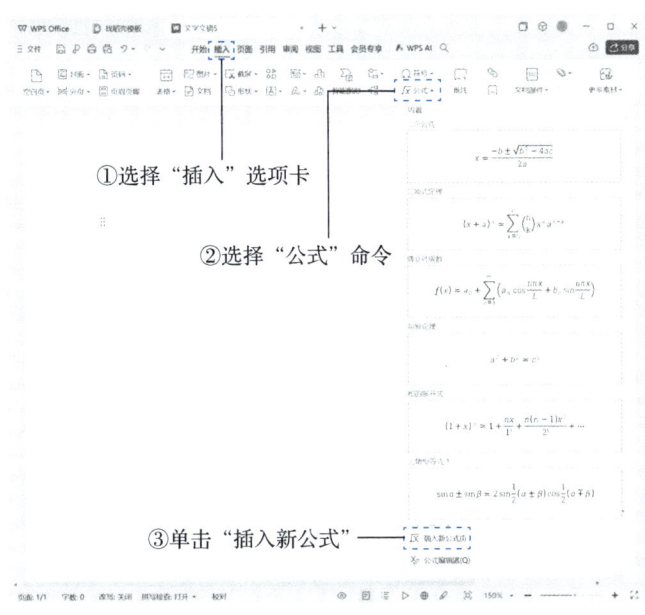

图6-13　插入公式

插入新公式以后，会出现"公式工具"选项卡，根据需要选择公式后，编辑区中会出现公式编辑框，编辑框中的虚线文本框是公式中需要输入内容的区域，通过单击鼠标在不同输入区域间切换，公式输入完成后在页面空白处单击鼠标左键，即可退出公式编辑。公式编辑框如图6-14所示。

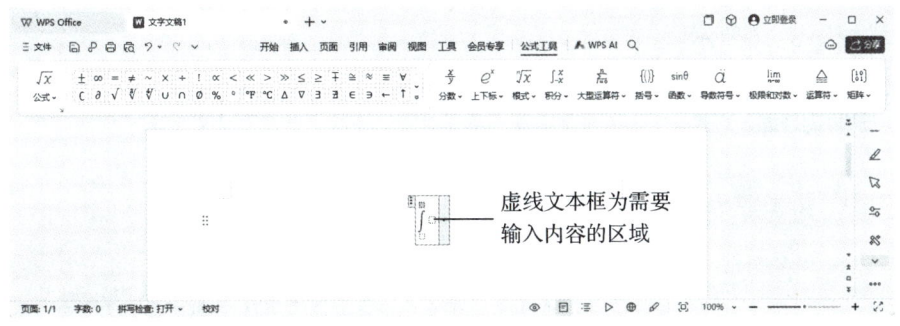

图6-14　公式编辑框

2）插入符号。输入文本的时候，可能要插入一些键盘上未提供的特殊符号，如"※""℃"等，我们可以借助不同输入法的软键盘插入这些特殊符号，WPS文字同样提供了插入符号的功能，在"插入"选项卡的"符号"命令下，WPS提供了"符号"和"颜文字"两大类特殊符号，每一大类按符号用途又分为不同的小类。通过将常用符号加入自定义符号区,可以提高插入符号的效率。插入自定义符号步骤如图6-15所示。

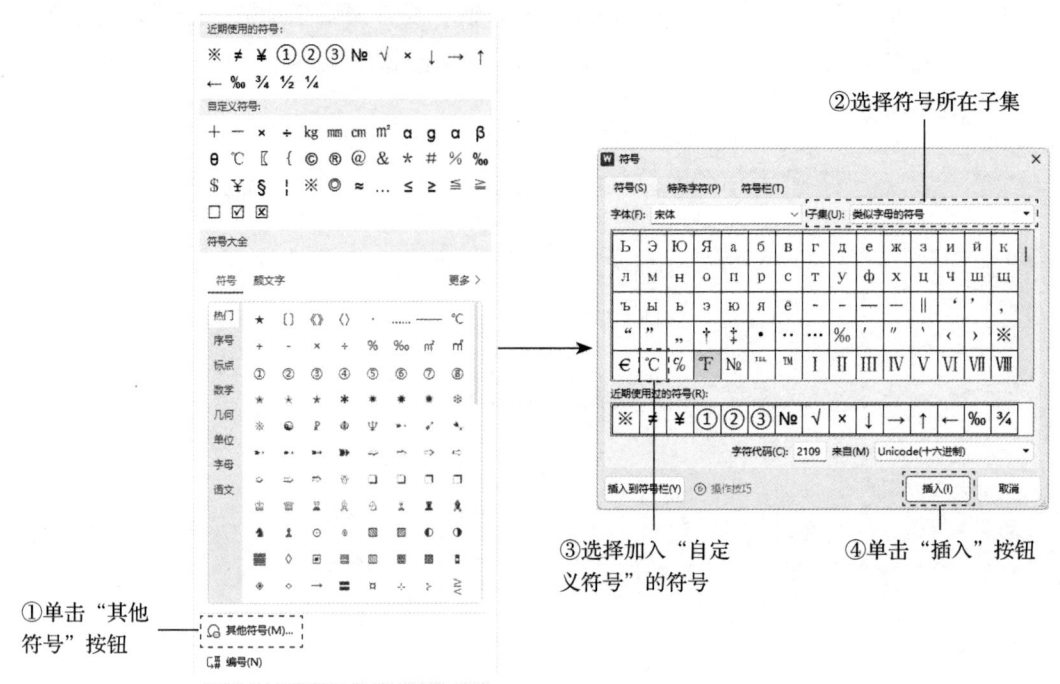

图6-15 插入自定义符号步骤

(3) 插入另一个文档

通过"插入"选项卡下"附件"命令,我们可以实现多种不同插入文档的需求。

1) 插入附件。选择"插入"选项卡下"附件"下拉菜单中"附件"命令时,选好插入的文件对象后,需要选择附件插入方式,若是作为文件附件插入,则会增加当前文档的存储空间,文件附件通过双击鼠标打开。若是作为链接附件插入,不占用当前文档空间,但需将附件上传到云空间,链接附件通过右键菜单下的"打开超链接"命令打开。不同附件的显示方式如图6-16所示。

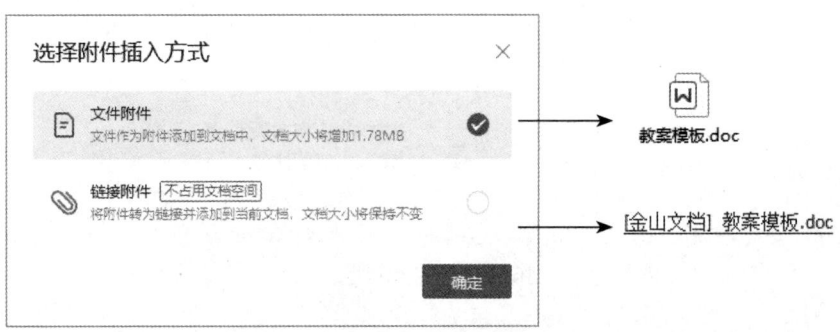

图6-16 不同附件的显示方式

2) 插入另一个文件中的文字。如果需要直接引用另外一个文档的文本,可以通过"插入"选项卡下"附件"下拉菜单中"文件中的文字"命令实现,即可以将另外一个文档的内容完全复制到当前文档中。

（4）恢复与撤销

文档编辑过程中，如出现误操作或对操作不满意的情况，可以通过单击快速访问工具栏上的撤销按钮 或使用撤销的快捷方式<Ctrl+Z>组合键，将文档恢复到之前状态。默认设置下，可以执行最多128步撤销。恢复 是与撤销相对应的一个操作，只有文档执行过撤销操作，才能使用恢复操作，恢复是将撤销的操作再次执行的一个过程。

3. 文档的保存

（1）保存新建文档

文档第一次被保存的时候，单击"保存"按钮，将弹出"另存为"对话框，在对话框中输入文件名称，选择文档类型和保存位置后，单击"保存"按钮完成文档的保存。"另存为"对话框的具体操作如图6-17所示。

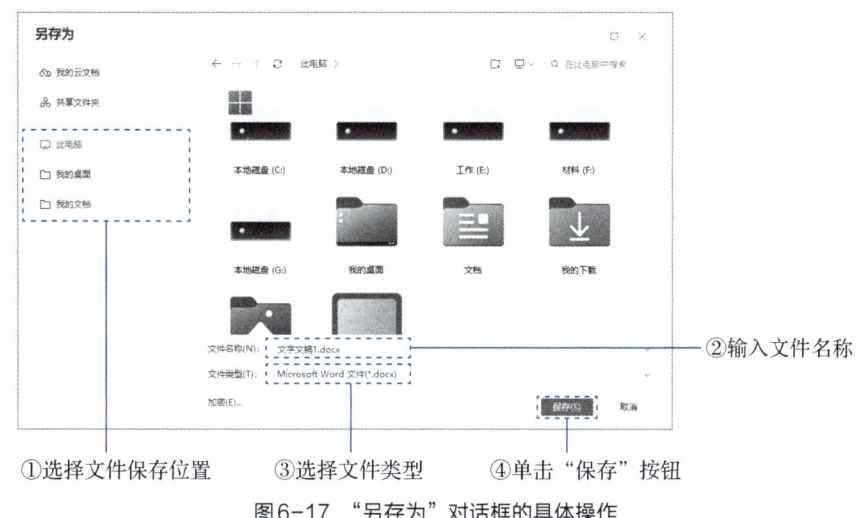

图6-17 "另存为"对话框的具体操作

（2）保存已有文档

已保存过的文档再次进行编辑修改以后，此时单击"保存"按钮，系统不会给出任何提示，文档将直接以原文件名被保存。若要保留原文件格式，将修改过的文件另行保存，则需要选择"另存为"命令。

（3）文档的保护

保存文档的时候，可以通过给文档添加打开和编辑权限密码，实现对文档的保护。可以给两种权限都设置密码，或者只设置其中一种权限密码。操作方法如图6-18所示。

4. 文档的输出和打印

WPS文档编辑完成后，除了可以保存为文本文件，还可以将文档转换为PDF、图片等，若要将文档转换为其他格式，可以单击"文件"按钮，在下拉菜单中选择相应的转换格式，按要求顺序操作即可。将文档输出为PDF文件格式的操作如图6-19所示。

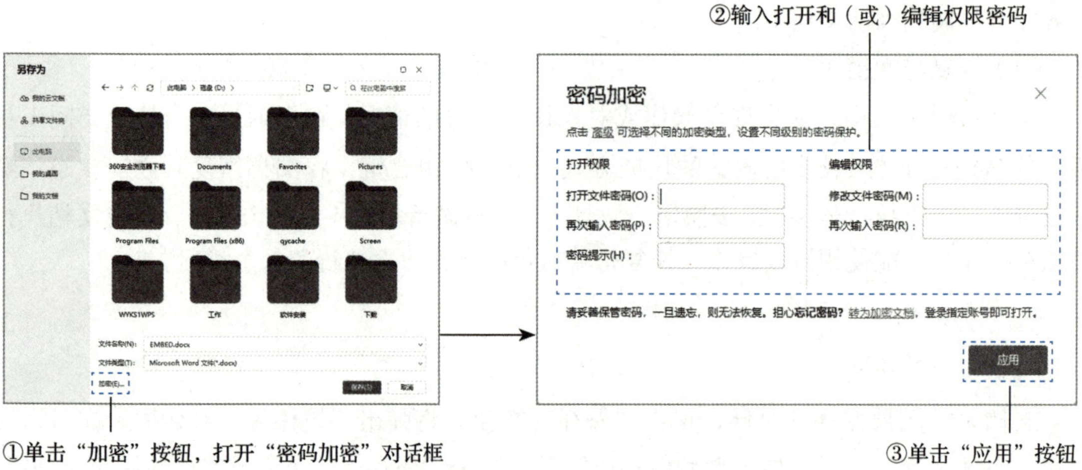

图6-18 文档保护操作方法

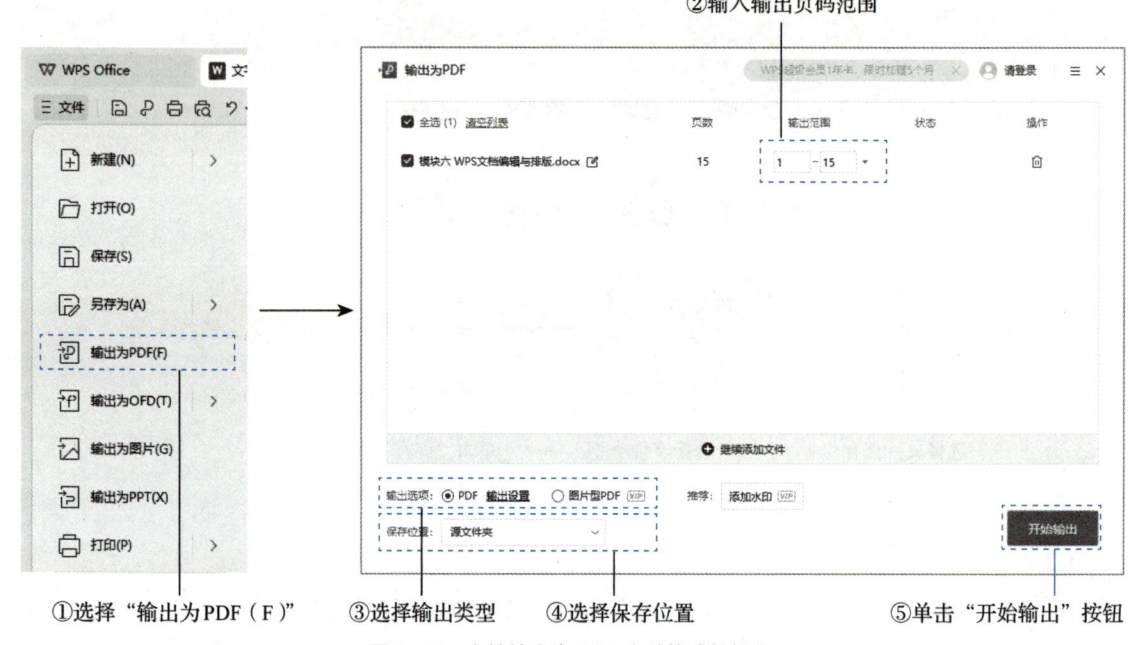

图6-19 文档输出为PDF文件格式的操作

5.文档的关闭

当前打开的文档，其名称在WPS标题栏上呈高亮显示，当文档编辑过未保存时，文档名旁是一个圆点，将鼠标光标放置到圆点上，圆点将变成关闭按钮，此时单击关闭按钮，将出现图6-20所示的提示框，若要保存更改则单击"保存"，否则单击"不保存"，单击"取消"则不关闭文档。如果文档名旁没有圆点，将

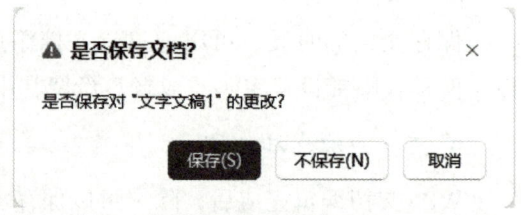

图6-20 保存文档提示框

光标放置到文档名上，将出现关闭按钮，单击关闭按钮即可关闭文档。

若单击标题栏最右端的关闭按钮，此时所有打开的文档都将被关闭，若有编辑过未保存的文档，操作同上，在提示框上完成选择后，将关闭所有文档，同时关闭WPS Office。

6. 文档属性设置

WPS Office文档属性指的是有关文件的信息，如文件标题、主题、作者、单位等。通过设置和更改文档属性，可以使文件更易于识别、管理和查找。在WPS中，通过“文件”菜单下“文档加密”的“属性”功能，可以查看和修改文档属性。修改文档属性操作如图6-21所示。

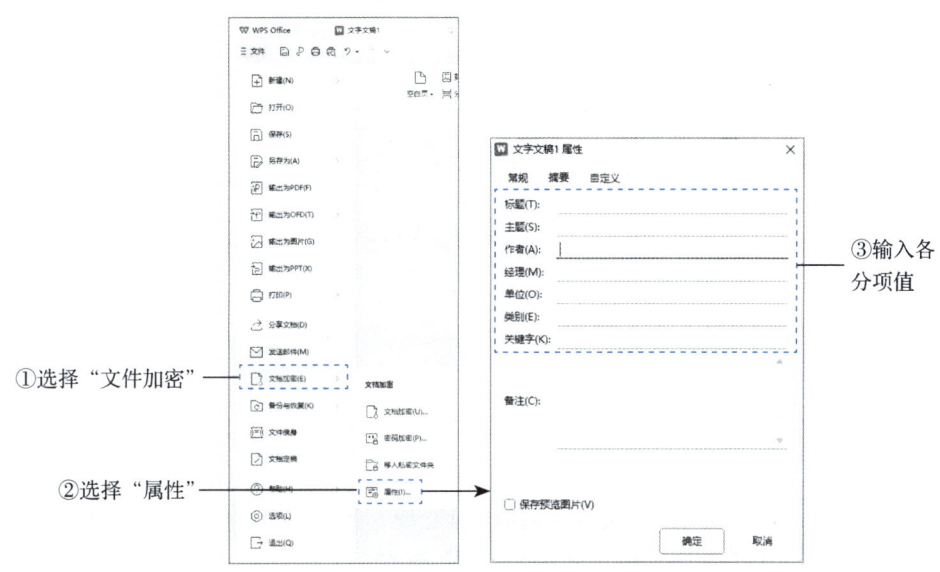

图6-21　修改文档属性操作

实训6-2　完成《通知》内容的输入和保存

01 任务描述：

打开WPS Office，新建一个空白文字文档，并在该文档中输入图6-22的内容。

输入完毕，将该文档以“培训通知”的名称，保存到D盘根目录下，并且保存的时候需要设置打开和编辑密码“yypxtz”。

关于举办继续教育项目《医疗质量管理专题》全员培训的通知
医疗质量管理是医疗管理的核心，各级医疗机构是医疗质量管理的第一责任主体，结合医院等级医院评审工作实施方案要求，全面加强医疗质量管理，持续改进医疗质量，保障医疗安全，特举办《医疗质量管理专题》的全员培训。现将有关事项通知如下：
一、培训时间：2024 年 10 月 24日 08:00-12:00
二、培训方式：现场培训
三、培训地点：三楼学告厅
四、参加培训人员：全院全体医护人员
五、学分扫描：学习结束后现场网络同步扫描考勤授分
六、学分授予：根据扫码考勤授予 0.5 分自管学分
七、培训要求
参会人员提前 10 分钟到达现场扫码签到
培训期间保持手机关闭或静音状态
培训途中无特殊情况，不得随意离场
科教科
2024 年 10 月 22日

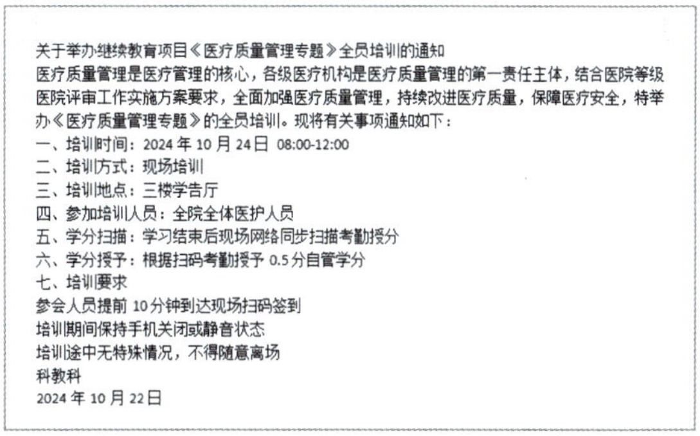

图6-22　新建文档

02 任务分析：

本实训主要考查学生对文档基本操作的掌握情况，如文档的新建、保存、保护，是

对6.1节内容的全面小结。

03 实施步骤：

①打开WPS Office，选择"新建"—>"文字"—>"空白文档"；

②按照题目要求输入文档文字内容；

③单击保存按钮，在弹出的"另存为"对话框中，在左边导航窗格中单击"此电脑"，然后双击工作区中的D盘盘符，在文件名称中输入"培训通知"；

④单击"加密"，在弹出的"密码加密"对话框中，分别输入打开权限和编辑权限的密码"yypxtz"，单击"应用"按钮；

⑤单击"保存"按钮。

6.2 文档的编辑

将文字录入文档后，需要通过对字符、段落和页面格式等的设置，对文档进行编辑排版以后，才能使之成为一篇图文并茂、格式优美的文章。本节将对WPS文字的字符格式、段落格式和页面格式的设置进行讲解。

6.2.1 字符格式设置

字符格式主要包括字体、字形、字号、颜色、文本效果等。设置字符格式的方法有两种，一种是通过"开始"选项卡"字体"功能组完成，另一种是通过"字体"对话框完成。

文档中的文字分为中文和西文。在WPS中，西文主要指的是非中文字符的文本，包括但不限于英文字母、数字、标点符号等。字体组中的字体设置，设置的是中文字体，如果需要对西文字体进行设置，需要打开"字体"对话框，通过"西文字体（X）"进行设置。

1. 设置字体、字形、字号、颜色

选中需要设置文字格式的文本，使用以下方法进行设置。

（1）使用"字体"组中的功能按钮进行字体格式设置

"字体"组按钮如图6-23所示。

"字体"列表框 宋体 用于设置文字字体，如宋体、楷体等；"字号"列表框 五号 用于设置所选文本的文字大小，对于中文来说，号数越大字越小，对于中文下面的数字来说，数字越大字越大。A⁺和A⁻用于增加或者减小字号；按钮 B I U A 用于设置所选文本的加粗、倾斜、下划线、删除线效果；"颜色"按钮 A 用于设置文本颜色。

（2）使用"字体"对话框进行设置

使用鼠标单击"字体"组右下角的 ↘ 按钮，就会弹出"字体"对话框。"字体"对话框分为字体和字符间距两个选项卡。使用"字体"对话框进行文字格式设置时，可以通过预览框查看设置效果，满意以后单击"确定"按钮完成设置。"字体"对话框如图6-24所示。

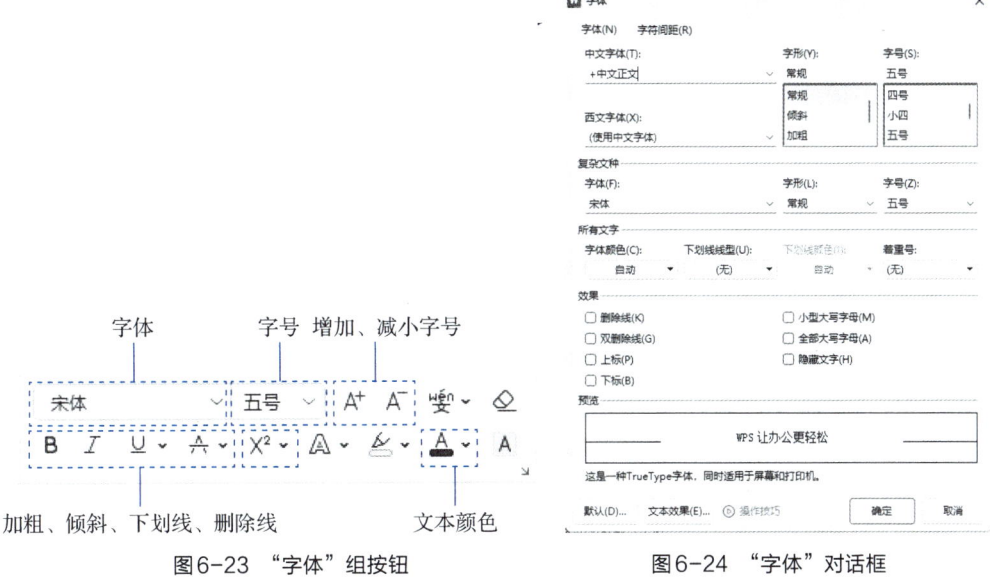

图6-23 "字体"组按钮　　　　图6-24 "字体"对话框

2. 设置字符间距

字符间距是指字符之间的水平距离，适当的字符间距可以使文字看起来更加清晰。通过调整字符间距（标准、加宽、紧缩），避免文字过于紧密或稀疏，使得文档在视觉上更加平衡。可以通过对选中的文字进行缩放、调整间距、调整位置等方式来设置合适的字符间距，调整值的单位可以根据不同的应用场景或使用习惯进行选择。字符间距选项卡及调整文字字符间距的效果如图6-25所示。

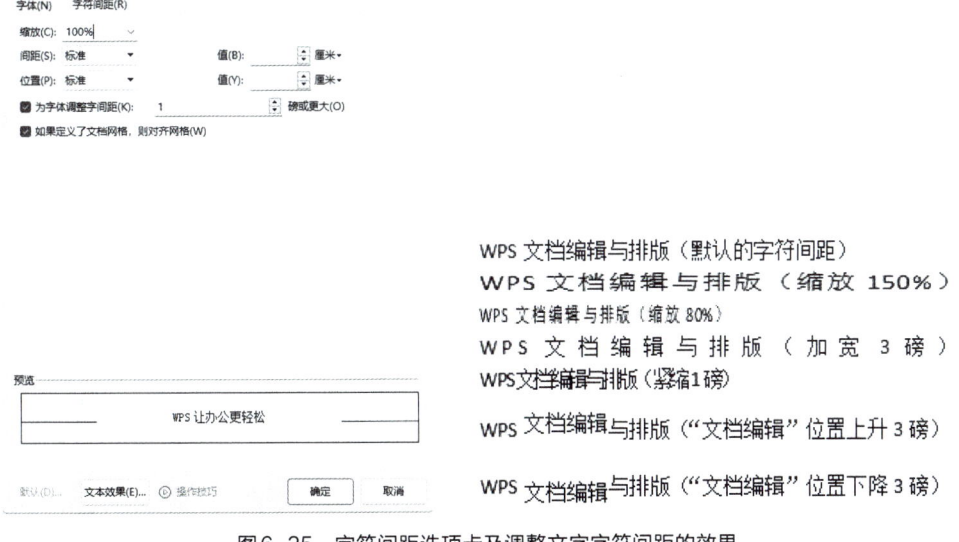

图6-25　字符间距选项卡及调整文字字符间距的效果

3. 设置文本（文字）效果

文本效果是一种可以让文字更加美观和有表现力的功能。WPS的文本效果通常是对文本进行的一些视觉效果的调整。文本效果的设置在"字体"对话框中，包含了"填充与轮廓""效果"两个选项卡，"填充与轮廓"选项卡下有"文本填充"和"文本轮廓"两个选项，"效果"选项卡下可以设置文字的阴影、倒影、发光、三维格式等，"设置文本效果格式"对话框如图6-26所示。

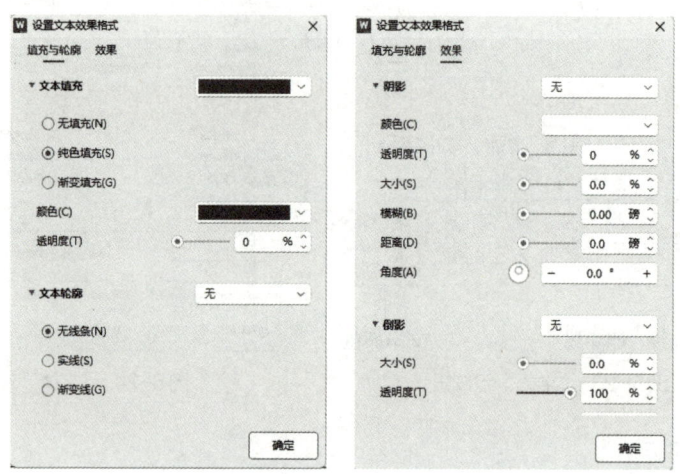

图6-26 "设置文本效果格式"对话框

在设置文本效果的时候需要注意，"字体"功能区中有一个名为"文字效果"的按钮 $A\vee$ ，这个按钮下的功能绝大部分与文本效果是重叠的，只有第一个选项"艺术字"的功能是"设置文本效果格式"对话框里没有的，"艺术字"可以让选中的文字呈现出一些特殊字体。"艺术字"效果选项如图6-27所示。

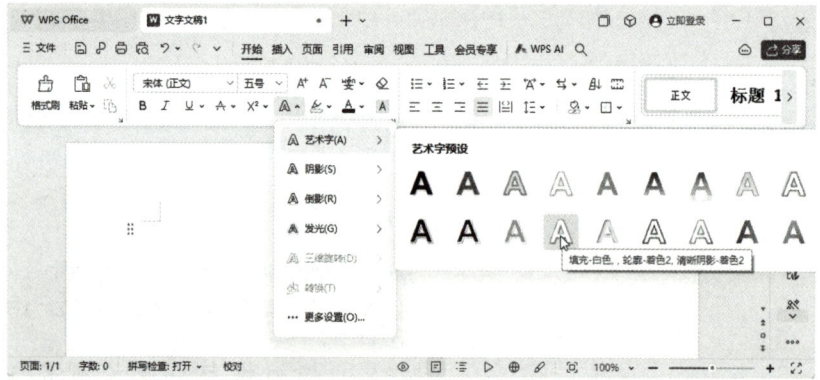

图6-27 "艺术字"效果选项

4. 文字的隐藏和显示

通过隐藏文字，可以实现在不显示某些文本的情况下打印文档，或者在文档中包含一些特定的笔记。隐藏文字功能位于"字体"对话框的"效果"组中，选中需要隐藏的文字后，打开"字体"对话框，将 □隐藏文字(H) 复选框选中，即可实现文字的隐藏，被隐藏的文字不会占用显示空间。

若要查看隐藏文字，需要通过"文件"菜单打开"选项"命令，在"选项"命令的"视图"选项卡"格式标记"组中，找到"隐藏文字"，将其前面的复选框选中，则可以在文档中显示被隐藏的文字。被隐藏的文字在文档中显示时，文字下方会出现一条虚线，表示文字的隐藏属性。被隐藏的文字显示出来后，选中被隐藏的文字，通过取消"隐藏文字"前复选框的选定，可取消其隐藏属性。

5. 添加文字边框和底纹

通过给文字添加边框和底纹，可以使文字更加醒目，提高文本的可读性和视觉吸引力，也能够增加文本的层次感和立体感。一般在"边框和底纹"对话框中设置文字的边框和底纹，有两种方法可以打开该对话框。

方法一：单击"开始"选项卡下"段落"功能组中的"边框"下拉菜单 ▢ ⋎ ，选择"边框和底纹"命令，弹出"边框和底纹"对话框。

方法二：单击"页面"选项卡下"页面边框"按钮，弹出"边框和底纹"对话框。

进入"边框和底纹"对话框的时候，首先出现的是"页面边框"选项卡，页面边框是对整个页面或某节内容设置的边框，需要定位到第一个"边框"选项卡才能进行文字边框和底纹的设置。

设置文字边框和底纹步骤如图 6-28 和图 6-29 所示。

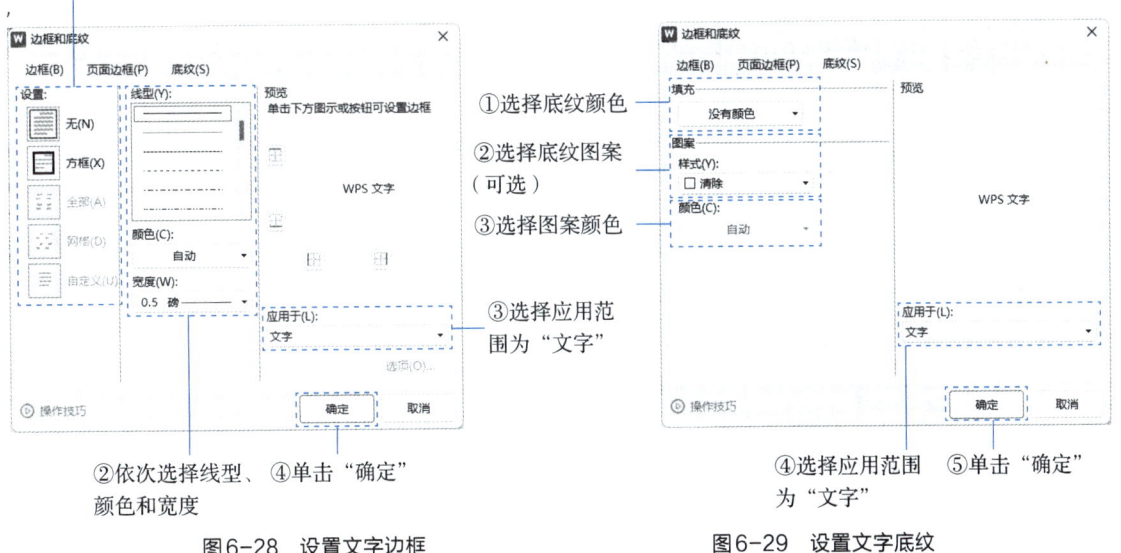

图 6-28　设置文字边框　　　　图 6-29　设置文字底纹

6. 查找和替换

WPS 的查找和替换功能可以快速定位和修改文档中特定的内容，查找和替换不仅针对特定的文本，还可以针对特定的格式或特殊符号。

1）查找文本。通过"开始"选项卡下的"查找替换"按钮或 <Ctrl+F> 组合键，可以打开"查找和替换"对话框。在"查找"选项卡"查找内容（N）"后的文本框中输入查找文字以后，通过单击"突出显示查找内容"或者"在以下范围中查找"，可以将所有查找结果在文档中高亮显示出来。"查找"选项卡及查找结果的显示如图6-30～图6-32所示。

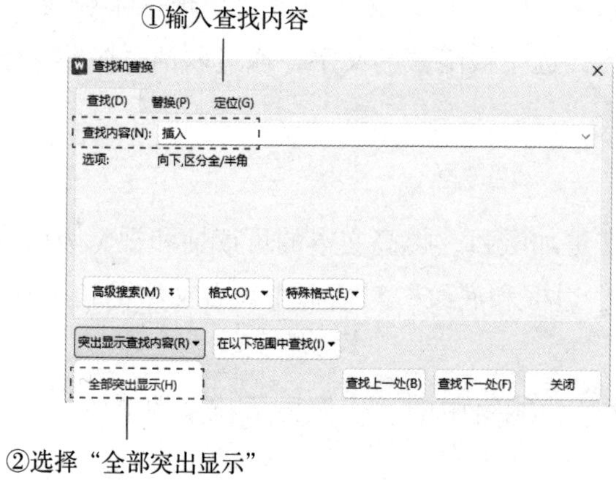

图6-30 "查找"选项卡

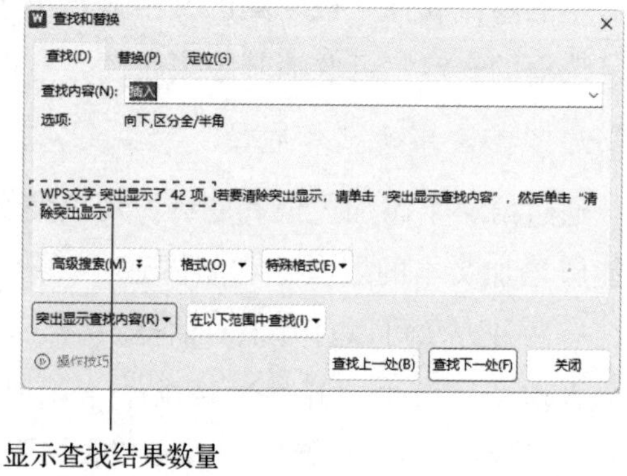

图6-31 查找结果显示

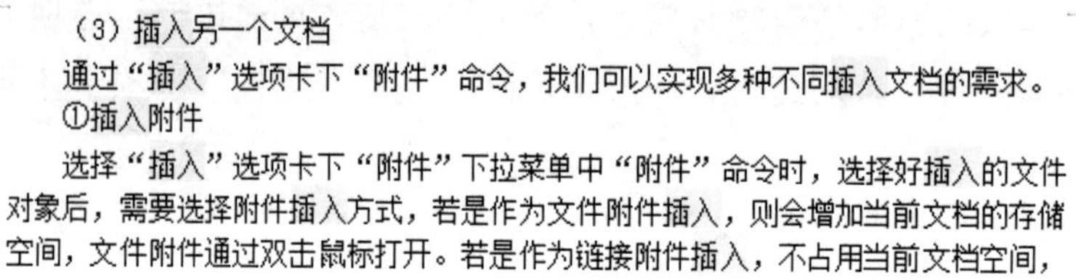

（3）插入另一个文档
通过"插入"选项卡下"附件"命令，我们可以实现多种不同插入文档的需求。
①插入附件
选择"插入"选项卡下"附件"下拉菜单中"附件"命令时，选择好插入的文件对象后，需要选择附件插入方式，若是作为文件附件插入，则会增加当前文档的存储空间，文件附件通过双击鼠标打开。若是作为链接附件插入，不占用当前文档空间，

图6-32 查找结果高亮显示

2）替换文本。使用<Ctrl+H>组合键可以打开"替换"选项卡。替换可以快速地将文档中的特定内容更新为新的内容，可以替换文本，也可以进行特殊格式的替换，如可以将手动换行符替换为段落标记。借助通配符的使用，替换可以快速处理相似但不完全相同的文本。"替换"选项卡如图6-33所示。

通过给"替换为"后面的文字添加格式，可以将查找内容的文字替换为带有一定格式的文字；通过选择特殊格式下拉菜单中的符号，可以进行特殊符号的替换。"替换"选项卡中的特殊格式下拉菜单如图6-34所示。

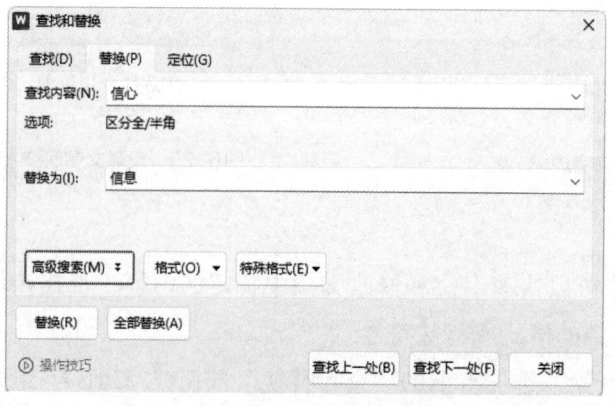

图6-33 "替换"选项卡 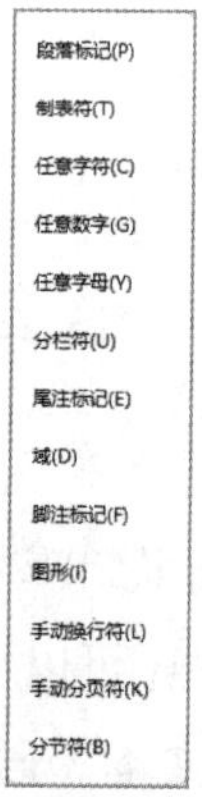　　　　图6-34 特殊格式

7. 格式刷的使用

格式刷位于"开始"选项卡下，是格式复制的一种常用工具，它可以复制选取对象或文本的格式，并将其应用到选中的对象或文本中。格式刷既可以复制文字格式，也可以复制段落格式，通过使用格式刷，可以有效提高文档的编辑效率。

格式刷有单击和双击两种使用方式。单击可以将选中的格式复制一次，双击则可以将选中的格式复制多次，一直到按下 <Esc> 键结束格式复制。

> **知识扩展6-2**
>
> • 使用"开始"选项卡下的排版功能
>
> 使用 WPS 文字编辑文档的过程中，由于误操作会产生一些多余的空格或者多余的空段落，这个时候可以使用"开始"选项卡下"排版"功能组中"排版"下拉菜单中的删除工具，批量删除这些多余的空格或者空段落。使用"删除"菜单后面的"更多删除工具"，还可以批量删除文档中的某一类特殊格式，如"加粗""下划线"等。

6.2.2 段落格式设置

段落格式设置主要设置段落的缩进、段间距、行间距、项目符号和编号等。可以通过"开始"选项卡下"段落"功能组中相应的功能按钮进行段落格式设置，也可以通过"段落"对话框进行设置。"段落"功能组如图6-35所示。

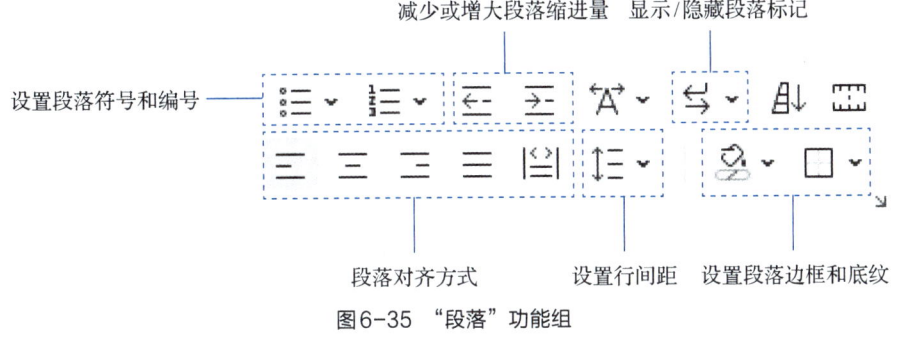

图6-35 "段落"功能组

1. 设置段落缩进和间距

在中文排版中，一般都要求进行段落缩进。通过设置段落缩进，清晰划分文章的结构和层次，使文档看起来更加美观、整洁。段落缩进包括了首行缩进、悬挂缩进、文本之前缩进及文本之后缩进。

文本前后的缩进距离是指段落与页面左右边距之间的距离。默认情况下，页面左边距与段落左边界重合，页面右边距与段落右边界重合。

段落间距的设置一般包括段前、段后间距及行间距，在文本框中输入间距值以后，可以自行选择文本框后面的间距单位，如图6-36所示。

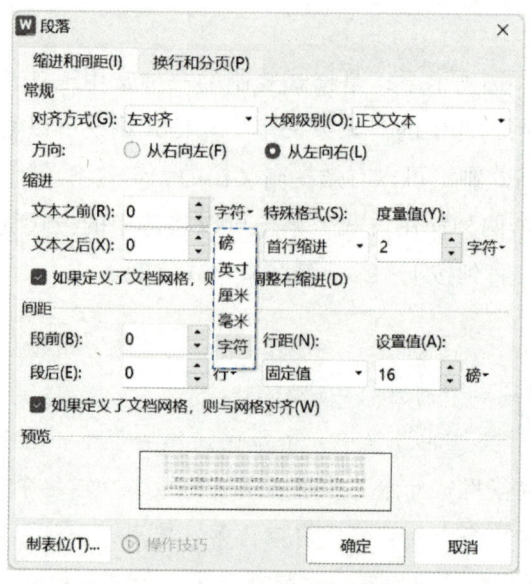

图6-36 "段落"对话框

2. 设置段落对齐方式

段落的对齐方式包括"左对齐""居中对齐""右对齐""两端对齐"和"分散对齐"五种方式。选中段落后,有三种设置段落对齐的方式:

方法一:单击"段落"功能组中对应的对齐方式按钮。

方法二:打开"段落"对话框,在"常规"组的"对齐方式"下拉菜单中,选择相应的对齐方式。

方法三:用组合键设置。设置段落对齐的组合键见表6-1。

表6-1 设置段落对齐的组合键

组合键	作用说明
Ctrl + L	使选定的段落左对齐
Ctrl + E	使选定的段落居中对齐
Ctrl + R	使选定的段落右对齐
Ctrl + J	使选定的段落两端对齐
Ctrl + Shift + J	使选定的段落分散对齐

3. 设置段落边框和底纹

设置段落边框和底纹是一种常见的文档美化手段,可以通过添加边框和底纹来突出显示特定的段落或文字,使其在页面上更加醒目。这种设置不仅可以增加文档的视觉吸引力,还能帮助读者更好地理解和区分不同的段落,提高阅读体验。

设置段落边框和底纹的方法与设置文字边框和底纹的方法相同,只是需要将图6-28中的"应用于"选择为"段落"。

4. 设置项目符号和编号

为段落设置项目符号和编号，可以提高文档的可读性，并使文档内容更加清晰和富有逻辑性。

项目符号是各种形式的符号，当罗列内容不必区分先后顺序的时候，一般使用项目符号。如果罗列的内容具有顺序和逻辑的关系，就需要使用项目编号。项目编号一般是数字型或者文字型的，项目编号分为单级编号和多级编号。在设置项目符号或项目编号之前，一般要先选定要添加项目符号或编号的段落，再选择"开始"选项卡"段落"功能组中的项目符号或编号下拉菜单中的列表符号或编号。项目符号和项目编号下拉菜单如图6-37所示。

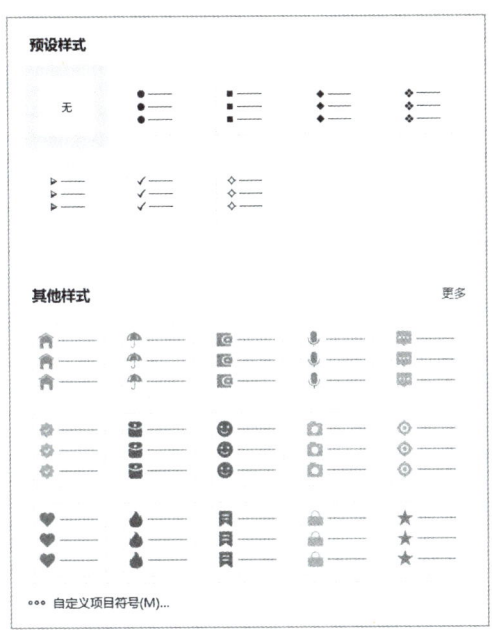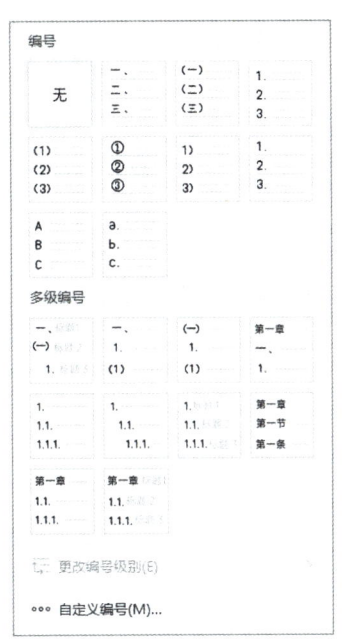

图6-37　项目符号和项目编号下拉菜单

在设置了项目符号或编号的段落后新增段落，新增段落会延续上一段落的项目符号或编号格式，若不需要继续使用项目符号或编号，可以直接删除新增段落前面的符号或编号，并重新设置新增段落格式。

> **知识扩展6-3**
>
> ·双行合一
>
> 在有些文章的标题中，有时候会遇到在一行文字中需要拼接两行文字的情况，如"学院护理医学技术系关于技能大赛的通知"。通过段落功能组中"中文版式" A↓ 下拉菜单中的"双行合一"命令可实现此效果。选择"双行合一"命令后，将两行文字输入文本框中，在需要分行的位置按<Enter>键，即可看到双行合一的效果。若两行文字长度不一致，可在文字少的行尾或字间添加空格进行调整。

- 调整宽度

在文档编辑过程中，为了文档美观，会遇到需要将字数不一致的上下两行左右对齐的情况，如"记录人 _____"。通过段落功能组中"中文版式"下拉菜单中"调整宽度"命令可以达到这一效果。选中需要调整宽度的文字，如前图"记录人"，选择"调整宽度"命令后，在"新文字宽度"中输入"4"，即可将上下两行文字宽度调整一致。

实训6-3　完成《通知》的制作

01　任务描述：

为了让文档更加美观、符合实际需求，需要对实训6-1中建立的文档进行字体和段落格式设置，使文档最终呈现图6-38的效果。

> **关于举办继续教育项目《医疗质量管理专题》**
> **全员培训的通知**
>
> 　　医疗质量管理是医疗管理的核心，各级医疗机构是医疗质量管理的第一责任主体，结合医院等级医院评审工作实施方案要求，全面加强医疗质量管理，持续改进医疗质量，保障医疗安全，特举办《医疗质量管理专题》的全员培训。现将有关事项通知如下：
> 　　一、培训时间：2024 年 10 月 24 日 08:00-12:00
> 　　二、培训方式：现场培训
> 　　三、培训地点：三楼学告厅
> 　　四、参加培训人员：全院全体医护人员
> 　　五、学分扫描：学习结束后**现场**网络同步扫描**考勤授分**
> 　　六、学分授予：根据扫码考勤授予 **0.5** 分自管学分
> 　　七、培训要求：
> 　　➢参会人员提前 10 分钟到达现场扫码签到
> 　　➢培训期间保持手机关闭或静音状态
> 　　➢培训途中无特殊情况，不得随意离场
>
> 　　　　　　　　　　　　　　　　　科教科
> 　　　　　　　　　　　　　　2024 年 10 月 22 日

图6-38　《通知》效果

02　任务分析：

通过设置字体、字号，并且对标题的字间距进行设置，可以实现。

03　实施步骤：

（1）字体格式设置

1）选中标题文字"关于……的通知"，单击打开"字体"对话框，在"中文字体"下拉列表中选择"方正小标宋简体"，在"字号"列表框中选择"二号"。

2）选中"关于……专题》"这部分文字，选择"字符间距"选项卡，选择"间距"下

拉菜单中的"紧缩",输入值为"0.03",单位选"厘米"。

3）选中正文部分内容"医疗质量管理……2024年10月22日",在"字体"功能组"字体"下拉列表中选择"仿宋",在"字号"下拉列表中选择"三号"。

4）选中"现场""考勤扣分"及"0.5分",单击字体功能区加粗按钮。

（2）段落格式设置

1）选中整个标题文字,打开"段落"对话框,设置"间距"的"段后"为"1行",行距为"固定值25磅"。

2）选中正文部分文字,打开"段落"对话框,"特殊格式"选择"首行缩进",值为"2字符",行距设置为"固定值25磅"。

3）选中"培训要求"下面三行文字,在"项目符号"下拉列表中选择箭头项目符号。

4）将光标放在"不得随意离场"后,打开"段落"对话框,将"间距"的"段后"设置为"3行"。

5）选择"科教科"及下面的日期行,单击"段落"功能组中"右对齐"按钮,然后通过退格键及<Tab>键调整"科教科"位置,使其位于日期上方中间位置。

（3）保存文件

单击"保存"按钮,保存文件。

6.2.3 页面格式设置

文档的页面格式设置主要在"页面"选项卡下进行,默认情况下,该选项卡包含"页面设置""效果""结构"和"页眉页脚"四个功能组。

1. 页面设置

页面设置功能组如图6-39所示。

图6-39 页面设置功能组

在"页面设置"功能组可以设置页边距、纸张方向、纸张大小,设置段落分栏和段落文字方向等,页边距是指页面的边线到文字的距离,WPS的默认纸张大小为A4,默认页边距为上下2.54厘米,左右3.18厘米。

通过单击功能组右下角的对话框启动器按钮,可以打开"页面设置"对话框,在"页面设置"对话框中,可以对页面进行更多详细的设置,如图6-40所示。

可以看到,"页面设置"对话框中包含"页边距""纸张""版式""文档网格"和"分栏"五个选项卡。"页边距"选项卡除了可以设置页边距和纸张方向外,还可以设置文档装订线的方向和位置。

"版式"选项卡中，可以设置页眉页脚的部分属性，如图6-41所示。

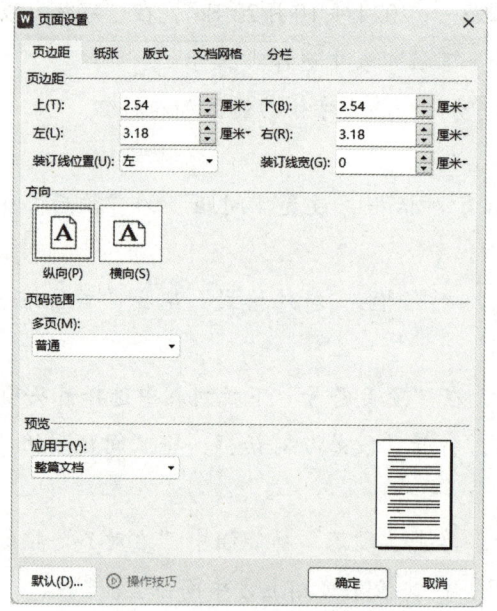

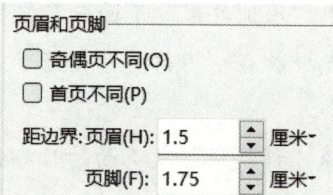

图6-40 "页面设置"对话框　　图6-41 "版式"选项卡页眉页脚组功能

在"文档网格"选项卡中，可以设置文字方向，设置每一页中的行数和每行的字符数。"分栏"选项卡用于设置所选定段落的分栏数，添加栏间分隔线，设置每一栏的宽度和栏间距。

2. 效果

"效果"功能组如图6-42所示。

图6-42 "效果"功能组

（1）"套模板"

"套模板"提供了丰富的文档模板，比如信纸、稿纸、中国风模板等，通过套用模板，并直接在模板基础上添加或修改内容，可以节省大量编辑格式的时间。

（2）封面

在制作论文、产品说明书、简历、工作报告等文档时，可能需要为文档添加封面。封面可以作为文档的第一印象，提升文档的专业性和视觉效果。单击"封面"按钮以后，可以看到WPS提供了多种类型的封面，根据需要选择其中一种，单击封面左下角的"立即使用"，所选封面就会插入文档的首页，在插入的封面上根据实际需求进行修改即可。封面下拉菜单如图6-43所示。

（3）背景

在WPS中，可以添加多种类型的页面背景，如纯色背景、渐变色背景、图片背景、图案背景等，可以根据需求选择合适的类型。页面背景下拉菜单如图6-44所示。

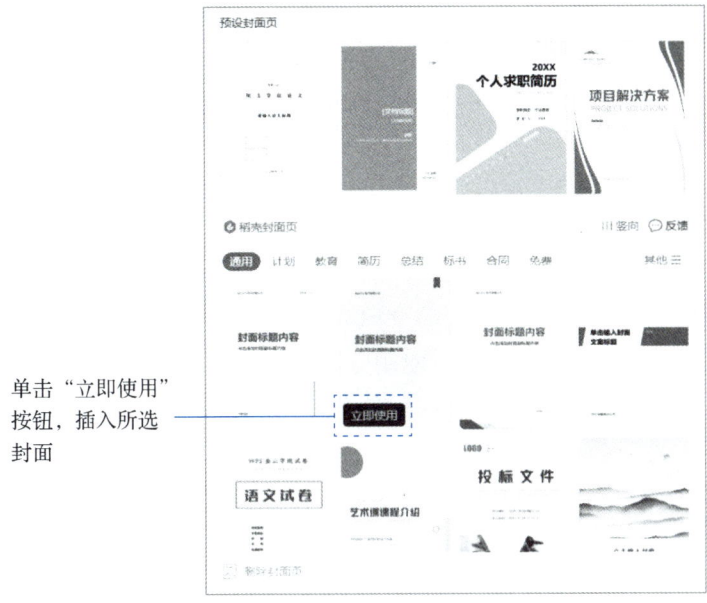

单击"立即使用"按钮，插入所选封面

图6-43 "封面"下拉菜单　　　　图6-44 页面背景下拉菜单

（4）水印

水印是一种可视的标记，嵌入在文档中用以标识来源、版权声明或防伪，添加水印可以有效地防止文件被非法复制或篡改。水印分为图片水印和文字水印两种，可以使用预设水印为文档快速添加水印，也可以自定义水印，在"水印"对话框中，按照提示完成水印的添加。"水印"对话框如图6-45所示。

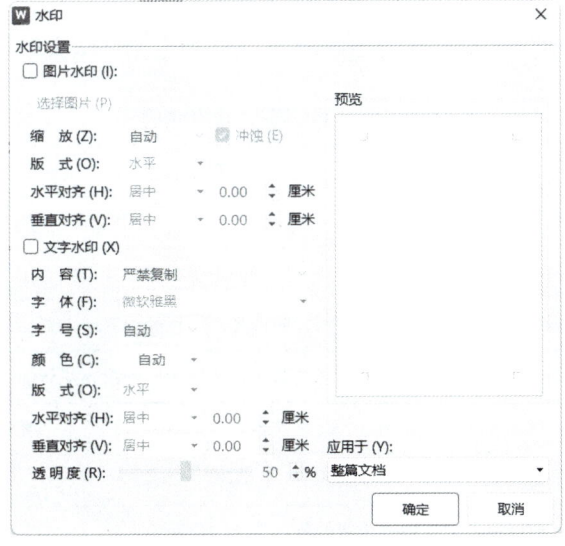

图6-45 "水印"对话框

> **知识扩展6-4**
>
> • 使用主题
>
> "页面"选项卡下"效果"功能区中的"主题"用于更改整个文档的总体设计，包括颜色、字体和效果。使用主题可以快速完成一篇文档的字体、颜色、格式等的设置，使文档更加美观。

3. 结构

"结构"功能组如图6-46所示。

单击"空白页"下拉菜单，出现"竖向"和"横向"两个选项，选择其中任意一个选项，可以在当前页面前插入一个"竖向"或"横向"的空白页面。

"目录页"的使用与"引用"选项卡下的"目录"使用方法一致。

单击"分隔符"下拉菜单，如图6-47所示，可以在当前输入点插入某一个类型的分隔符。不同分隔符的作用说明见表6-2。

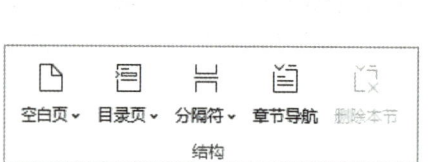

图6-46 "结构"功能组

图6-47 "分隔符"下拉菜单

表6-2 不同分隔符的作用说明

分隔符名称	作用说明
分页符	在光标所在页面之后插入新的一页，使得光标之后的内容从新的一页开始
分栏符	将文档内容划分为多栏，使得在同一页面上并排显示多栏内容
换行符	在光标所在位置插入手动换行符，使得光标之后的内容转入新一行
下一页分节符	在文档中插入一个新的节，使得光标所在位置之后的内容从新的一页开始
连续分节符	在光标后面插入一个新的节，后续内容跳转到新一行，但不会跳转到新的一页
偶数页分节符	在文档的偶数页上开始一个新的节
奇数页分节符	在文档的奇数页上开始一个新的节

4. 页眉页脚

页眉页脚是文档中每个页面页边距的顶部和底部区域。在页眉和页脚中可以插入文本、图形等元素，页眉一般包括文档标题、章节标题及名称、标志等，页脚通常包括页码、日期、作者信息或文档脚注等。单击"页面"选项卡下"页眉页脚"按钮以后，会出现"页眉页脚"选项卡，如图6-48所示。

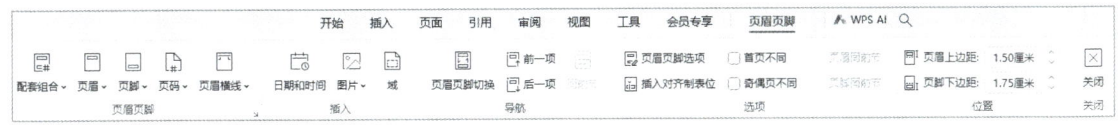

图6-48 "页眉页脚"选项卡

在页眉页脚中添加的内容，其格式的设置方法与一般文本相同。页眉添加完毕，通过单击"导航"功能区中的"页眉页脚切换"按钮，可以跳转到页脚，进入页脚的设置。页眉页脚添加完毕后，单击"页眉页脚"选项卡最右侧"关闭"按钮，可退出页眉页脚的编辑。

6.3 表格的编辑

6.3.1 创建表格

创建表格常用的方法有以下四种：

方法一：使用"插入表格"图形框创建表格。

将插入点定位在要插入表格的位置，单击"插入"选项卡下"表格"按钮，在弹出的下拉菜单中使用鼠标拖动虚拟表格，选择需要的行数和列数，单击选定区域最右下角的虚拟表格，即可完成表格的创建。使用这种方式，最大能创建8行24列的表格。使用"插入表格"图形框创建表格如图6-49所示。

方法二：使用"插入表格"命令创建表格。

使用"插入表格"命令插入表格，可以自行输入所需表格的行数及列数，但输入的列数最多不能超过63列。"插入表格"对话框如图6-50所示。

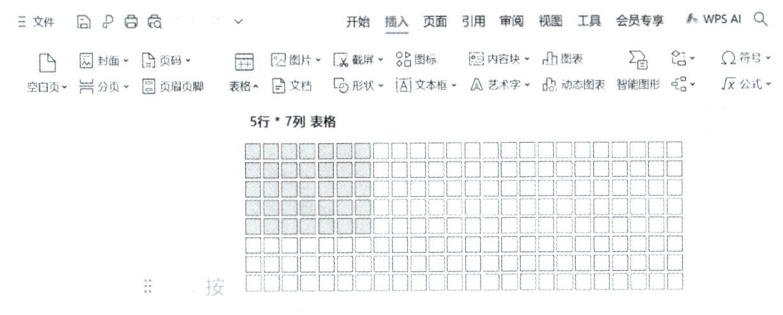

图6-49 使用"插入表格"图形框创建表格

图6-50 "插入表格"对话框

方法三：绘制表格。

选择"绘制表格"命令，按住鼠标左键向右下方向拖动，随着光标的拖动，会自动绘制出一张表格，表格的行数和列数显示在光标旁，当表格大小达到要求后，松开鼠标左键即可完成表格的绘制。此时光标仍然是画笔的形状，需要单击键盘上的<Esc>键退出绘制表格的操作。绘制表格操作如图6-51所示。

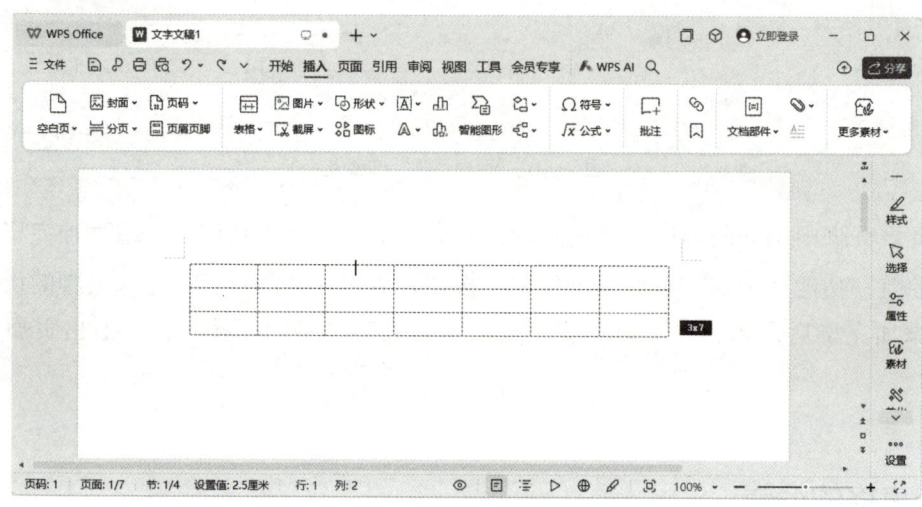

图6-51　绘制表格

方法四：文本转换为表格。

文本转换成表格的基本条件是文本需要具备一定的结构，并且同一行文本之间使用相同的分隔符进行分隔。文本转换成表格的步骤如图6-52所示。

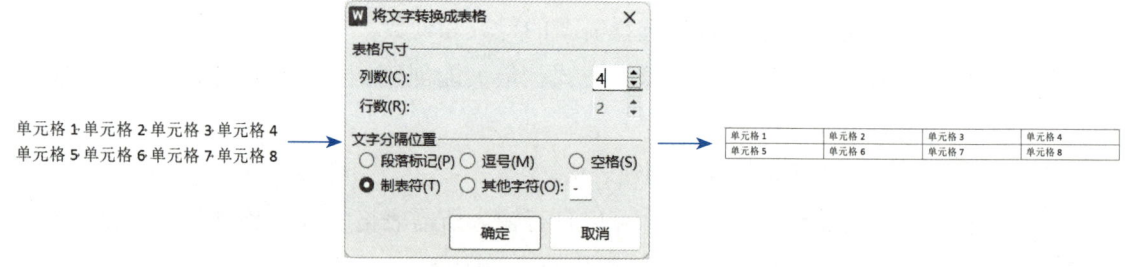

图6-52　文本转换成表格

6.3.2　编辑表格

1. 录入表格内容

表格的单元格内可以录入任意文字或图形元素，可以通过单击鼠标左键直接选择要录入内容的单元格，一个单元格内容录入完毕，可以通过鼠标左键或使用键盘上相关按键实现插入点光标的移动来选择下一个要录入内容的单元格。使用键盘按键移动插入点光标的方法见表6-3。

表6-3　使用键盘按键移动插入点光标的方法

键盘按键	作用说明
↑ ↓	向上/下移动一个单元格
← →	向左/右移动一个单元格
Tab	从当前单元格移动至下一个单元格
Shift + Tab	从当前单元格移动至上一个单元格

2. 表格对象的选取

表格创建完成后，经常需要对表格的行、列和单元格进行调整，如设置表格的行高和列宽，设置单元格边距等。调整之前，需要先选中调整对象，表格对象的选取主要包括选择单元格、选择行、选择列、选择整张表格。

（1）选择单元格

如需选中一个单元格，将鼠标光标放置在该单元格左侧，当鼠标指针变成黑色斜向上箭头的时候，单击鼠标左键即可选中该单元格。

如需选中多个连续单元格，将输入点光标放置在选择区域第一个单元格内，按住鼠标左键并向拖动，被选择的单元格将呈现灰色底纹，到达选择区域最后一个单元格时松开鼠标左键，即可完成连续单元格的选取操作。

如需选中多个不连续的单元格，则在按住<Ctrl>键的同时，使用选择单个单元格的方式，不断单击需选择的单元格即可。

（2）选择行

将光标放置在表格左侧，当光标变成白色箭头形状时，单击鼠标左键即可选中光标对应的行。如需选择不连续多行，在光标放置在表格左侧的同时按住<Ctrl>键，选择相应行单击鼠标即可。如要选中连续多行，将光标放置在表格左侧，按住鼠标左键上下拖动即可。

（3）选择列

选择方法与选择行一致，只是光标放置的位置为表格上方。

（4）选择整张表格

将光标放置在表格任一单元格中时，表格左上角会出现表格标志，单击该标志，即可选中整张表格。

3. 调整表格结构

（1）插入行或列

行列的插入是以光标所在的位置为基础进行的。将光标定位在需要插入行或列一旁的任一单元格内，这时有两种方法可以实现行或列的插入：

方法一：使用右键菜单。

在弹出的右键菜单中选择"插入"命令，可以选择在选定单元格的左、右两个方向插入列，或上、下两个方向插入行。也可在选定单元格的右侧插入单独一个单元格。"插入"命令如图6-53所示。

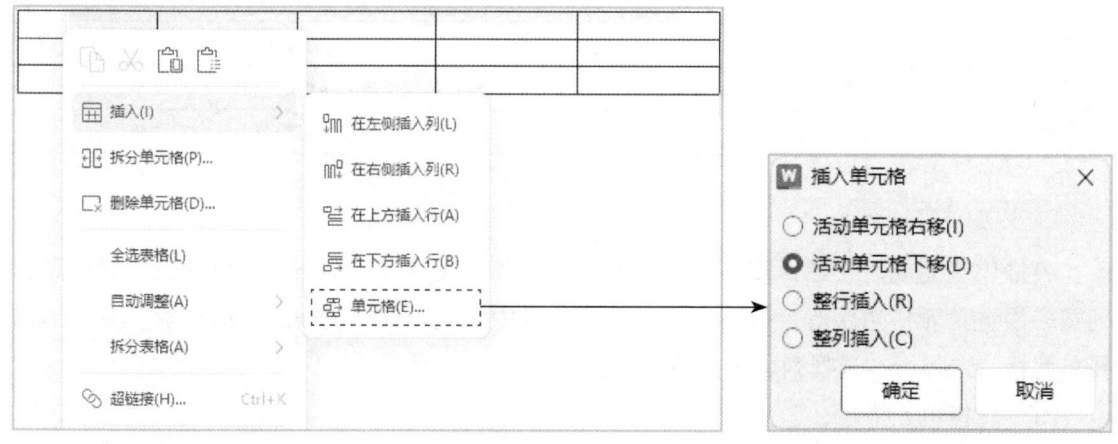

图6-53 "插入"命令

方法二：使用"表格工具"选项卡下"插入"命令。
单击该按钮后的插入方法与右键菜单下"插入"命令一致。

（2）删除行或列
将光标定位在需要删除的行或列任一单元格内，有两种方法可以完成删除操作：
方法一：使用右键菜单。
单击鼠标右键，选择弹出菜单中的"删除"命令，在"删除单元格"对话框中，选择相应的删除选项即可。"删除单元格"对话框如图6-54所示。
方法二：使用"表格工具"下"删除"下拉菜单。
该菜单下包含"单元格""列""行""表格"四个选项，根据选项可删除选中单元格、选中单元格所在行、选中单元格所在列及整张表格。"删除"下拉菜单如图6-55所示。

图6-54 "删除单元格"对话框　　图6-55 "删除"下拉菜单

（3）设置表格行高和列宽
可以同时设置整张表格的行高或列宽，也可以只对选定的行和列设置高度和宽度。若需对行高和列宽进行精确设置，可以通过表格属性来完成。如果对设置精度要求不高，可以通过拖曳鼠标的方式进行。

选中表格标志✥后，在选中区域单击鼠标右键，选择弹出菜单的"表格属性"命令，在"表格属性"对话框中，可以精确设置整张表格的行高和列宽；选中某一行或某一列后，通过表格属性对话框的行和列选项卡，也可单独设置所选中行或列的行高和列宽。通过"表格属性"对话框调整表格行高和列宽如图6-56所示。

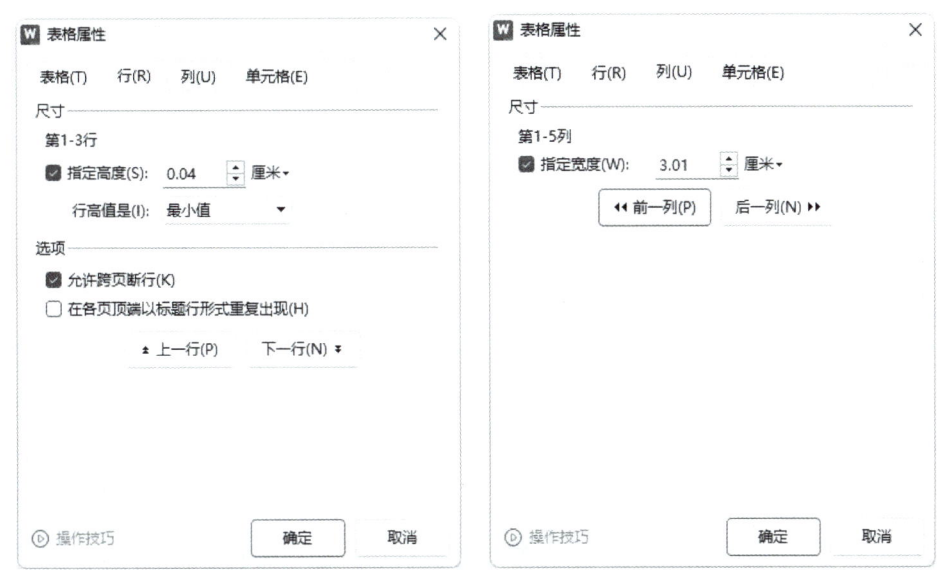

图6-56　通过"表格属性"对话框调整表格行高和列宽

将鼠标放置在表格的横线或竖线上，当鼠标光标变成✥形状，此时按住鼠标左键进行拖曳，可调整横线或竖线旁的行高或列宽。

（4）单元格的合并和拆分

只能对相邻且为规则的四边形的单元格进行合并操作，合并后的单元格成为一个独立的单元格。若选定区域不满足合并条件，则无法使用合并单元格命令。

可以对单个单元格或相邻且形状为规则的四边形的单元格进行拆分操作。单个单元格最多可以拆分的行数为15行，列数没有明确限制，但在实际操作过程中受表格宽度限制。

（5）调整单个单元格

可以对单个单元格的宽度进行调整。选中某一单元格后，将鼠标放置在该单元格左侧或右侧边线上，当鼠标光标变成↔形状，此时按住鼠标左键进行拖曳，可调整选中单元格的宽度。

（6）设置单元格边距

调整单元格边距可以使表格内容看起来更加清晰、有序，从而提高文档的专业性和易读性。只能同时调整整张表格的单元格边距，不能单独调整单个或某几个选定单元格的边距。

调整单元格边距的步骤如图6-57所示。

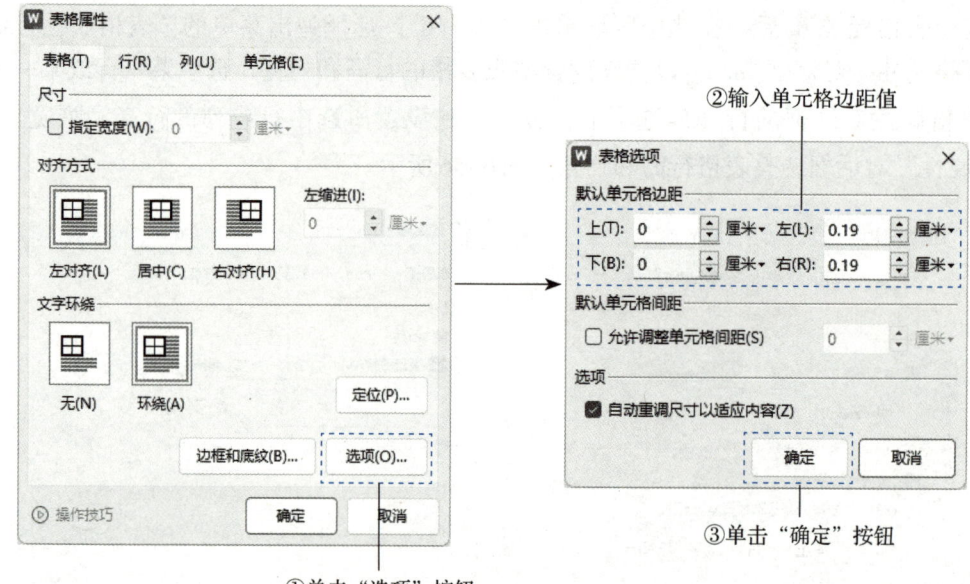

图6-57 调整单元格边距

4. 绘制斜线表头

选中某一单元格后,选择"表格样式"选项卡下的"斜线表头"命令,会弹出"斜线单元格类型"对话框,在该对话框中选择任一斜线表头类型,即可在所选单元格中方便地绘制出斜线表头。"斜线单元格类型"对话框如图6-58所示。

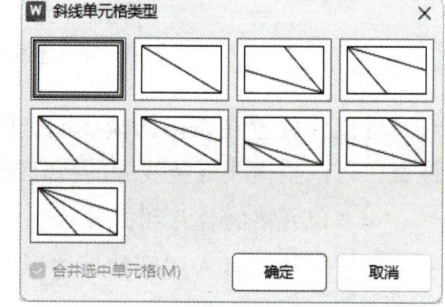

图6-58 "斜线单元格类型"对话框

5. 设置表格文字对齐方式

要设置表格文字的对齐方式,须先选中需要设置的单元格,在选定单元格上单击鼠标右键,在右键菜单下的"单元格对齐方式"选项中选择表格文字对齐方式,也可以通过"表格工具"选项卡"对齐方式"功能组中的六个对齐按钮进行设置。单元格对齐方式如图6-59所示。

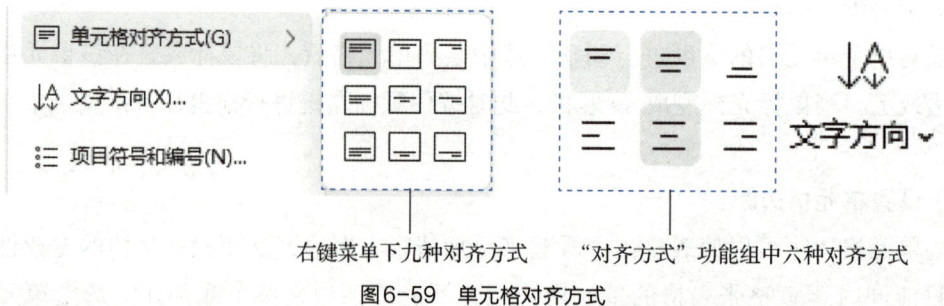

图6-59 单元格对齐方式

6. 设置表格边框和底纹

表格边框和底纹的设置遵循"先选择,后编辑"的原则,所做设置只对选中部分有效。

选择好需设置边框和底纹的单元格后,通过"表格样式"选项卡下"绘制边框"功能组和"表格样式"功能组中"边框""底纹"命令,完成表格边框和底纹的设置。边框和底纹的设置方法如图6-60所示。

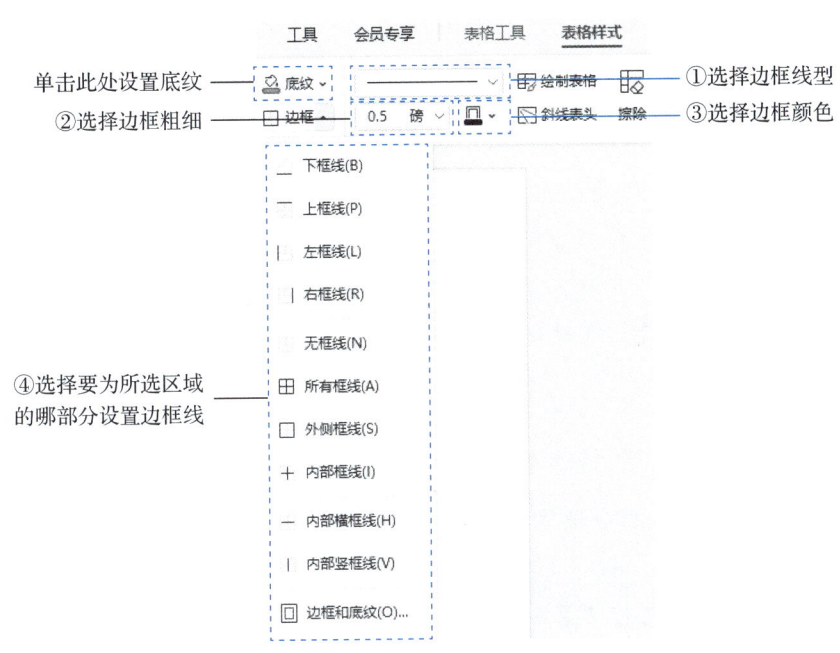

图6-60　边框和底纹的设置方法

7. 重复标题行

当表格内容过多,出现跨页显示的时候,表格的标题行只会出现在第一页,为了准确理解表格各列内容的含义,可能需要用户不断返回到表格标题行位置查看各列标题,这极大地降低了工作效率,通过设置重复标题行可以解决这一问题。

用户可以自行选择哪些行需要重复,选中的重复标题行必须是从第一行开始的连续一行或多行。选中以后,单击"表格工具"选项卡下"数据"功能组中"重复标题"按钮,即可在跨页显示的每一页表格开头显示选中的重复标题行。

8. 拆分表格

可以将一个表格按行或列拆分成两个表格。将光标定位在拆分后成为新表格第一行的任一的单元格中,选择"表格工具"选项卡下"合并拆分"功能组中"拆分表格"命令,可以将表格从所选单元格所在的行或列拆分成两个表格。按光标所在位置,将表格按行和列拆分,可以得到下面两个表格,拆分表格如图6-61所示。

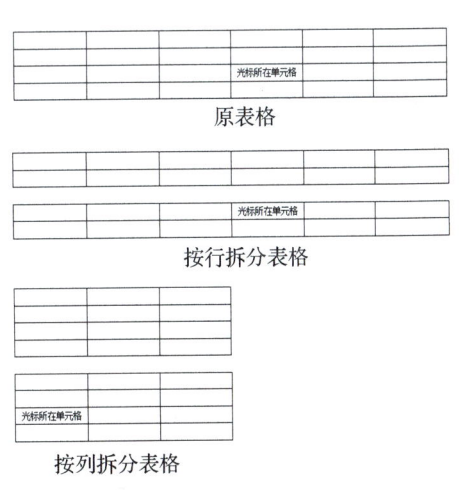

图6-61　拆分表格

实训6-4　完成第一人民医院教学药历首页的制作

01 任务描述：

制作完成如图6-62所示的第一人民医院教学药历首页。

02 任务分析：

实际应用中，要做出如图6-62所示的表格，需要对单元格进行合并和拆分操作，若对计算机操作比较熟练，也可以直接通过绘制表格完成。表格框架建好后，通过调整每一行的高度来制作出最终的表格。

03 实施步骤：

以对单元格进行合并和拆分操作方法为例：

（1）录入表头

①在文档中录入表头内容"第一人民医院教学药历首页"，将文字设置为"二号""方正小标宋简体"、居中显示。

②换行，输入第二行文字内容，将文字设置为"小四号""仿宋"，使用<Tab>键及空格键对文字位置进行调整。

（2）插入和设置表格

①插入表格的行数按实际输入，列数一般以单元格数最多的那一列的数值为准。选择"插入"选项卡下"表格"下拉菜单中"插入表格"命令，在弹出的对话框中列数后面输入"8"，行数后面输入"12"，如图6-63所示，单击"确定"按钮。

②选中表格前面七行，在"表格工具"选项卡"单元格大小"功能组"表格行高"文本框中，将所选行高度设置为"1.00"厘米，选中单元格对齐方式为"水平居中"。

③如图6-64所示，在表格第一行中依次输入单元格内容。光标指向单元格右边线，指针变为"↔"时，按住鼠标左键拖动，此时会出现蓝色虚线。将该虚线拖动到指定位置即可。按此方法依次

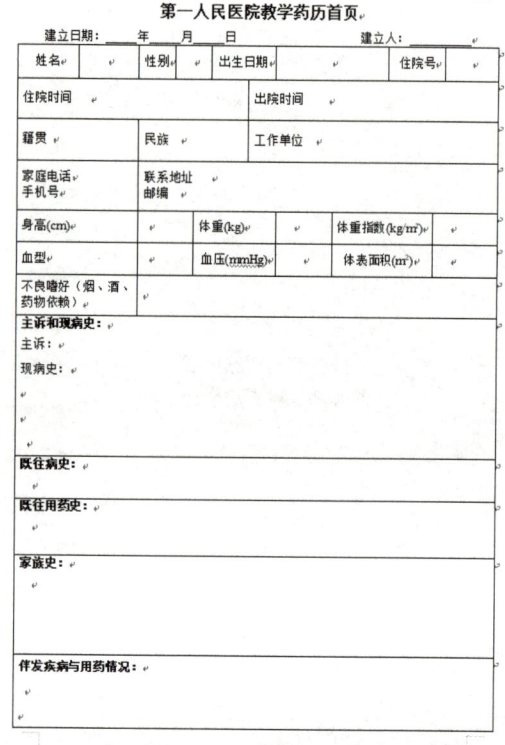

图6-62　第一人民医院教学药历首页

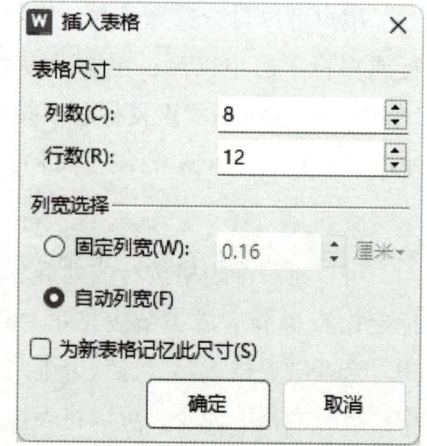

图6-63　输入表格行数和列数

调整每列列宽。

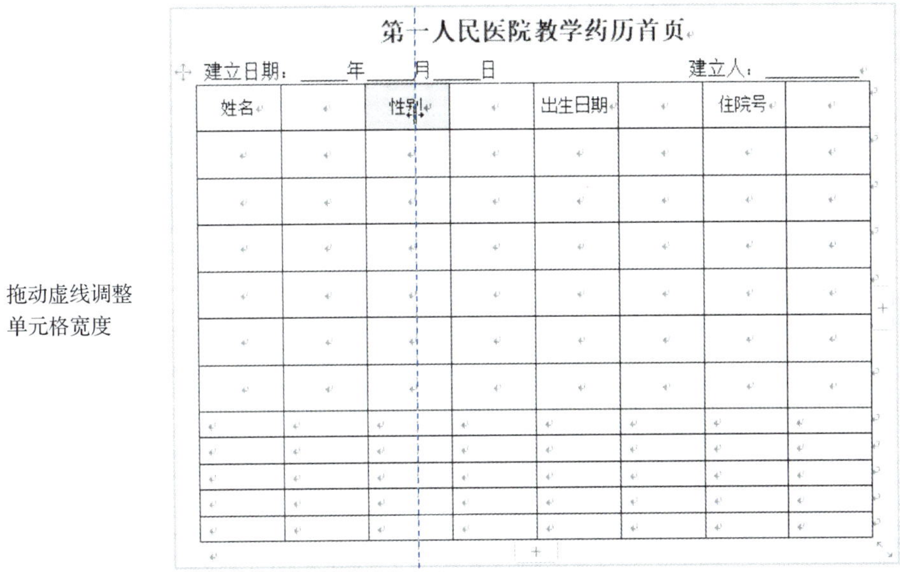

拖动虚线调整
单元格宽度

图6-64　调整单元格宽度

④选中第二行前四个单元格，单击"表格工具"选项卡下"合并拆分"功能区中"合并单元格"按钮，对单元格进行合并。按此方法依次将第二至第七行的单元格进行合并。

⑤选中表格第八行，将所有单元格合并为一个单元格，选择单元格对齐方式为"顶端左对齐"（图6-56中9种对齐方式第一种），在"表格工具"中将该单元格高度设置为"5.00"厘米，输入单元格内容"主诉和现病史："，按<Enter>键后依次输入后面两行内容。

⑥按上述方法依次将第9—12行每行合并为一个单元格，将第9行单元格高度设置为"1.50"厘米，第10行高度为"2.00"厘米，第11行高度为"3.00"厘米，第12行高度为"2.50"厘米，并设置四个单元格的文字对齐方式均为"顶端左对齐"。

⑦依次在第9—12行单元格内输入文字内容，并将输入文字设置为"宋体""小四""加粗"。

（3）保存表格

将制作好的表格以"第一人民医院教学病历首页"命名，保存至D盘根目录下。

6.3.3　表格的计算与排序

1. 表格的计算

WPS文字中的表格计算，一般包括对所选行或列的数据进行求和、平均值、最大值或最小值计算，计算结果存放在所选行或列的后一个单元格，如果不存在后一个单元格，那么需创建新的一行或一列用于存放结果。

（1）求和

如图6-65所示，需要求出每一名学生的总分，将结果放置在总分列。此时需要先将每一名同学的所有成绩都选中，然后选择“表格工具”选项卡“数据”功能组“计算”下拉菜单中的“求和”命令，系统会将计算结果自动填入总分单元格。

姓名	语文	数学	英语	物理	化学	生物	总分
张小明	98	96	97	89	96	92	
陈志刚	95	92	98	93	87	97	
宋宏辉	86	94	81	97	94	93	

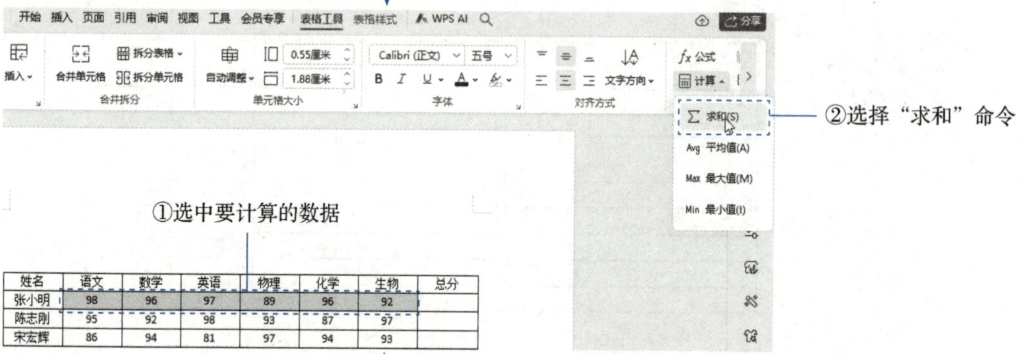

姓名	语文	数学	英语	物理	化学	生物	总分
张小明	98	96	97	89	96	92	568
陈志刚	95	92	98	93	87	97	562
宋宏辉	86	94	81	97	94	93	545

图6-65　表格的求和计算

（2）平均值

可以用上述求和的方法计算平均值，但使用“计算”菜单下的“平均值”命令求出的结果，如存在无法除尽的情况，小数位数无法定义，如图6-66所示。

姓名	语文	数学	英语	物理	化学	生物	平均分
张小明	98	96	97	89	96	92	94.6666666666667
陈志刚	95	92	98	93	87	97	93.6666666666667
宋宏辉	86	94	81	97	94	93	90.8333333333333

图6-66　使用“计算”菜单的“平均值”计算

如需定义所求结果的小数位数，可以使用“计算”命令上方的“公式”进行求解。先将光标放置在存放结果的单元格中，选择“公式”命令，在弹出的“公式”对话框中选择“数字格式”为“0.00”，即结果保留两位小数（如需保留一位小数，可手动将“0.00”修改为“0.0”），在“粘贴函数”下拉菜单中选择求平均值的函数“AVERAGE”，在“表格范围”下拉菜单中选择“LEFT”，即对当前单元格左边的数据进行求解。求解过程如图6-67所示。

（3）最大值和最小值

选中要计算最大值或最小值的数据后，选择“计算”菜单下的“最大值”或“最小值”

即可。

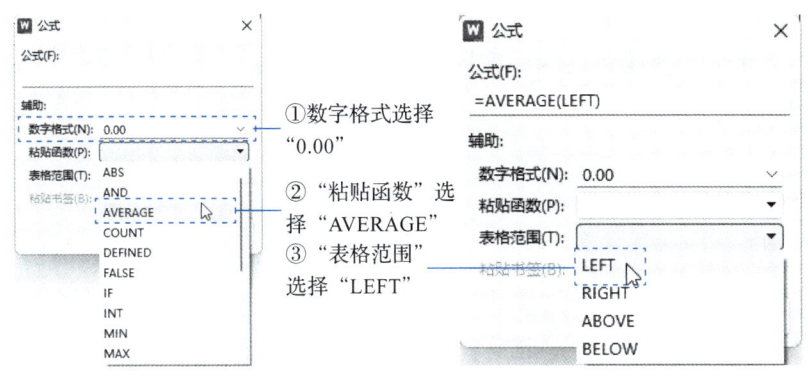

图 6-67 使用"公式"计算平均值

2. 表格的排序

对表格进行排序的时候，一般先选中需要排序的内容，然后选择"表格工具"选项卡"数据"功能组中的"排序"命令，在弹出的"排序"对话框中，选择排序的关键字、排序类型和排序方式，还要注意所选区域是否包含了标题行，如果选择"有标题行"，则所选区域的第一行数据将成为排序关键字，不作为排序数据进行排序，否则第一行数据也将与其他行数据一起进行排序。以图 6-67 中计算出平均分的表格为例，排序的步骤如图 6-68 所示。

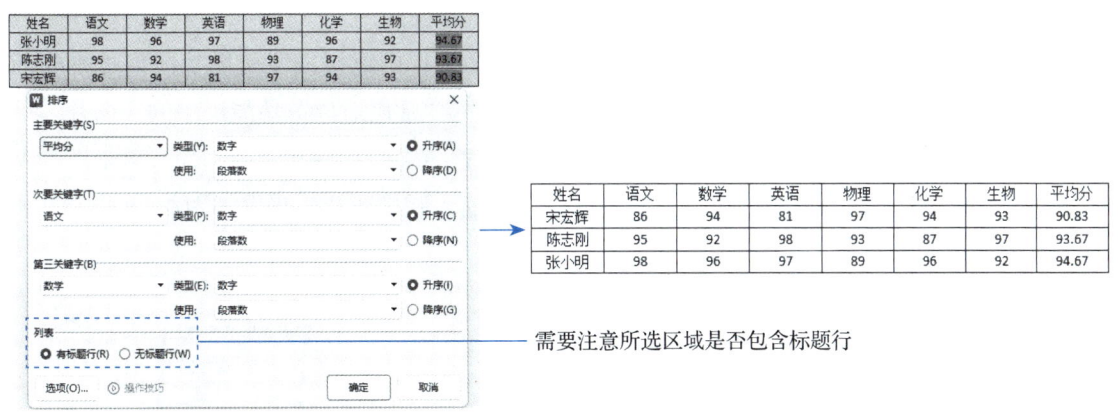

图 6-68 表格排序

6.4 图文混排

在进行文档编辑的时候，经常需要插入图形、图表等内容以增强文档的表达力。WPS

文字提供了多种可嵌入文档中的元素,比如图形、图片等对象类型以供使用。图形对象包括自选图形、文本框、艺术字、图表等;图片对象指可插入文档的所有WPS文字支持的图片类型。为了方便高效地编辑文档,在插入图形或图表时,建议先新建绘图画布,再将插入对象插入画布中进行编辑。

6.4.1 插入图片

1. 插入本地图片

本地图片指的是存放在用户计算机上的图片文件,通过选择"插入"选项卡下"常用对象"功能组中的"图片"命令,选择其中的"本地图片"可以将存储在计算机上的图片插入光标所在位置。插入本地图片的步骤如图6-69所示。

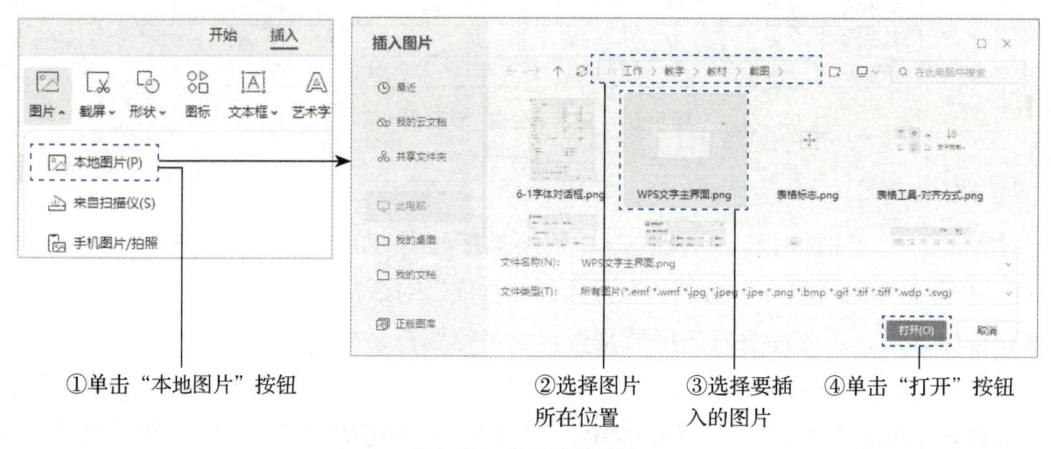

图6-69 插入本地图片

2. 插入联机图片

联机图片是通过互联网搜索并插入到文档中的图片,因此插入联机图片的前提是当前使用的计算机已经接入互联网。通过"插入"选项卡下"常用对象"功能组中的"图片"命令,在搜索框中输入要搜索的图片关键字,然后在搜索结果中选择合适的图片,单击图片左下角的"立即使用",即可将联机图片插入文档中。插入联机图片的步骤如图6-70所示。

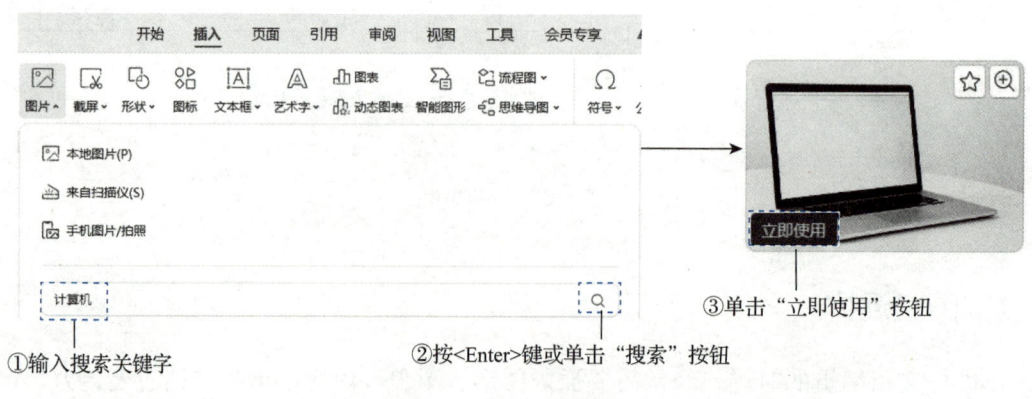

图6-70 插入联机图片

6.4.2 图片格式设置

在文档中插入并选中图片后，会出现"图片工具"选项卡，在该选项卡中，包括"调整""大小""图片样式""排列"和"进阶功能"五个功能组，可以对图片设置环绕和对齐方式，对图片进行裁剪、更改大小、设置样式、压缩等操作。"图片工具"选项卡如图6-71所示。

图6-71 "图片工具"选项卡

1. 设置图片环绕和对齐方式

图片的环绕方式主要有嵌入型、四周型、紧密型、上下型、穿越型及衬于文字下方或浮于文字上方几种方式。不同的环绕方式对应着图片和文字不同的结合方式，如紧密型环绕会使文字紧密环绕在图片的边缘，而不是图片的边界框周围。根据需要选择不同的图片环绕方式，能增加文档的可读性和美观性。图片环绕方式在"图片工具"选项卡"排列"功能组下"环绕"下拉菜单中选择。

图片的对齐方式指的是图片在文档中的位置。对齐有三种方式，第一种是相对于对象组对齐，这种对齐方式将所有对象所处区域的中心点作为对齐的基准；第二种是相对于页面对齐，也就是对齐方式是以页面边缘为基准；第三种是相对于后选对象对齐，在这种对齐方式下，其他图形对象会以最后选中的对象为对齐的基准。

2. 图片裁剪和调整大小

通过图片裁剪功能，可以将图片中的某一部分截取出来使用。图片的裁剪分为按形状裁剪和按比例裁剪两种方式。

（1）按形状裁剪

选中要裁剪的图片，单击"图片工具"选项卡下"大小"功能组中"裁剪"按钮，在"按形状裁剪"选项卡中选择要裁剪的形状，在图片上选择好要裁剪的位置，按<Enter>键即可完成图片的裁剪。按形状裁剪步骤如图6-72所示。

（2）按比例裁剪

选择"裁剪"命令下的"按比例裁剪"选项卡，选择其中一个裁剪比例，这个时候会在图片上出现一个按选定比例大小显示的裁剪面板，出现在面板中的图片为原色，是裁剪后保留的图片；不在面板中的图片蒙有一层灰色图层，是将要被裁剪掉的部分。拖动图片，将需要保留的部分放置到裁剪面板中，选定后按<Enter>键即可完成图片的裁剪。按比例裁剪步骤如图6-73所示。

（3）设置图片大小

选中图片以后，在图片四周会出现八个控制点，按住鼠标左键拖动控制点可以快速地

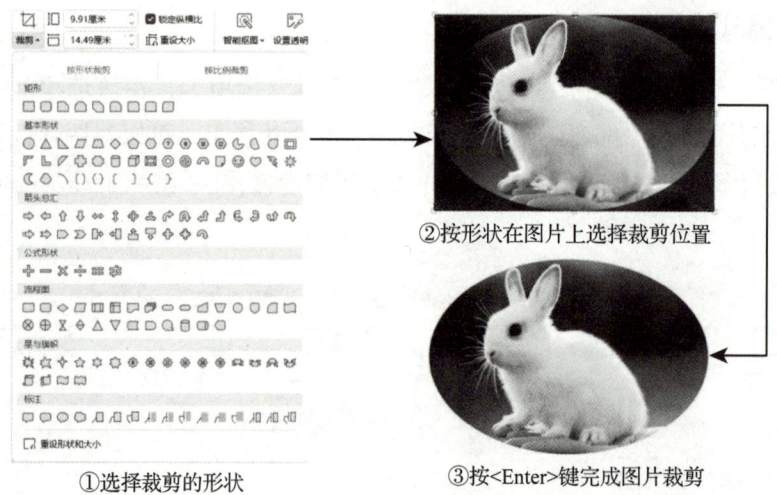

图6-72 按形状裁剪图片

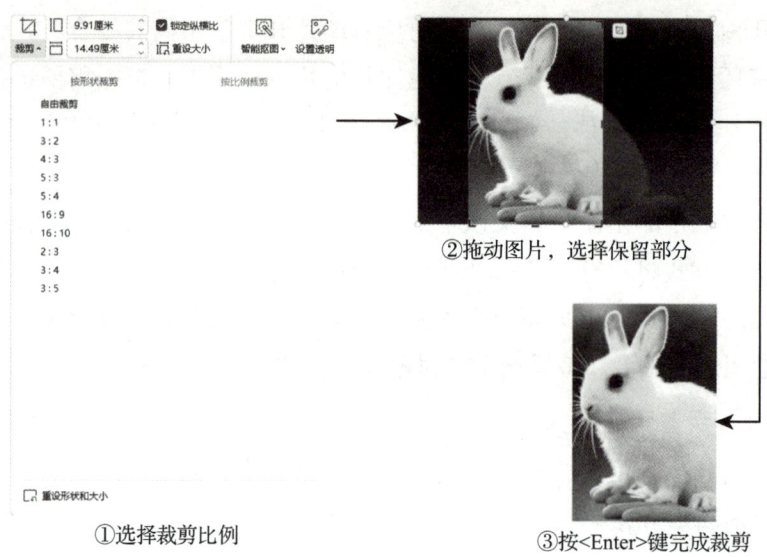

图6-73 按比例裁剪步骤

实现图片大小的缩放。若需精确设置图片大小，可以通过在"图片工具"选项卡下"大小"功能组中输入图片大小来进行。功能组中有一个"锁定纵横比"的复选框，锁定纵横比指的是在调整图片大小时，保持图片原始高度和宽度比例不变，其作用是防止图片因尺寸发生变动而出现比例不协调的情况，可以根据实际情况决定是否需要保留此选项。"调整图片大小"功能组如图6-74所示。

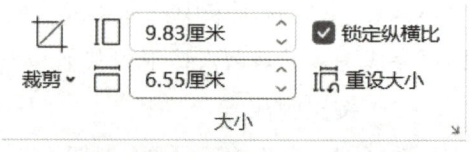

图6-74 "调整图片大小"功能组

3. 设置图片效果

通过"图片工具"选项卡下"图片样式"功能组中的"效果"下拉按钮，可以为图片设置阴影、倒影、发光、柔化边缘、三维旋转以及其他更多效果，使图片更加美观。

6.4.3 插入自选图形

自选图形是WPS提供的一类图形工具，主要用于在文档中插入各种基本的图形元素，如文本框、多边形、椭圆等。自选图形的种类非常丰富，包括线条、矩形、基本形状、箭头总汇、公式形状、流程图、星与旗帜及标注等，可以满足用户在文档中添加各种视觉元素的需求。插入形状后，会出现"绘图工具"选项卡，该选项卡下的命令大部分与"图片工具"选项卡下的命令一致。"绘图工具"选项卡如图6-75所示。

图6-75 "绘图工具"选项卡

1. 插入形状

通过"插入"选项卡下"常用对象"功能组中"形状"下拉菜单，可以插入多种类型的图形。插入形状如图6-76所示。

图6-76 插入形状

2. 插入智能图形

WPS文字中的智能图形，是一系列预设的图模板，可以帮助用户快速创建具有专业外观的图表和列表。智能图形位于插入形状的最下方，如图6-76所示。单击"更多"，会弹出"智能图形"对话框。在WPS中，提供了"列""循环""流程"等种类丰富的模板，从弹出的对话框中选择所需的图形类型，单击其左下角"立即使用"按钮，即可插入智能图形，插入图形后可对图形结构进行调整。"智能图形"对话框如图6-77所示。

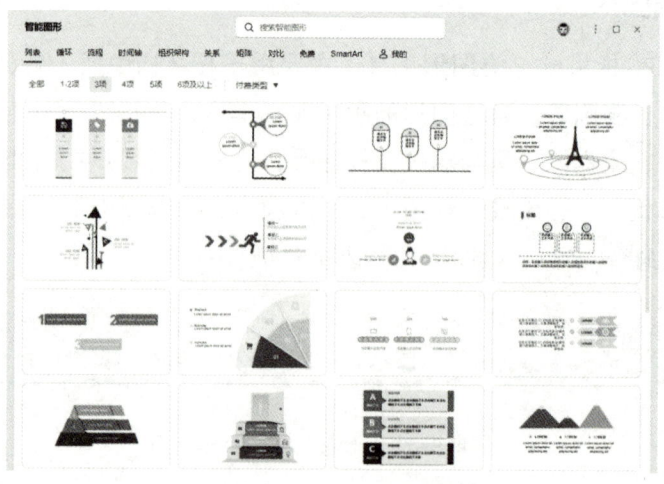

图6-77 "智能图形"对话框

6.4.4 图形的组合和取消

图形组合可以将多个独立的形状组合成一个对象，并可将此对象当作一个整体进行移动、调整大小、设置属性等，通过图形组合，可以有效地提高编辑效率，同时减少图形编辑时出错的可能性。

按住<Ctrl>键，依次单击需要组合的图形，在选定的任一图形上单击鼠标右键，选择弹出菜单中的"组合"命令，即可将选中的图形组合为一个整体。具体步骤如图6-78所示。

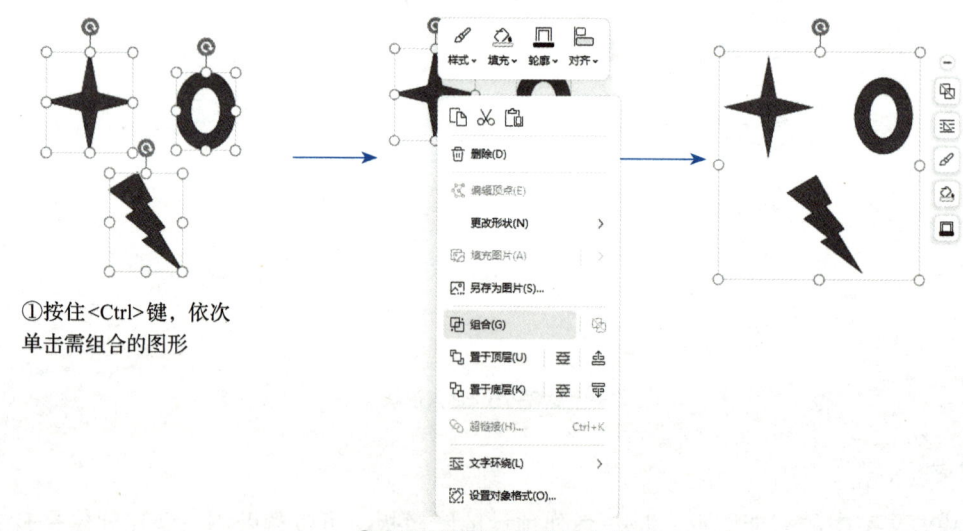

①按住<Ctrl>键，依次单击需组合的图形　　　②选择右键菜单下"组合"命令

图6-78 图形的组合

若要取消图形组合，选中组合图形以后，选择"绘图工具"选项卡下"排列"功能组中"组合"按钮下的"取消组合"命令即可。

6.4.5 使用文本框

文本框中可以插入文字、图像等元素，也可以插入公式、图表等，文本框具有许多图片具有的属性。通过"插入"选项卡下"常用对象"功能组中"文本框"下拉菜单，可以向文档中插入不同类别的文本框，如图6-79所示。

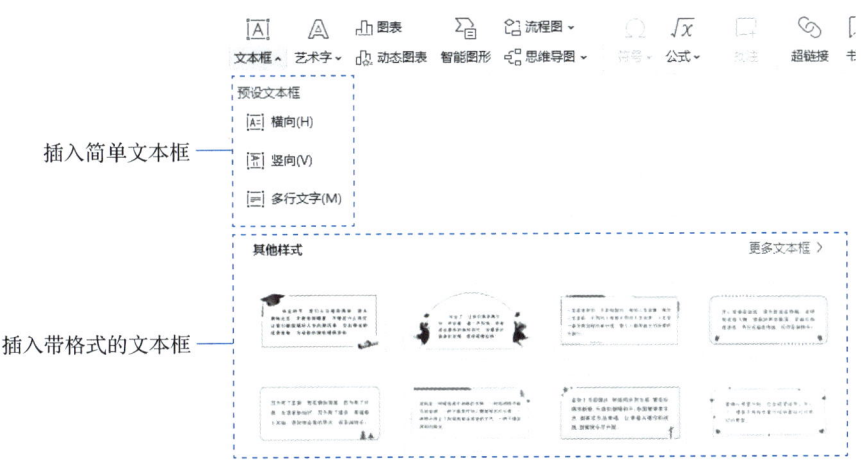

图6-79 插入文本框

在文档中插入文本框后，会出现"绘图工具"和"文本工具"两个选项卡，说明文本框兼具图片和文本两种属性。使用"文本工具"选项卡中的命令可以对文本框内的文字进行各种格式设置，主要包括字体和段落格式设置，文字填充和效果设置等。

选中文本框后，单击鼠标右键，选择右键菜单下的"设置对象格式"命令，在页面右侧会出现文本框属性窗格，其中包含了"形状选项"和"文本选项"两个选项卡，通过这两个选项卡，可以对文本框大部分属性进行设置。文本框属性窗格如图6-80所示。

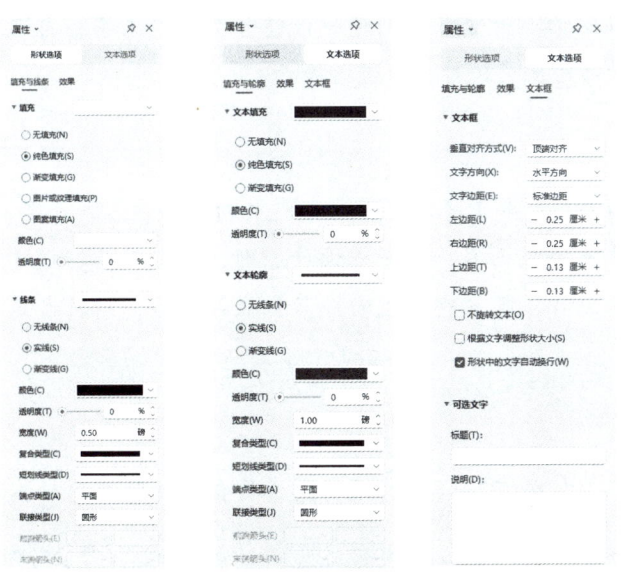

图6-80 文本框属性窗格（部分）

6.4.6 使用艺术字

在WPS文字中，艺术字主要用于创建具有特殊效果的文字。插入艺术字后，与文本框一样，会出现"绘图工具"和"文本工具"选项卡，使用方法与上述文本框部分一致。通过"插入"选项卡下"常用对象"功能组中"艺术字"下拉菜单，选择"艺术字预设"下某一款艺术字或选择"其他样式"下已经设置好格式的艺术字，即可往文档中插入艺术字，插入以后，可以对插入的文字和格式进行调整。插入艺术字如图6-81所示。

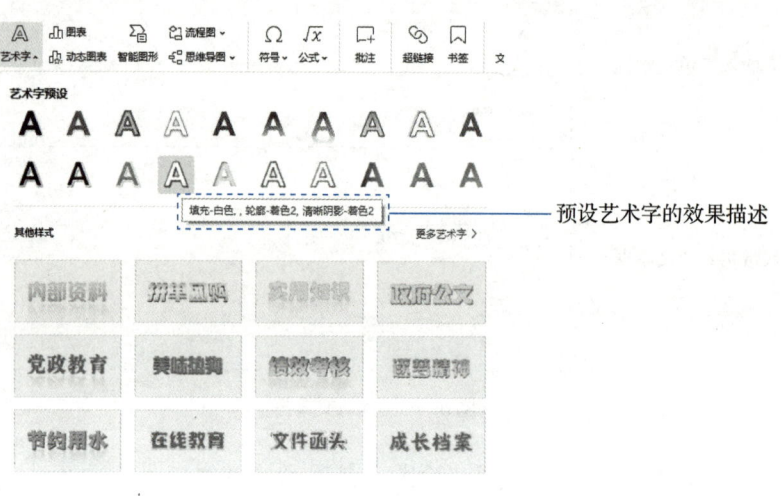

图6-81 插入艺术字

实训6-5　创建冬季传染病防治海报

01 任务描述：

以"冬季传染病防治"为主题，创建一张包含图片、文字、自选图形、剪贴画等图文表混排的海报，由教师对优秀设计方案进行展示。

02 任务分析：

制作一份精美的海报，要考虑跟海报主题相关的文字内容，还要有丰富的图片、图标、插图等图形元素来丰富海报内容，要考虑设计原则、内容布局、视觉元素和色彩搭配等多个方面。完成海报的制作，既考查学生的计算机操作能力，同时也是对学生综合素养的一种提高。

03 实施步骤：

①上网搜索与冬季传染病防治有关的信息，将自己认为有用的图片、图形、文字等进行下载保存。

②在"页面"选项卡"纸张大小"下拉菜单中选择纸张大小为"A4"。

③选中"视图"选项卡下"网格线"复选框，在页面上显示网格线，方便对海报进行布局。

④确定主要的视觉焦点，如大标题、关键图像或图形元素。

⑤确定海报中文字的格式。

⑥按照设计好的布局，通过插入图片、形状、图标或文本框的形式，将素材一一插入文档，并考虑色彩搭配。

⑦保存文档。

图文混排参考海报如图6-82所示。

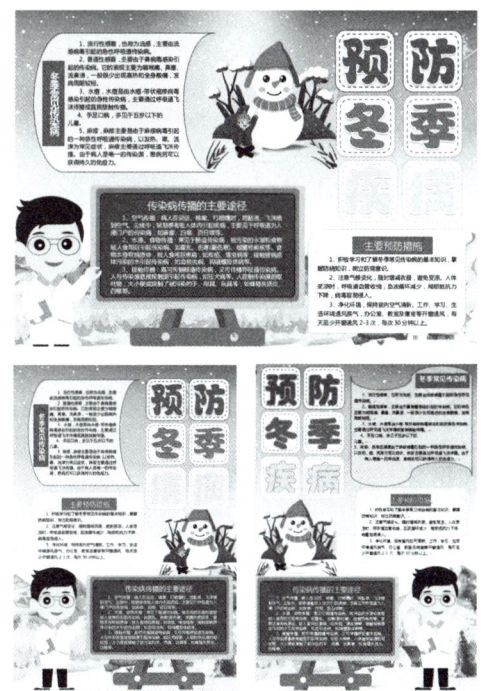

图6-82 图文混排参考海报

6.5 长文档的编辑

6.5.1 文档分节

在长文档编辑过程中，有时候需要对文档中的页面进行不同的页面设置，如设置不同的纸张大小、纸张方向、文字方向等，通过在文档相应位置插入不同类别的分节符，将文档分为不同的节，可以对每一节的页面格式进行单独设置。不同分节符的使用说明在本模块6.2.3节表6-2中已经进行过详细描述，这里就不再赘述。为文档增加"节"的方法有以下两种。

方法一：单击"视图"选项卡下"导航窗格"按钮，打开导航窗格，选择"章节"选项卡，将光标放置在要设置为不同节的两个页面中间，单击鼠标左键，即可将光标所在位置的上下两个部分分成两节，如图6-83所示。

方法二：将光标放在需要分节的位置，打开"页面"选项卡下"结构"功能组中"分隔符"下拉菜单，从"下一页分节符""连续分节符""偶数页分节符"及"奇数页分节符"中选择一种符合实际需要的分节符，即可在光标所在位置插入所选分节符。

文档分节后，即可对不同节进行不同的格式设置。如将第一节的纸张方向设置为横向，第二节的纸张方向设置为纵向，如图6-84所示。

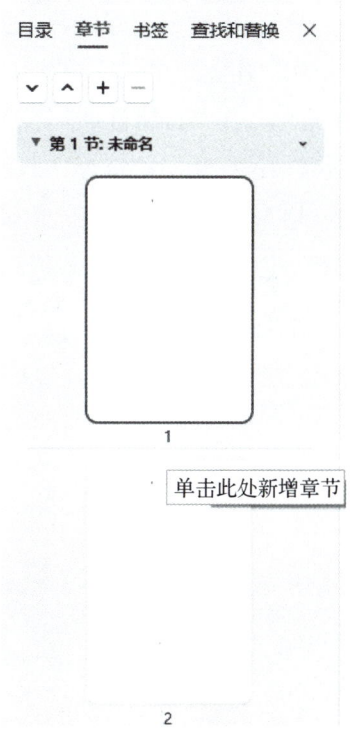

图6-83 使用导航窗格增加节

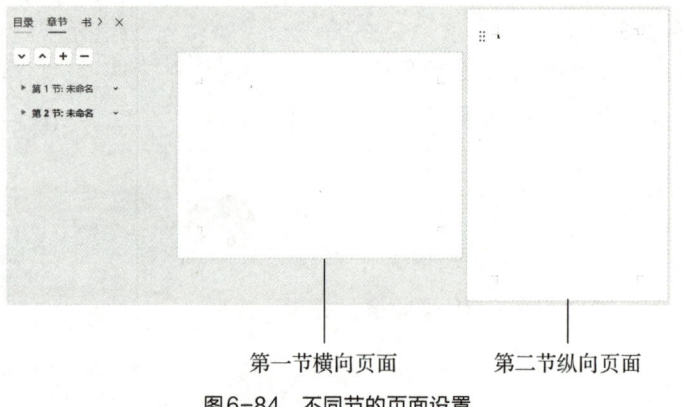

第一节横向页面　　　　第二节纵向页面

图6-84　不同节的页面设置

6.5.2　生成自动目录

生成目录的前提是需要在文档中使用不同级别的标题样式修饰不同的章节和子章节标题，而且同级别标题必须使用相同的样式，这是因为目录的生成是基于这些预定义的样式来识别和组织的。"开始"选项卡中的"样式"功能组中已经预设了多种文字样式，如"标题1""标题2""标题3"等，如图6-85所示。这些样式已经预设了字体、字号、加粗等属性，可以直接使用。如果内置的标题样式不符合需求，可以通过修改已有样式的属性，或者通过直接新建样式来创建适合的标题样式。

标题样式定义好之后，将输入点光标放置在文档首页的位置，选择"页面"选项卡下"结构"功能组中"目录页"下拉菜单，或"引用"选项卡下"目录"功能组中"目录"下拉菜单，在"智能目录"下选择一种目录结构，或通过选择"自定义目录"，在"目录"对话框中进行相应的选择，即可在首页自动生成文档目录。目录生成以后，可以对目录的文字和段落格式进行调整。预设样式及目录菜单如图6-85所示。

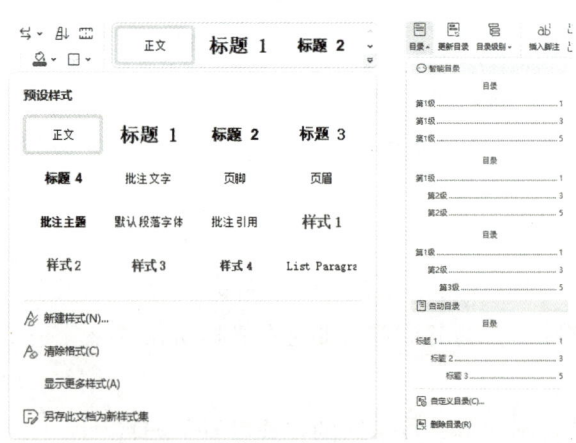

图6-85　预设样式及目录菜单

6.5.3　脚注和尾注

在编辑文档时，如果文档中引用了他人观点或论据，或者需要对文档中某些内容进行单独的解释说明的时候，可以使用脚注。如果引用或注释较多，为了使文档更加清晰和整洁，可以使用尾注。脚注通常位于插入脚注的页面底部，尾注则位于文档末尾。"脚注和尾注"功能组如图6-86所示。

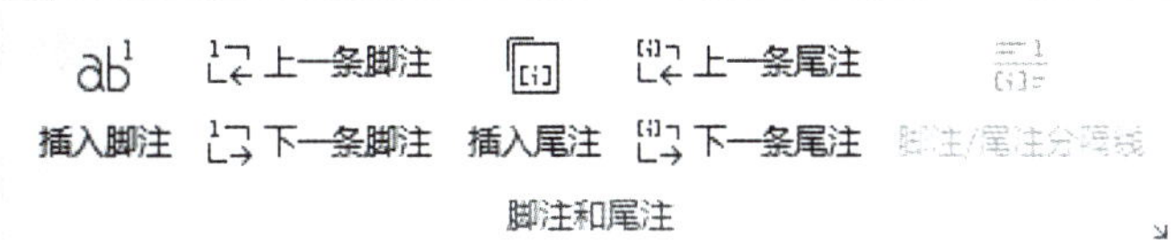

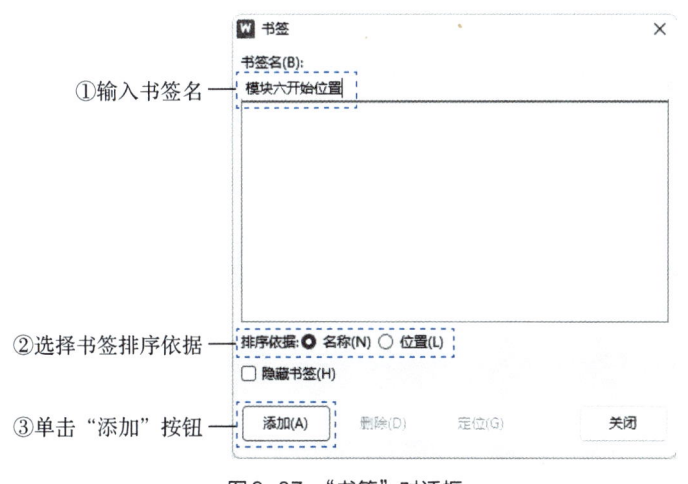

图6-86 "脚注和尾注"功能组

6.5.4 书签

WPS文字中设置的书签可以使用户快速定位和跳转到文档中的特定位置，提高工作效率。单击"插入"选项卡下"链接"功能组中的"书签"按钮，可以打开"书签"对话框，在对话框中输入书签名称（注意：书签名称中不能包含空格），选择书签的排序依据后，单击"添加"按钮，即可在当前光标所在位置插入书签。"书签"对话框如图6-87所示。

图6-87 "书签"对话框

添加书签后，在"视图"选项卡"显示"功能组中单击"导航窗格"，选择导航窗格显示位置，在打开的导航窗格中选择"书签"，即可看到文档中添加的书签，单击书签即可跳转到插入该书签的位置，如图6-88所示。

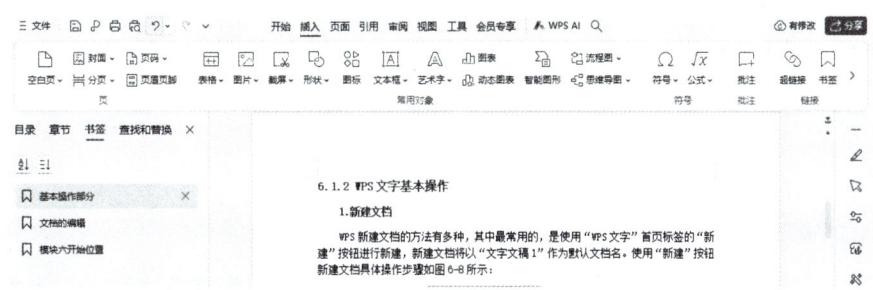

图6-88 查看书签

6.5.5　长文档中页眉页脚的设置

为了使文档结构更加清晰，让阅读更加便捷，需要在长文档中添加页眉页脚。向长文档中添加的页眉页脚，一般需要进行一些特殊设置，如首页不同、奇偶页不同，或者在页眉页脚中插入特殊的文档部件等。

1. 单独设置首页页眉页脚

在"页眉页脚"选项卡下"选项"功能组中，有"首页不同""奇偶页不同""页眉同前节"及"页脚同前节"几个复选框，若文档首页为封面或其他不适宜与后续页面设置相同页眉页脚内容的页面时，通过在首页或后续页面中选定相应的复选框，可以将首页的页眉页脚设置为不同内容。

如当封面不需要设置页眉的时候，就要选中"首页不同"，并且从第二页开始将"页眉同前节"选中，之后在第二页页眉处添加页眉，这时首页不会显示页眉，第二页及其后面页眉处显示页眉。"奇偶页不同""页脚同前节"设置方法与此类似。"页眉页脚"选项如图6-89所示。

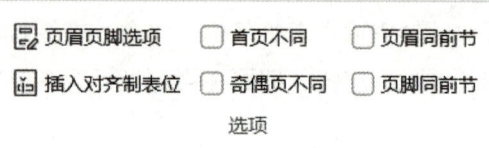

图6-89　"页眉页脚"选项

当长文档包含封面时，封面一般不显示页码，为了实现此显示效果，在需要将页码显示为"1"的页脚位置，单击"页码设置"下拉按钮，选择好页码样式和位置以后，在"应用范围"下选择"本页及之后"，即可将选定页面之前的页码删除，而选定页面及之后页面的页码从"1"开始顺序显示，该项操作的步骤如图6-90所示。

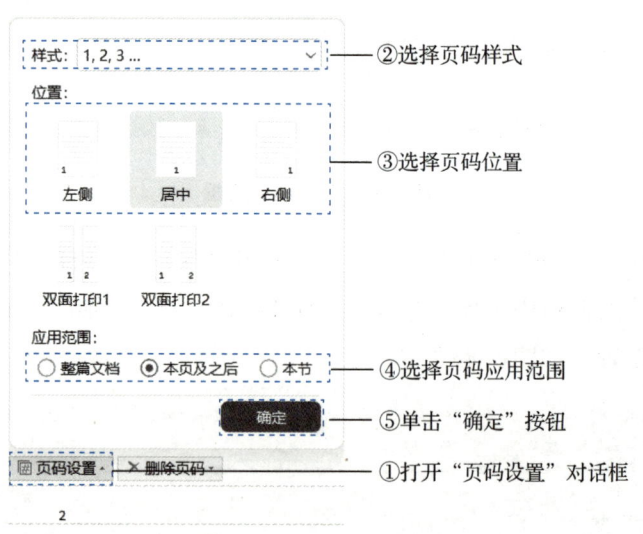

图6-90　"页码设置"对话框

2. 在页眉页脚插入域

域是一种特殊的占位符，它可以代表文档中的特定信息，如页码、日期、章节标题等，并且这些信息可以自动更新，无需手动更改。经常使用的域包括日期和时间、页码、文档属性等。

以在页眉插入文档作者姓名为例，通过在页眉单击"页眉页脚"选项卡下"插入"功能组中"域"按钮，打开"域"对话框，在"域名（F）"复合框下选择"文档属性"，在右侧"文档属性（P）"复合框中选择"Auther"，单击"确定"，即可在页眉中显示文档作者姓名。"域"对话框如图6-91所示。

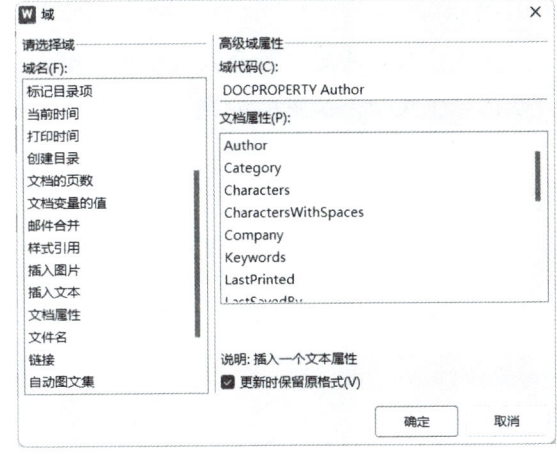

图6-91 "域"对话框

实训6-6　完成《消毒管理办法》的下载和编辑

01 任务描述：

在中华人民共和国国家卫生健康委员会官网http://www.nhc.gov.cn上搜索《消毒管理办法》并下载全文，将下载的文件格式清除后，按一般公文格式排版要求，对文档进行编辑，并为文档添加自动目录，在文档正文部分添加空白型页眉"《消毒管理办法》"，页脚处按公文格式要求添加页码。

02 任务分析：

将网络上下载的文件进行重新编辑排版，是日常办公中常见的操作。一般公文格式是每一个职场人都需要掌握的知识，主要涉及字体和字号、行距、页边距的设置。公文排版通用参考格式中要求，公文标题使用2号方正公文小标宋，标题段后间距0.5行。正文使用3号方正仿宋_GBK，行距为固定值28磅，正文中所有标点符号为全角，第一层标题使用3号方正黑体简体，页边距设置要求为：上3.7厘米，下3.5厘米，左2.8厘米，右2.6厘米，页脚2.8厘米。页码用4号宋体阿拉伯数字，贴近版心下缘、居外侧编排，页码数字左右各放一条4号"—"杆线，"—"与页码数字之间空1个空格（0.5个字符）。按此要求对文档内容进行排版。

03 实施步骤：

（1）下载文件

①打开浏览器，在地址栏中输入"http://www.nhc.gov.cn"，按<Enter>键打开中华人民共和国国家卫生健康委员会网站。

②拖动垂直滚动条，找到页面最下方"政务大厅"，单击其中"政策法规"链接，如图

6-92所示。

③在"政策法规"页面搜索栏中，输入"消毒管理办法"，按<Enter>键，搜索结果将以红色字体显示，如图6-93所示。

图6-92 "政策法规"链接　　　　　　图6-93 搜索结果

④打开文件，使用鼠标拖动的方式，复制整份文件内容。

（2）清除下载文件格式

①打开WPS文字，将复制的文件内容粘贴到文档中；

②使用<Ctrl+A>组合键选中全文，打开"开始"选项卡"样式"功能组"样式和格式"任务窗格，单击"清除格式"按钮，将下载下来的文件格式全部清除，如图6-94所示。

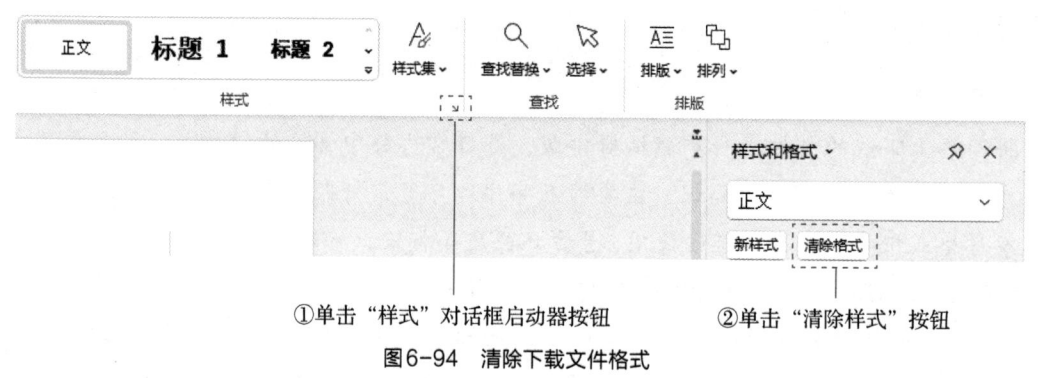

图6-94 清除下载文件格式

（3）编辑文档格式

①选中标题"消毒管理办法"，从字体列表中选择"方正公文小标宋"，字号列表选择"二号"。单击"段落"功能组右下角对话框启动器按钮，打开"段落"对话框，"对齐方式"选择"居中对齐"，在"间距""段后"文本框中输入"0.5"，单位选择"行"。

②选中标题下方的文件发布日期"2017-12-26"，从字体列表中选择"方正仿宋"，字号列表中选择"三号"，在"段落"功能区中单击"居中对齐"按钮。

③选中正文其他所有文字，在字体列表中选择"方正仿宋"，字号列表中选择"三号"，点击"段落"功能组右下角对话框启动器按钮，打开"段落"对话框，在"特殊格式"下

拉列表中选择"首行缩进",在"度量值"输入"2",单位选择"字符"。"行距"下拉列表选择"固定值",在"设置值"输入"28",单位选择"磅"。

④在"开始"选项卡"样式"功能区的"标题1"上单击鼠标右键,选择"修改样式"命令,在弹出的修改样式对话框中,将"格式"下的字体选择为"方正黑体简体",字号选择为"三号",段落对齐方式选择为"居中对齐",如图6-95所示。

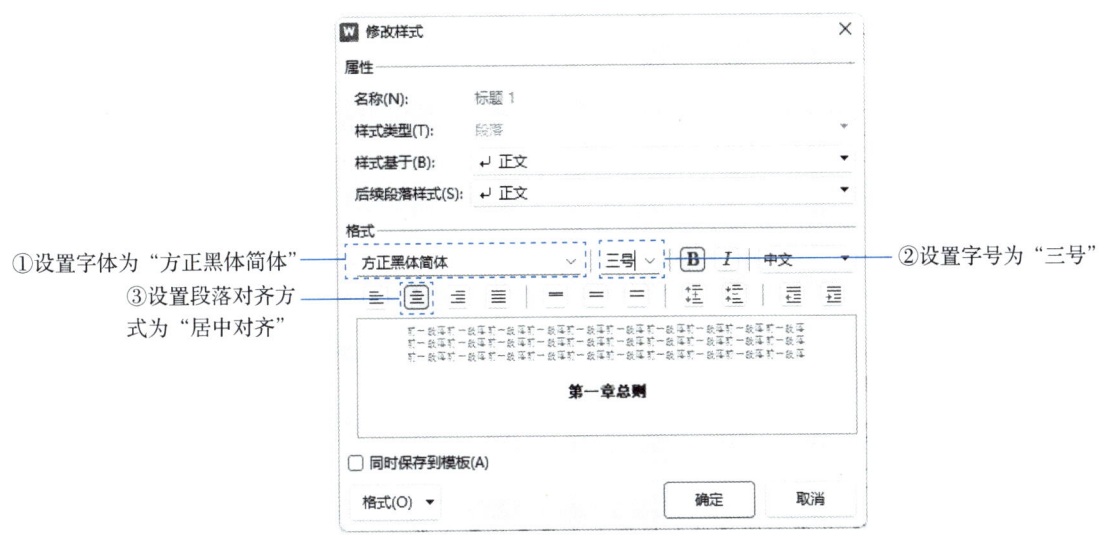

图6-95 修改标题样式

⑤选中"第一章 总则",单击"样式"功能组中"标题1",双击"格式刷"按钮,将设置在"第一章 总则"上的格式复制到其他章节标题上,复制完按键盘上<Esc>键,退出格式刷的使用。

⑥选择"页面"选项卡,在"页面设置"功能组中,将上下左右页边距分别设置为3.7厘米、3.5厘米、2.8厘米、2.6厘米。

⑦单击"插入"选项卡"页"功能组中"页眉页脚"按钮,在"页面页脚"选项卡"页眉页脚"功能组中,选择"页眉"下拉列表中的"空白页眉",在页眉位置输入"《消毒管理办法》",并将输入文字的段落对齐方式设置为居中对齐。

⑧单击"页眉页脚"选项卡"导航"功能组中"页眉页脚切换"按钮,选择"页眉页脚"功能组中"页码"下拉列表中"页码(N)",在弹出的页码对话框中,将"样式"选择为"— 1 —,— 2 —,— 3 —",在"位置"选择"底端外侧",单击"确定"按钮,如图6-96所示。

⑨将"页眉页脚"选项卡"位置"功能组中"页脚下

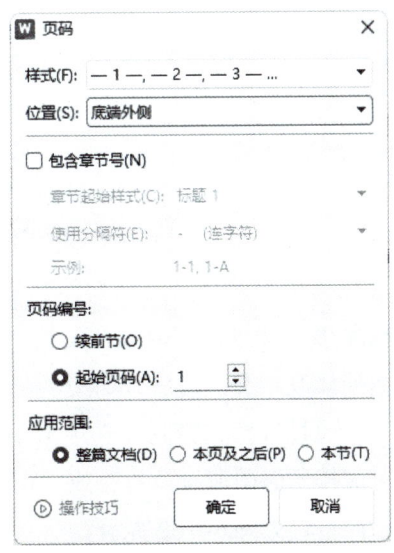

图6-96 设置页码格式

边距："的值设置为"2.80厘米"。

⑩单击"页眉页脚"选项卡最右侧"关闭"按钮，退出页眉页脚的编辑。

（4）制作目录

①将光标放置到文档最开始的位置，选择"引用"选项卡"目录"功能组中"目录"下拉菜单中"智能目录"第一个选项，此时将会生成一个自动目录，如图6-97所示。

②将光标放置在文档标题"消毒管理办法"前，选择"页面"选项卡"结构"功能组中"分隔符"下拉菜单中的"下一页分节符"，将目录和正文分开。

③双击目录页页眉文字，在"页眉页脚"选项卡"选项"功能组中，选中"首页不同"，将目录页的页眉取消。

④双击选中目录页右下角页码，选择"删除页码"下的"本节"，将目录页的页码删除，如图6-98所示。

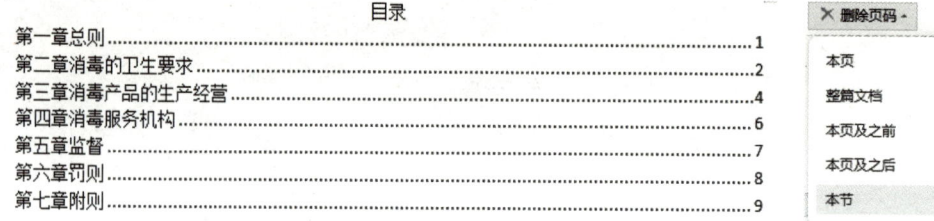

图6-97　生成自动目录　　　　　图6-98　删除目录页码

⑤在目录区域单击鼠标右键，选择右键菜单下"更新目录"，在弹出的更新目录对话框中，选择"只更新页码"，单击"确定"按钮。

⑥选中"目录"二字，在字体列表中将字体选择为"方正仿宋_GBK"，字号选择为"三号"。

6.6　修订和审阅

6.6.1　修订

在文档编辑过程中，特别是在线多人协同办公过程中，为了记录文档修改的痕迹，可以开启WPS文字"审阅"选项卡下的"修订"功能。"修订"功能开启以后，可以详细记录文档从开启"修订"功能之后，不同用户对文档进行的每一步修改，包括增加、修改、删除等，被修订的内容在文档中以红色字体显示，可以选择"接受"或"拒绝"用户对文档的修改。文档的修订如图6-99所示。

通过选择"审阅"选项卡下"更改"功能组中的"接受"或"拒绝"菜单下的"接受对文档所做的所有修订"或"拒绝对文档所做的所有修订"，一次性接受或拒绝对文档所做的修订，如图6-100所示。

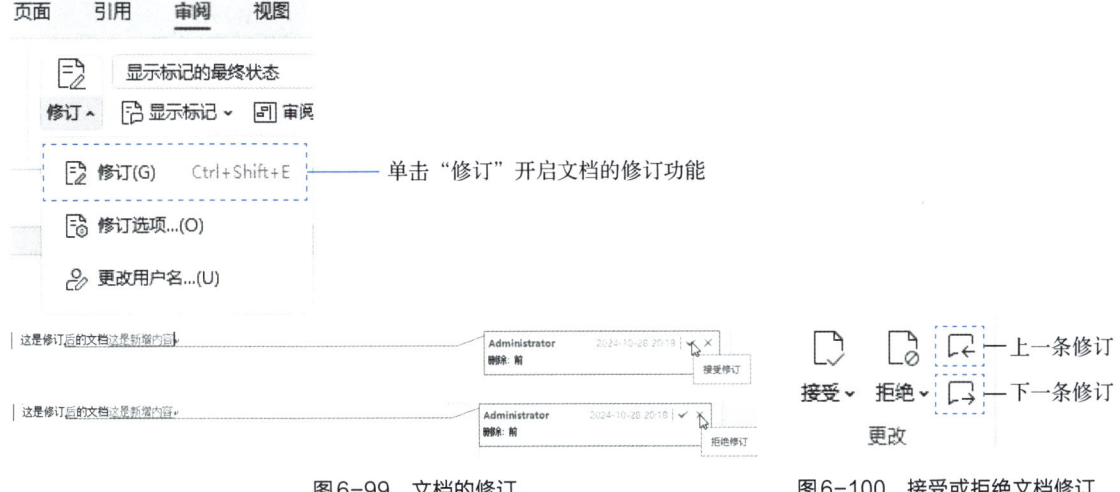

图 6-99 文档的修订　　　　　　图 6-100 接受或拒绝文档修订

6.6.2 审阅

文档开启"修订"功能之后,通过打开审阅窗格,可以清晰地看到用户对文档所做的修订情况,如图 6-101 所示。

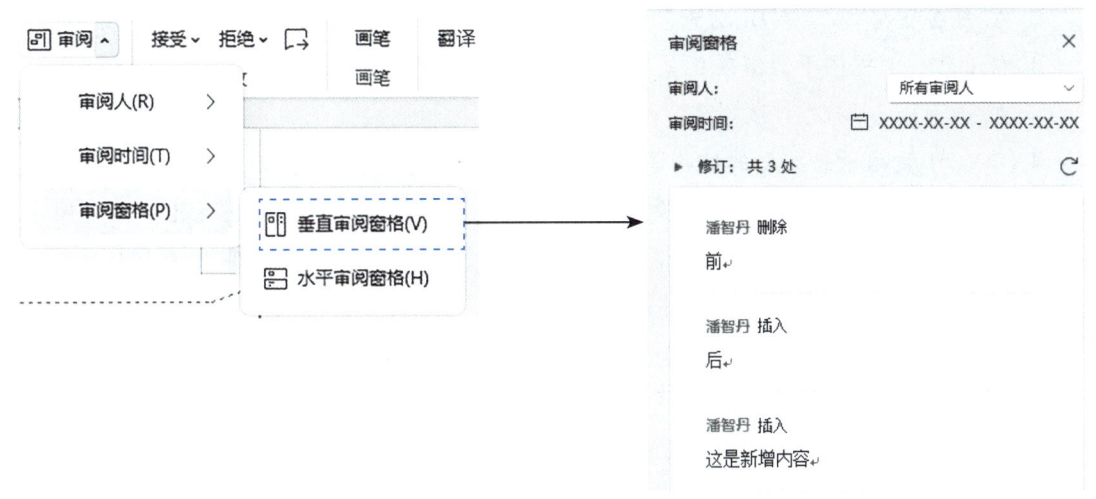

图 6-101 审阅窗格

6.6.3 批注

在文档中,批注是对文档进行标注或注释的一种方式。通过插入批注,可以标记文档中需要注意的内容,对文档的某些文字进行注释说明,或对文档提出修改建议或意见,批注不会影响到原文档的内容。将光标定位在批注内容上时,"审阅"选项卡下"批注"功能组中的"删除批注"命令即可被激活,通过选择"删除批注"可删除当前光标所在位置的批注,选择"删除文档中的所有批注(O)"则可删除文档中所有批注内容。批注在文档中的显示形式及删除命令如图 6-102 所示。

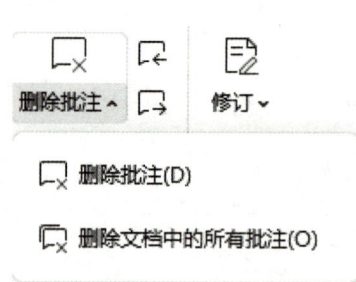

图6-102 批注的显示和删除

习 题

一、单选题

1. (　　) 是WPS文字进行文本编辑的主要区域。
   A. 功能区　　　　B. 任务窗格　　　　C. 编辑区　　　　D. 状态栏

2. 可以通过 (　　) 上的信息,查看文档当前的页面总数、总字数等信息。
   A. 任务窗格　　　B. 功能区　　　　　C. 编辑区　　　　D. 状态栏

3. 在 (　　) 视图下,编辑区呈现出所见即所得的编辑效果。
   A. 页面　　　　　B. 大纲　　　　　　C. 阅读版式　　　D. Web版式

4. (　　) 适用于长文档的结构调整和查看,方便对文档各层次有针对性地进行操作。
   A. 全屏显示方式　B. 阅读版式　　　　C. 大纲视图　　　D. Web版式视图

5. 若想将设置为隐藏的文字在编辑区显示出来,可以通过勾选文件菜单下 (　　) 命令中"视图"选项卡中的"隐藏文字"实现。
   A. 文档加密　　　B. 备份与恢复　　　C. 选项　　　　　D. 帮助

6. 用户通过"文件"菜单下"选项"命令中的 (　　) 选项卡命令,可以对已有选项卡下的功能组进行添加或删除操作。
   A. 视图　　　　　B. 编辑　　　　　　C. 修订　　　　　D. 自定义功能区

7. WPS文字新建文档的快捷键是 (　　)。
   A. Ctrl+S　　　　B. Ctrl+C　　　　　C. Ctrl+V　　　　D. Ctrl+N

8. 新建文档时,可以通过选择某一类型的 (　　),快速生成具有特定布局和样式的文档,节省设计和排版时间,提高工作效率。
   A. 样式　　　　　B. 模板　　　　　　C. 主题　　　　　D. 封面

9. 在WPS文字中,通过按键盘上的 (　　) 键形成段落。
   A. Enter　　　　 B. 空格　　　　　　C. Backspace　　　D. Shift

10. 当需要往文档中插入一些键盘上未提供的特殊符号的时候,可以使用 (　　) 选项卡下的"符号"命令。

A. 开始　　　　　B. 插入　　　　　C. 页面　　　　　D. 引用

11. 默认情况下，WPS文字最多可以执行（　　）步撤销。

　　A. 32　　　　　B. 64　　　　　C. 128　　　　　D. 256

12. 文档第一次被保存的时候，选择"保存"命令，将弹出（　　）对话框。

　　A. 保存　　　　B. 另存为　　　C. 输出为PDF　　D. 新建

13. 当需要在文档中包含一些特定笔记，不想让其他人看到的时候，可以在笔记上通过设置（　　）的功能实现。

　　A. 底纹　　　　B. 字体颜色　　　C. 隐藏文字　　　D. 边框

14. 当需要将文档中的"欣喜"一词全部更改为"信息"的时候，使用（　　）功能可以快速实现这个操作。

　　A. 查找　　　　B. 替换　　　　C. 文档校对　　　D. 拼写检查

15. 双击格式刷时，可以将选中的格式复制（　　）。

　　A. 一次　　　　B. 两次　　　　C. 三次　　　　　D. 多次

16. 由于误操作产生的多余空格或者空段等，可以使用"开始"选项卡下"排版"功能组中"排版"下拉菜单中的（　　）命令进行统一删除。

　　A. 删除　　　　B. 重排　　　　C. 替换　　　　　D. 段落整理

17. WPS默认的纸张大小为（　　）。

　　A. 16K　　　　B. 32K　　　　C. A3　　　　　D. A4

18. 如需选中多个不连续的单元格，则在按住（　　）键的同时，使用选择单个单元格的方式，不断单击需选择的单元格即可。

　　A. Shift　　　　B. Alt　　　　C. Ctrl　　　　　D. Tab

19. 在编辑文档时，如果文档中引用了他人观点或论据，或者需要对文档中某些内容进行单独的解释说明的时候，可以使用（　　）。

　　A. 脚注　　　　B. 尾注　　　　C. 批注　　　　　D. 书签

20. WPS文字中设置的（　　）可以使用户快速定位和跳转到文档中的特定位置，提高工作效率。

　　A. 脚注　　　　B. 尾注　　　　C. 批注　　　　　D. 书签

二、多选题

1. WPS文字有部分选项卡在特定的情况下才会显示，如（　　）。

　　A. 公式工具选项卡　　　　　　B. 图片工具选项卡

　　C. 表格工具选项卡　　　　　　D. 表格样式选项卡

2. WPS文字提供了全屏显示、阅读版式、（　　）等多种视图方式。

　　A. 写作模式　　B. 页面　　　　C. 大纲　　　　　D. Web版式

3. WPS文字新建文档的方式包括（　　）。

A. 使用"WPS文字"首页标签的"新建"按钮进行新建

B. 在已有文档打开的情况下，使用<Ctrl+N>组合键新建

C. 在已有文档打开的情况下，通过单击文档标题旁边的加号 + 新建

D. 通过快速访问工具栏中的"新建"命令新建

4. 录入文字的过程中，如果发现录入有误，可以通过按（　　）键删除错误的字符。

  A. Backspace   B. Enter   C. 空格   D. Delete

5. 保存文档的时候，为了实现对文档的保护，可以给文档添加（　　）权限密码。

  A. 打开   B. 编辑   C. 保存   D. 打印

6. 文档的编辑主要包括对文档的（　　）进行设置。

  A. 文字格式   B. 段落格式   C. 页面格式   D. 主题

7. 打开"替换"对话框的方法有（　　）。

  A. 单击"开始"选项卡"查找"功能组中"查找替换"按钮

  B. 使用<Ctrl+H>组合键打开替换对话框

  C. 使用<Ctrl+F>组合键打开查找对话框，切换到"替换"选项卡

  D. 使用<Ctrl+T>组合键打开替换对话框

8. 段落缩进包括了（　　）。

  A. 首行缩进   B. 悬挂缩进   C. 文本之前缩进   D. 文本之后缩进

9. 段落间距设置一般包括了（　　）。

  A. 段前间距   B. 段后间距   C. 行间距   D. 字间距

10. 创建表格的常用方法有（　　）。

  A. 使用"插入表格"图形框创建表格

  B. 使用"插入表格"命令创建表格

  C. 绘制表格

  D. 文本转换为表格

三、判断题

1. WPS文字快速访问工具栏上的功能按钮是系统预定义好的，用户不能自行设置。（　　）

2. WPS AI选项卡需要开通WPS AI会员才能使用。（　　）

3. WPS功能区中的功能区分组名，可以根据用户需求进行显示或隐藏。（　　）

4. WPS文字的选项卡是系统预定义好的，用户不能进行修改。（　　）

5. 打开WPS文字软件后，只要往文档中录入过字符，即可使用撤销或恢复操作。（　　）

6. WPS文档编辑完成后，只能将文档保存为文本文件。（　　）

7. WPS文字的替换功能只能进行文本的替换，无法替换格式。（　　）

8. 格式刷既可以复制文字格式，也可以复制段落格式。（　　）
9. 在WPS文字的页眉页脚区域，只能插入文字元素，无法插入图形元素。（　　）
10. 表格的单元格内可以录入任意文字，也可以录入图形元素。（　　）

四、填空题

1. WPS文字默认的视图显示方式是_____。
2. 单击WPS文字中的"新建"按钮新建文档，新建的第一个文档将以_____作为默认文档名。
3. 当要删除文档中的字符时，使用_____键可以删除插入点前的字符，使用_____键可以删除插入点后面的字符。
4. 文档编辑过程中，如出现误操作或对操作不满意的情况，可以通过单击快速访问工具栏上的_____按钮，将文档恢复到之前状态。
5. 借助_____的使用，替换可以快速处理相似但不完全相同的文本。
6. 如图所示，学院 护理系 医学技术系 关于技能大赛的通知，要实现"护理系""医学技术系"上下两行的显示效果，可以通过"段落"功能组中"中文版式"下拉菜单下的_____命令实现。
7. _____是一种可视的标记，嵌入在文档中用以标识来源、版权声明或防伪。
8. 文本转换成表格的基本条件是文本需要具备一定的结构，并且同一行文本之间要使用相同的_____进行分隔。

模块 7　WPS 数据处理

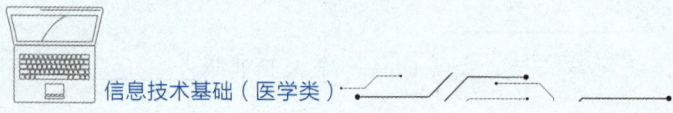

信息技术基础（医学类）

WPS 中内置了强大的数据处理引擎，能够对各类生产、生活数据进行高效的管理、专业的统计与分析、安全的共享与协作、可视化呈现和自动化处理，满足了企业、学校、政府机构等各个领域的用户在不同场景下的数据处理需求。

7.1　WPS 表格概述

WPS 表格是 WPS Office 中的另一个主要组件，它是一款功能全面且易于使用的电子表格软件。用户可以通过它完成数据管理、财务分析、报表制作等多种办公任务，满足了用户日常的数据管理和分析需求，从而提高了用户的工作效率和工作质量。

7.1.1　WPS 表格的功能界面

WPS 表格的功能界面除编辑区外，其他元素与其他组件相似，如图 7-1 所示。

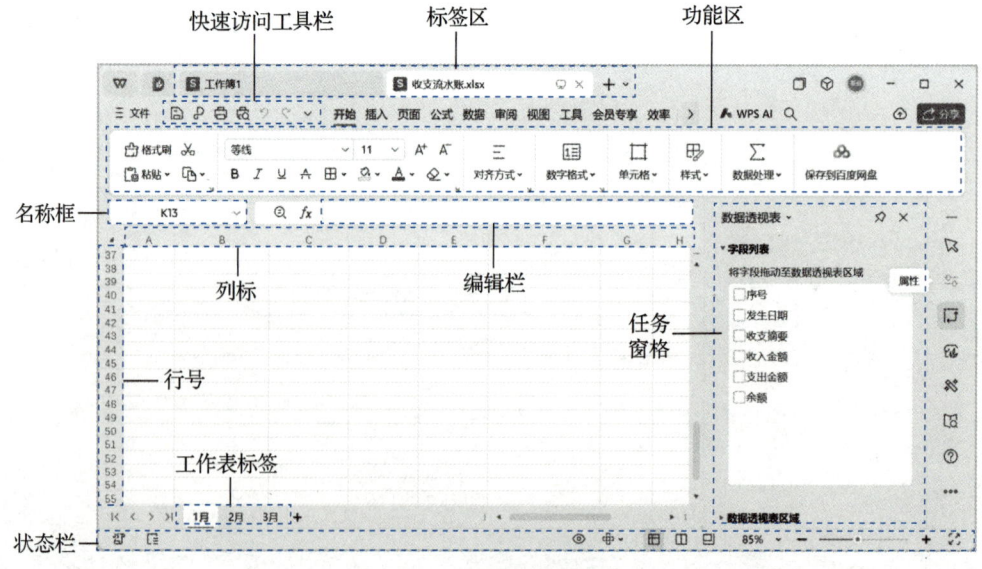

图 7-1　WPS 表格功能界面

1. 名称框

显示活动单元格的地址或已命名的活动单元格或区域的名称。

2. 编辑栏

用于显示、输入、编辑、修改当前活动单元格中的数值或公式。

3. 工作表标签

用于显示工作表名称。默认情况下，工作表名称为Sheet1、Sheet2、Sheet3……，用户可以通过单击鼠标右键，在弹出的快捷菜单中对工作表进行删除、重命名、复制、移动等管理。当前正在编辑的工作表称为活动工作表。

4. 行号

用阿拉伯数字标识每一行，行的编号从1到1 048 546。

5. 列标

用大写的英文字母标识每一列，依次为A、B、C、……、AA、AB、……、AAA、AAB、……、XFD，共16 384列。

7.1.2 常用术语

1. 工作簿

WPS环境中用来储存并处理工作数据的文件，也就是说WPS表格就是工作簿文件，系统默认的文件扩展名为.xlsx（低版本是.xls）。系统将新建的工作簿依次命名为"工作簿1""工作簿2"……。

2. 工作表

工作表是显示在工作簿中的表格。一个工作簿最多可以包含255张工作表，一张工作表可以由1,048,576行和16,384列构成。系统默认情况下，一个工作簿中有一张名为sheet1的工作表，用户可以根据需要添加工作表。

3. 单元格

工作表中行和列交叉部分称为单元格，它是组成工作表的最小单位，用于数据的输入和修改。单元格按所在行和列的位置来命名，即由行号和列标组成，称为单元格地址，如第2列第5行的单元格，其单元格地址为B5。

7.2 WPS表格的基本操作

WPS表格是一款专为高效数据处理与分析而设计的电子表格软件。本节主要介绍工作簿、工作表、单元格的基本操作。

7.2.1 工作簿的操作

1. 新建工作簿

同 5.1.3 节所述，在"新建"列表区中选择"表格"选项，系统会新建一个名为"新建表格"的标签，如图 7-2 所示，在"新建表格"工作区中，选择"空白表格"或其他模板，系统将自动创建名为"工作簿1"的临时文件。

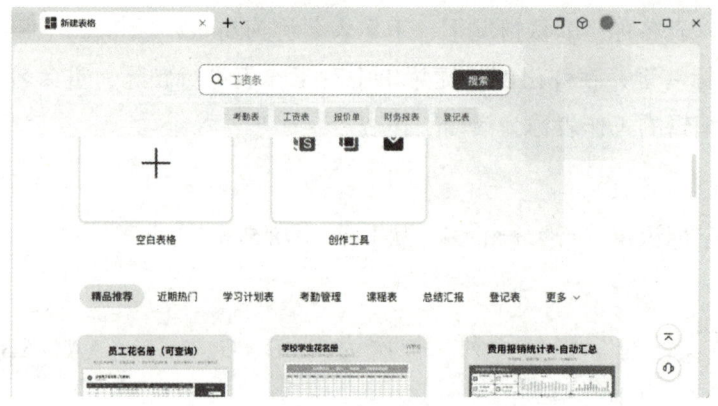

图 7-2　新建表格

2. 保存工作簿

当对工作簿进行编辑后，为防止数据丢失，应养成及时保存文件的习惯。保存工作簿的方法有：

方法一：直接单击"快速访问工具栏"的"保存"按钮，或选择"文件"主菜单中的"保存"命令。

方法二：选择"文件"主菜单中"另存为"命令，在打开的"另存为"对话框中，选择工作簿要保存的位置，并输入工作表名称，单击"保存"按钮，如图 7-3 所示。

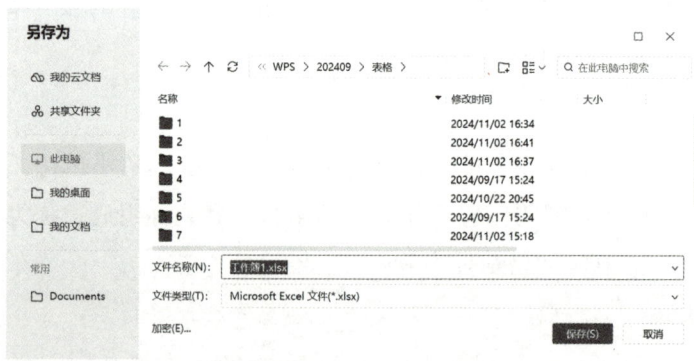

图 7-3　"另存为"对话框

3. 打开工作簿

打开工作簿是将磁盘中工作簿文件调入到内存，并显示在 WPS 窗口中。通过单击 WPS

首页中的"打开"按钮并选择工作簿文件,或直接双击工作簿文件,可打开工作簿。

4. 关闭工作簿

直接单击窗口右上角的"关闭"按钮,或使用"文件"主菜单中的"退出"命令,即可。对编辑过但未做保存的工作簿,执行关闭或退出时,系统会弹出提示对话框,用户可根据提示进行相应的操作。

5. 保护工作簿

使用保护工作簿功能可以通过密码对当前工作簿进行保护,防止破坏工作簿的组成结构。工作簿开启保护功能后,可以正常打开工作簿并在工作表中编辑数据,但不能进行工作表的插入、删除、复制、移动等更改工作簿组成结构的操作。方法:单击"审阅"功能区"保护工作簿"按钮,如图7-4所示,在打开的"保护工作簿"对话框中输入密码,即可。

若工作簿设置了保护功能,在"审阅"选项卡中"保护工作簿"按钮就会变为"撤销工作簿保护"按钮,如图7-5所示,在"撤销工作簿保护"对话框中输入密码,即可撤销工作簿保护。

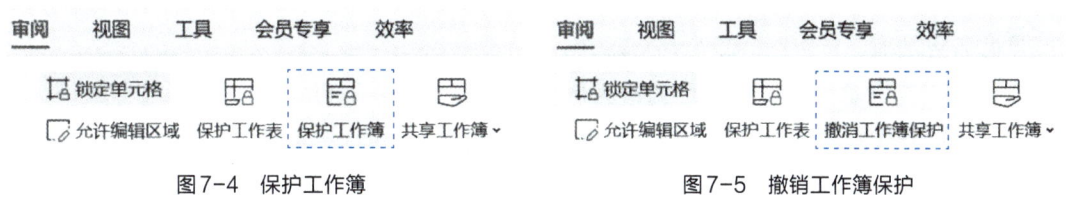

图7-4 保护工作簿　　　　　　图7-5 撤销工作簿保护

7.2.2 工作表的操作

1. 插入工作表

新建一个空白的工作簿后,该工作簿中就有一张工作表,插入新工作表的方法有:

方法一:直接单击工作表标签右侧的"新建工作表"按钮+,即可在工作表的最后插入一张新工作表。

方法二:右击工作表标签,在快捷菜单中选择"插入工作表"命令,或单击"开始"功能区"工作表"按钮,在弹出的下拉列表中选择"插入工作表"命令,如图7-6所示。在弹出的"插入工作表"对话框中,如图7-7所示,根据需要进行设置,单击"确定"按钮即可。

方法三:在"开始"功能区单击"工作表"按钮,在弹出的下拉列表中选择"插入工作表",在"插入工作表"对话框中单击"确定",即可。

2. 删除工作表

选定一张或多张工作表,右击选定工作表的标签,在弹出的快捷菜单中选择"删除"命令,即可。

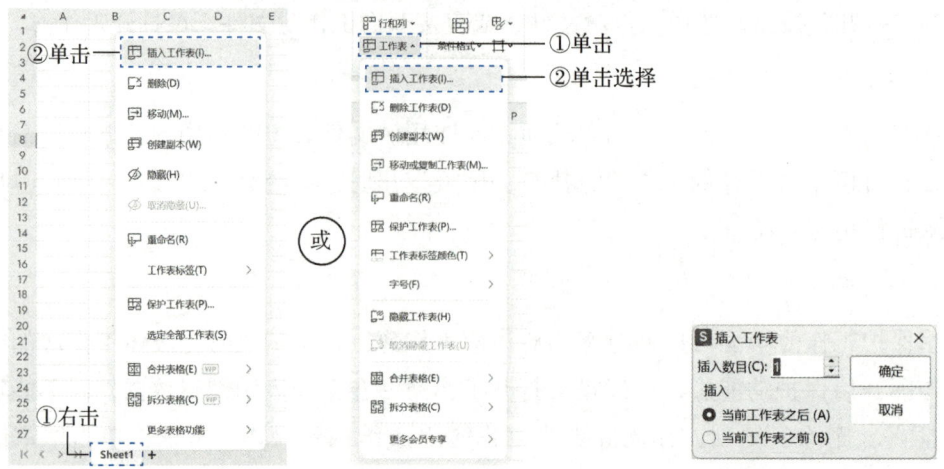

图7-6 插入工作表　　　　　　图7-7 "插入工作表"对话框

3. 重命名工作表

工作表名是描述数据主题的关键字。系统默认情况下，都是以"Sheet1""Sheet2"……进行命名。在工作中，为了清楚地表示工作表内容，需要根据工作表中的内容对工作表进行重新命名。

重命名方法有：

方法一：直接双击工作表标签，输入新的工作表名称，即可。

方法二：在工作表标签的快捷菜单，或"工作表"下拉列表中选择"重命名"，输入新的工作表名称，即可。

工作表的命名需要遵循一定的规范：

1）不多于31个字符；

2）不包含"？""："""*""\""/""[ ]"七个字符；

3）首尾字符不能使用半角单引号。

4. 复制或移动工作表

复制或移动工作表可以在同一个工作簿中进行，也可在不同的工作簿之间进行。

（1）在同一工作簿中

直接拖动工作表标签到需要的位置，即可实现工作表的移动；在拖动工作表的同时按下<Ctrl>键，则实现的是工作表的复制。

（2）在不同工作簿之间

首先打开源工作簿和目标工作簿，选定要进行复制或移动的工作表标签，可以使用"开始"功能区"工作表"下拉列表中的"移动或复制工作表"命令，如图7-8所示，也可右击选定工作表标签，在弹出的快捷菜单中单击"移动或复制工作表"命令，打开"移动或复制工作表"对话框即可跨工作簿移动，选中"建立副本"复选框则表示跨工作簿复制工作表。

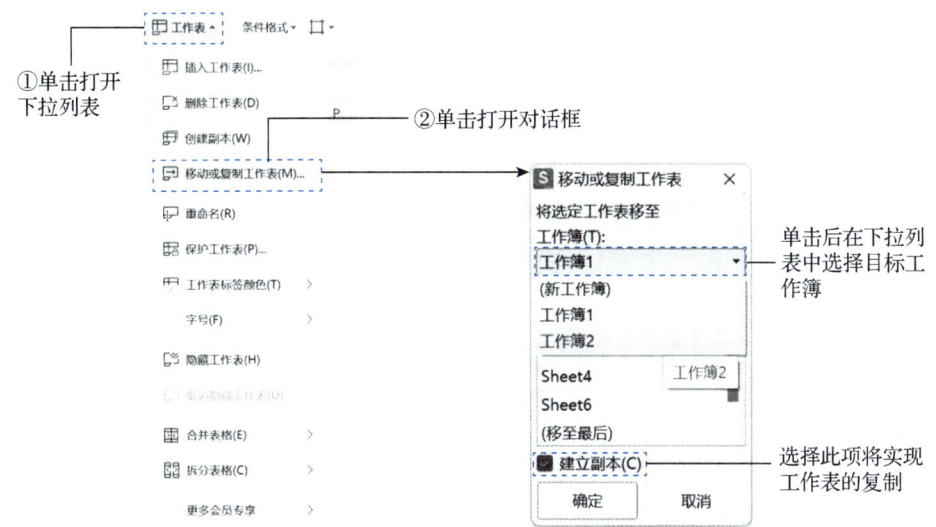

图 7-8　移动或复制工作表

5. 保护工作表

为了防止工作表中的数据被更改，可以使用"审阅"功能区"保护工作表"按钮，实现对工作表的保护。

> 知识扩展 7-1
>
> "保护工作簿"是限制工作表的操作，而对工作簿本身和单元格的操作不受影响。"保护工作表"限制的是单元格的操作，对工作表和工作簿本身的操作不受影响。

6. 冻结工作表

在查看数据报表时，会因为数据记录过多，使得数据的内容与行列标无法对照，在 WPS 表格中就可利用冻结窗格的功能来解决。使用"视图"功能区中"冻结窗格"命令即可锁定工作表的一部分行和列，使得锁定的行和列在页面滚动时始终可见。

7.2.3　单元格的操作

1. 选取单元格

对单元格或单元格区域进行编辑时，要先选定单元格或单元格区域。

（1）一个单元格

单击选定单元格使其成为活动单元格，或直接在名称框内输入单元格地址或名称，确定后即可选定该单元格。

（2）整行或整列

直接单击行号或列标，即可选定一整行或一整列。在行号或列标上，直接拖动即可选定多行或多列。

（3）选取整张工作表

单击工作表左上角的全选按钮即可选取整张工作表，如图7-9所示。

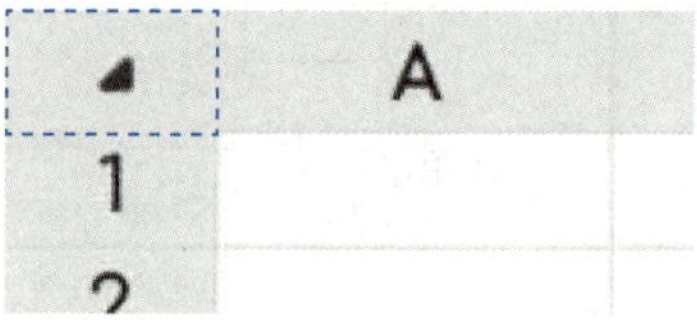

图7-9 全选按钮

（4）选取单元格区域

1）连续的单元格区域：利用鼠标拖动，从第一个单元格拖动到最后一个单元格；或单击第一个单元格后，按住<Shift>键再单击最后一个，即可。

2）不连续的单元格区域：按住<Ctrl>键拖动鼠标或逐一单击需要选取的单元格，即可。

2. 插入单元格、行或列

方法一：右击单元格，在弹出的快捷菜单中选择"插入"命令，在子菜单中根据需要选择对应选项，如图7-10所示。

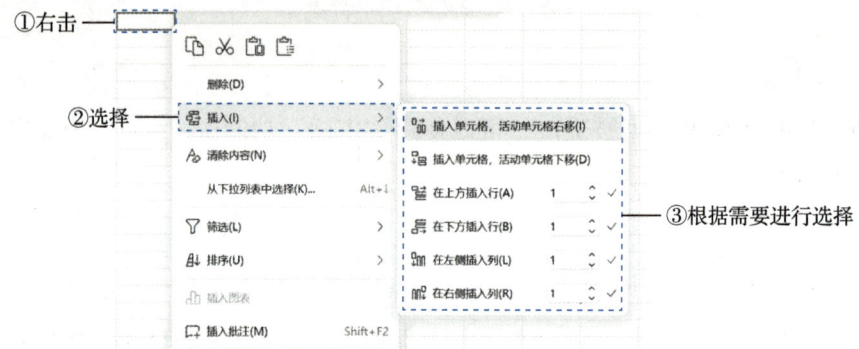

图7-10 插入单元格、行或列

方法二：单击"开始"功能区"行和列"按钮，在下拉列表中选择"插入单元格"，在弹出的子菜单中根据需要选择对应选项，即可。

若要插入整行或整列，可直接右击行号或列标，在快捷菜单中选择对应项，输入要插入的列数或行数，单击"√"按钮，即可，如图7-11所示。

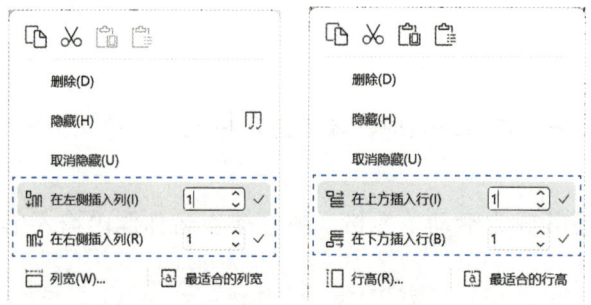

图7-11 利用快捷菜单插入行或列

3. 删除单元格、行或列

方法一：右击单元格，在弹出的快捷菜单中选择"删除"命令，在子菜单中根据需要选择对应选项，即可。

方法二：选择要删除的单元格或区域，单击"开始"功能区"行和列"下拉列表按钮，在此下拉列表的"删除单元格"的子菜单中即可完成操作，如图7-12所示。

若要删除整行或整列，可直接右击行号或列标，在快捷菜单中执行"删除"命令，即可。

4. 复制、移动

选取所要复制、移动的内容，按<Ctrl+C>组合键后再单击目标位置按<Ctrl+V>组合键，完成复制操作。按<Ctrl+X>组合键后再单击目标位置按<Ctrl+V>组合键，完成移动操作。

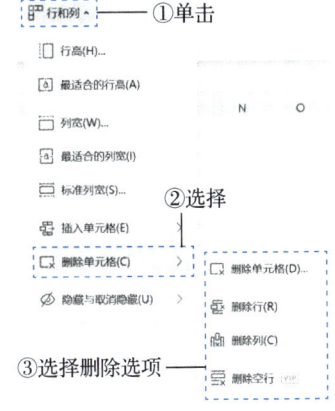

图7-12 删除单元格、行或列

如果单元格的内容包含格式、公式或函数等，在进行粘贴时，可进行选择性粘贴，如图7-13所示，可在粘贴列表中选择要粘贴的选项，也可打开"选择性粘贴"对话框，选择要粘贴的内容。

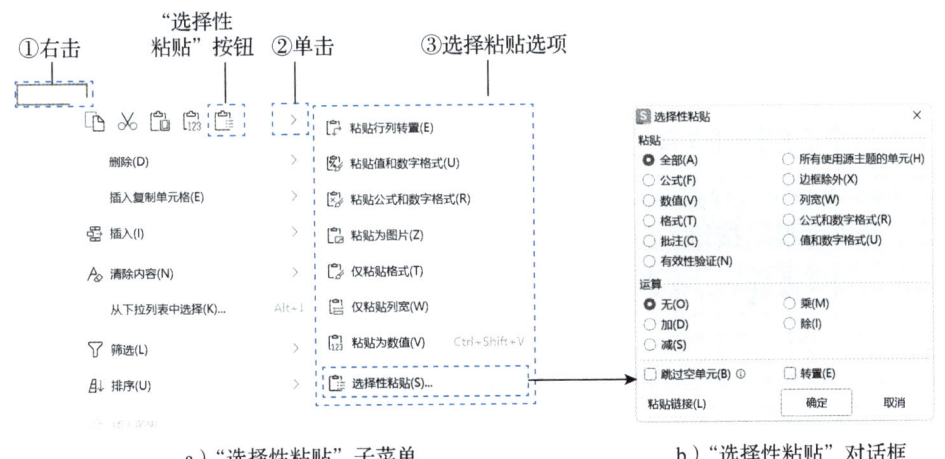

a)"选择性粘贴"子菜单　　　　b)"选择性粘贴"对话框

图7-13 选择性粘贴

5. 保护单元格

保护单元格可以锁定单元格编辑权限以防被更改，或隐藏单元格中的真实值以防泄密。单击"审阅"功能区"锁定单元格"按钮，即可锁定或解除锁定选定单元格或单元格区域。系统默认情况下，工作表中的单元格均已锁定。

注意：锁定单元格需要先启用保护工作表后才可生效。

7.2.4 编辑数据

1. 清除数据

清除数据是在不删除行、列或单元格的前提下，对选定的行、列或单元格中的内容进行清除的一项操作。右击选定要清除数据的单元格、行或列，在弹出的快捷菜单中选择"清除内容"命令，在其子菜单中选择要清除的内容，如图7-14所示。

2. 查找数据

利用查找功能可快速搜索到某个指定的数据。单击"开始"功能区"查找"按钮，在弹出的下拉列表中选择"查找"命令，在打开的"查找"对话框中填写查找内容，即可。在"查找"对话框中单击"选项"按钮，可打开或隐藏更多查找方式，如图7-15所示。

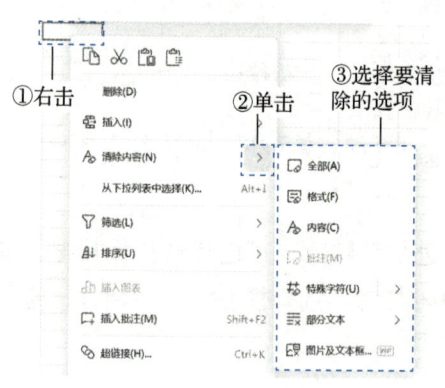

图7-14 "清除内容"子菜单

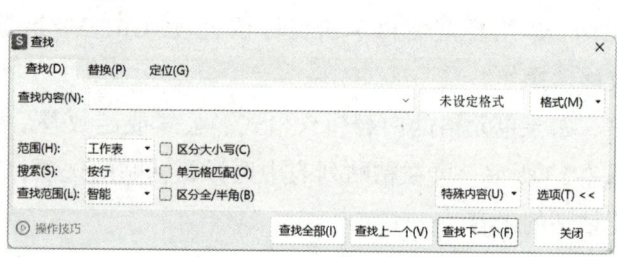

图7-15 "查找"对话框

3. 替换数据

WPS表格中的替换可以自动替换数据，或替换指定的格式。在"替换"对话框中，如图7-16所示，输入相应内容后，若单击"替换"按钮，则会逐一对查找内容进行查找并替换；单击"全部替换"按钮，将替换所有符合条件的内容；单击"查找下一个"按钮，将跳过查找过的内容进行下一步查找。

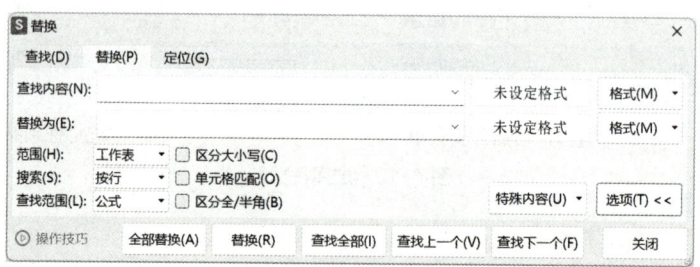

图7-16 "替换"对话框

7.3 工作表的格式化设置

为了使工作表更加美观，提高工作表的可读性，需要对工作表进行格式化设置。

7.3.1 输入数据

数据类型是数据处理的基础。在WPS表格中，数据类型主要包括数值型、文本型、日期型、逻辑型（布尔型）和错误值，每种数据类型都有特定的格式和输入方式。

1. 输入文本型数据

文本型数据用于表示文字、名称等非数值信息。文本型数据可由汉字、字母、数字、符号、空格等组成。默认的对齐方式为单元格内左对齐。

> **知识扩展7-2**
>
> - 输入文本型数字时，需要在数字前加一个英文的单引号"'"，如：输入'12345678。
> - 输入超过11位的数字，WPS表格将其自动识别为文本型数据。

2. 输入数值型数据

数值型是电子表格中最基本的数据类型之一，一般由数字、+、-、(、)、小数点、¥、$、%、/、E、e等组成。数值型数据可以进行数学运算，如加、减、乘、除等，默认的对齐方式为单元格内右对齐。

> **知识扩展7-3**
>
> - 输入负数时，可以在数字前输入"-"负号，也可将数字置于括号()内，如，输入-6或（6），单元格内都显示数值型数据"-6"。
> - 输入分数时，在数字前输入"0"和空格，否则WPS表格会自动识别为日期型数据，如，输入0 2/8，将自动约分并在单元格内显示为"1/4"。

3. 输入日期型数据

日期型数据用于存储日期和时间信息，是一种特殊的数值型数据，可以进行日期运算。WPS表格中，在输入年、月、日时，以短横线"-"或正斜杠"/"分隔或直接以中文"年月日"分隔，都会被自动识别为日期型数据，默认的对齐方式为单元格内右对齐。

4. 逻辑型数据

逻辑型数据用于表示真（TRUE）或假（FALSE）的状态，通常是条件判断或逻辑运算表达式的结果。当逻辑值参与数值计算时，TRUE和FALSE分别被视为1和0。

5. 错误值

错误值表明在数据处理过程中遇到了问题或错误。错误值通常以特定的错误代码表示，如，#DIV/0!表示除数为零错误、#N/A表示不可用错误等。

7.3.2 快速填充数据

自动填充数据功能是在工作表中对一组数据进行智能化填充，能够根据已输入的数据模式自动预测并填充后续数据，提高数据输入的效率。

1. 批量填充

批量填充是在区域范围内批量输入相同的数据。

方法一：选取需要输入相同数据的单元格区域，输入数据后，按<Ctrl+Enter>组合键，即可将数据批量填充到整个选定区域中。

方法二：单击"开始"功能区"填充"按钮，在弹出的下拉列表中选择"向下填充"等命令，即可完成相邻单元格的快速填充，如图7-17所示。

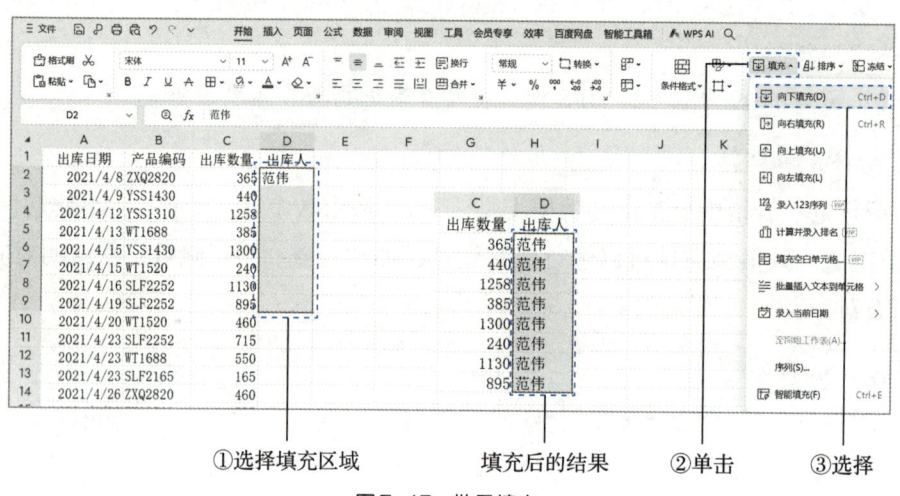

图7-17　批量填充

2. 序列填充

序列填充是WPS表格最常用的快速输入数据的方法之一，可通过以下途径进行数据的自动填充。

（1）自动填充

填充柄是WPS表格中提供的一个数据输入的便捷工具，主要用于快速填充单元格的数据、格式或公式。鼠标通过拖动位于活动单元格右下角的"填充柄"，如图7-18所示，可完成相邻单元格区域数据和格式的自动填充。

拖动填充柄后填充区域右下角会弹出"自动填充选项"按钮，单击该按钮打开下拉列表，如图7-19所示，可更改填充区域的填充方式。

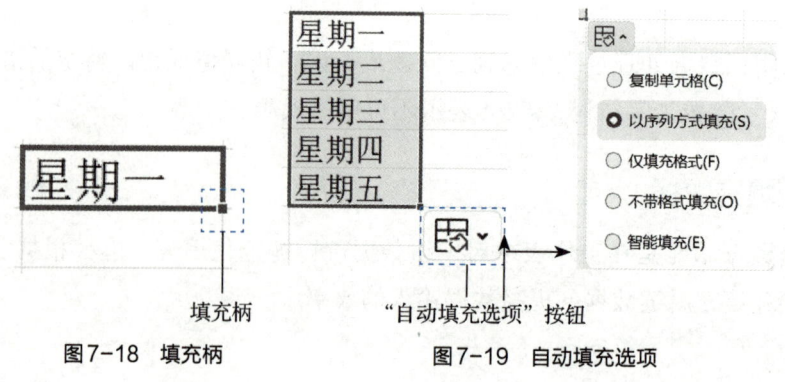

图7-18　填充柄　　　　图7-19　自动填充选项

（2）智能填充

智能填充可以根据已有的数据模式或规则，自动预测并填充新数据。如图7-20所示，在H2单元格输入数据模型，按<Ctrl+E>组合键，或单击"开始"功能区"填充"按钮，在下拉列表中选择"智能填充"命令，或拖动填充柄，在弹出的"自动填充选项"的下拉列表中，选择"智能填充"命令，即可。

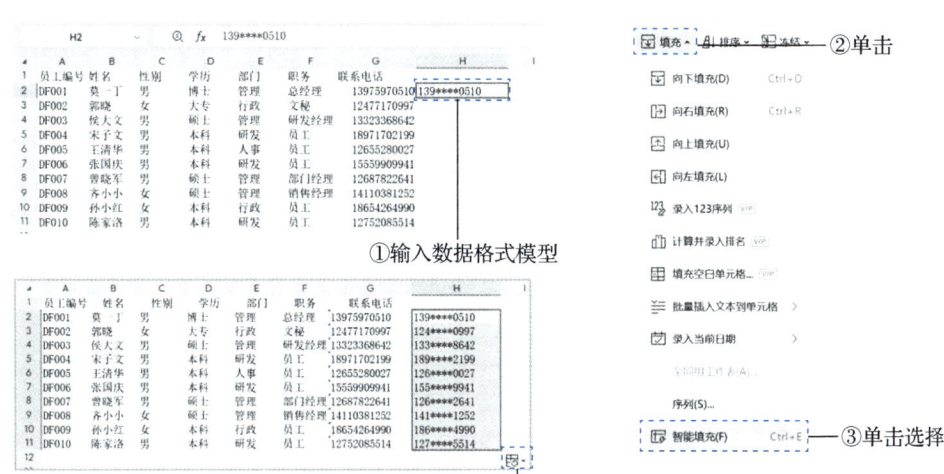

图7-20 智能填充

注意：智能填充只能在数据区域的相邻列中完成，不可横向填充，不可有空白列间隔。

3. 自定义序列

WPS表格虽然提供了很多常用的内置序列，但也可根据需要填充自行定义的序列。进入"文件"主菜单，选择"选项"命令，打开"选项"对话框，"选项"对话框中自定义序列如图7-21所示。

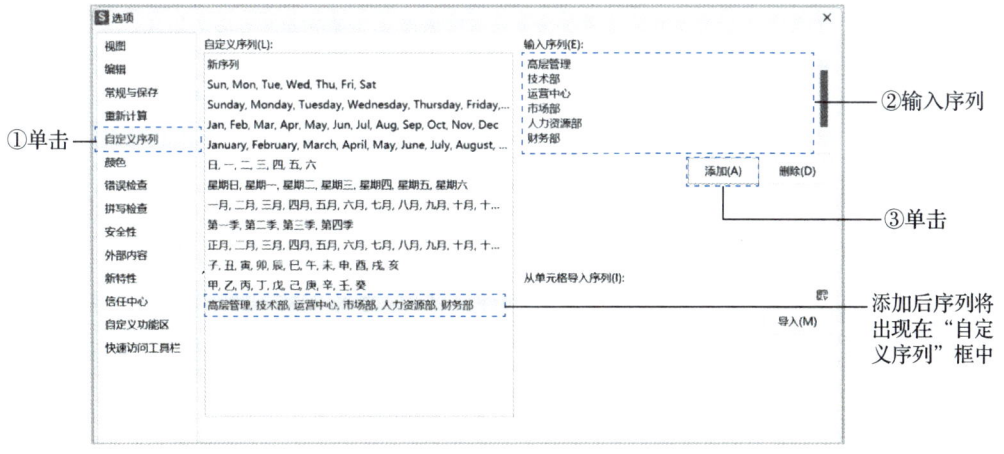

图7-21 "选项"对话框中自定义序列

> **知识扩展 7-4**
>
> 自定义序列也可在"选项"对话框"自定义序列"选项中，单击"从单元格导入序列"栏右侧按钮，选择序列所在工作表的区域，单击"导入"按钮，进行添加。

4. 下拉列表式填充

在 WPS 表格中，提供了下拉列表式的数据输入方式，在提高效率的同时规避了错误输入。如图 7-22 所示，先选择填充区域后，单击"数据"功能区"下拉列表"按钮，打开"插入下拉列表"对话框，在该对话框中可使用"手动添加下拉选项"，也可使用"从单元格选择下拉选项"定义下拉列表。

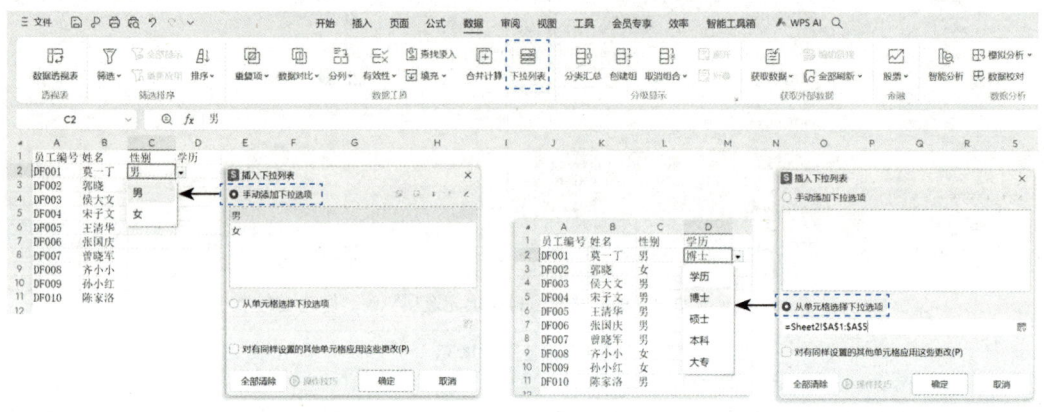

图 7-22 插入下拉列表

> **知识扩展 7-5**
>
> • 数据有效性
>
> 为防止输入无效数据，提高数据输入的准确性，可利用数据有效性功能自动检查输入数据。单击"数据"功能区中的"有效性"按钮，自动验证输入的数据是否符合预先设定好的规则。

实训 7-1　录入新生基本情况信息表

01　任务描述：

为了更好地进行班级管理，需要对原有的学生基本情况中的数据进行规范输入，如图 7-23 所示。

02　任务分析：

由于学校录取名单中学生的基本情况信息不完整，且相关数据格式不规范，例如：缺少"学号"数据，"性别"和"政治面貌"数据格式不统一。

	A	B	C	D	E	F	G
1	学生基本情况信息表						
2							
3	学号	姓名	性别	出生日期	成绩	政治面貌	联系电话
4	001	李心怡	女	2005/6/4	513	团员	12975970510
5	002	韩珂	男	2005/3/20	497	群众	12477170997
6	003	刘艺涵	女	2005/5/24	519	团员	12323368642
7	004	刘俊佟	女	2005/7/30	413	团员	12971702199
8	005	刘佳慧	女	2006/5/16	501	团员	12655280027
9	006	孙舜	男	2005/10/9	466	群众	12559909941
10	007	周米文	男	2006/8/1	401	团员	12687822641
11	008	孙瑜晗	男	2005/11/6	399	群众	12110381252
12	009	赵瑜梦	男	2005/11/30	495	团员	12654264990
13	010	余韬	男	2006/1/5	465	团员	12752085514
14	011	孙芊	女	2005/7/29	509	群众	12465935777
15	012	李秋阳	男	2005/8/24	498	团员	12686334009
16	013	周雨昕	女	2006/2/13	398	团员	12747738743
17	014	赵玥	男	2005/12/25	427	群众	12168632581
18	015	郭玲玲	女	2005/10/26	468	团员	12172605914
19	016	程恬	男	2005/4/30	430	团员	12641447432
20	017	陈温格	男	2005/5/26	365	群众	12244474482
21	018	杨程雁	女	2005/6/30	431	团员	12479033202
22	019	李冰月	女	2006/6/25	472	团员	12382327949
23	020	黄怀中	男	2005/6/28	421	群众	12383605517

图 7-23　学生基本情况表

03 实施步骤：

① 打开工作簿"学生基本情况表"。

② 在"学生基本情况"工作表中，按数据样式输入"学号"数据。

③ 选择"性别"数据列，单击"数据"功能区"下拉列表"按钮，打开"插入下拉列表"对话框，在"手动添加下拉选项"中添加"男""女"列表，如图 7-22 所示，单击"确定"按钮，即可。

④ 单击"性别"列中每个单元格的下拉列表按钮，完成数据的填充。

⑤ "政治面貌"数据列的填充，重复步骤③和步骤④。

7.3.3　设置单元格格式

单元格格式决定了单元格及其数据显示的外观。在单元格或单元格区域的快捷菜单中选择"设置单元格格式"命令，或在"开始"功能区中单击对应的对话框启动按钮，如图 7-24 所示，打开"单元格格式"对话框即可进行设置。

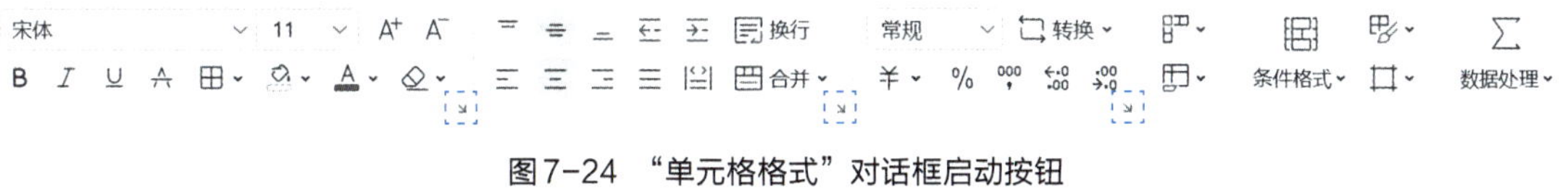

图 7-24　"单元格格式"对话框启动按钮

1. 设置数字格式

WPS 表格中提供了多种数字格式，打开"单元格格式"对话框后，可以根据需要进行设置。"数字"选项卡如图 7-25 所示。

2. 设置对齐方式

数据在单元格内的对齐方式分为水平对齐和垂直对齐两种，数据方向可在"方向"区中输入参数或用鼠标拖曳指针进行设置，"对齐"选项卡如图 7-26 所示。

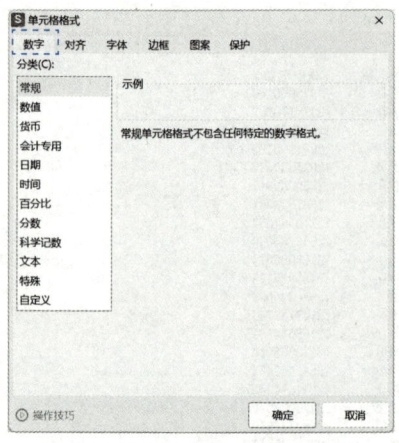

图7-25 "数字"选项卡

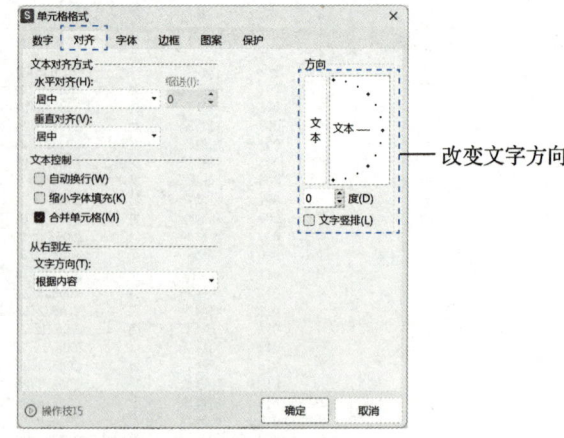

图7-26 "对齐"选项卡

3. 设置边框和底纹

WPS表格的工作表中，行和列是用灰色网格线分隔的，但网格线是无法打印出来的，因此，工作表需要在打印前设置边框线。边框线的设置可以直接单击"开始"功能区"字体"功能组中的"边框"下拉列表按钮 进行设置，也可在"单元格格式"对话框"边框"选项卡中完成，"边框"选项卡如图7-27所示。为了提高数据表的可读性，还可对单元格设置底纹效果，"图案"选项卡如图7-28所示。

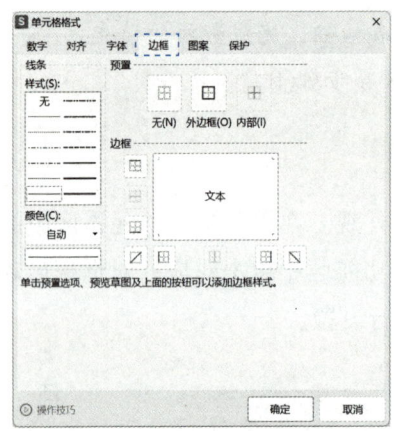

图7-27 "边框"选项卡

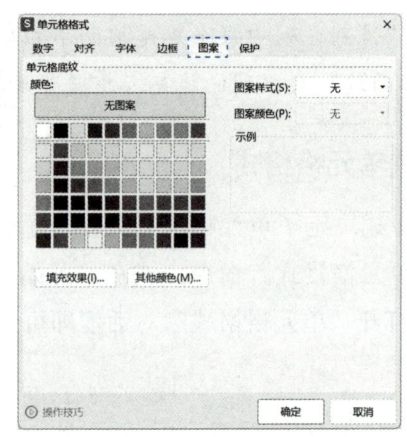

图7-28 "图案"选项卡

4. 合并单元格

合并单元格是将相邻的多个单元格合并为一个单元格。WPS表格中提供了多种单元格合并的方式，每种方式都有所不同，详见表7-1。

表7-1 单元格合并方式

方式	说明
合并居中	合并后仅保留第一个单元格的内容，并居中对齐

(续)

方式	说明
合并单元格	与"合并居中"基本相同,不同在于单元格内的数据对齐方式保持不变
合并内容	将所有成员单元格中的内容链接起来并换行显示
按行合并	适用于多列。分别合并跨列连续区域中的同行单元格,保留第一列数据
跨列居中	适用于多列。与"按行合并"类似,但各单元格保持独立
合并相同内容	适用于单列。自动识别并分别合并相同内容的相邻单元格

5. 设置行高和列宽

方法一:手动调整。使用鼠标拖动行号或列标的分割线,即可。

方法二:单击"开始"功能区"行和列"按钮,在弹出的"行和列"下拉列表中,根据需要选择"行高"或"列宽",在弹出的对话框中输入数值,单击"确定"按钮即可,如图7-29所示。

方法三:右击行号或列标,在弹出的快捷菜单中选择"行高"或"列宽",输入数值,单击"确定"按钮即可,如图7-29所示。

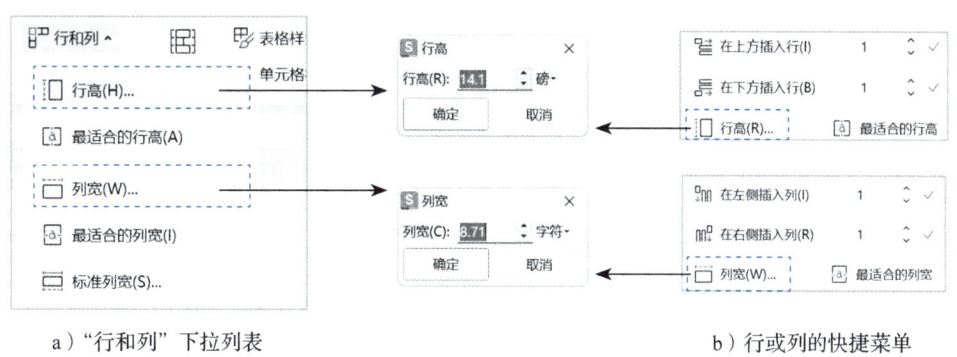

a)"行和列"下拉列表   b)行或列的快捷菜单

图7-29 设置行高和列宽

6. 套用内置单元格样式

单元格格式除了手动进行设置外,WPS表格中还提供了各种已经设置好的单元格格式组合,可以方便用户快速对单元格进行格式化,方法有直接套用单元格样式和自定义样式两种。

1)套用内置样式:选定要格式化的单元格区域,单击"开始"选项卡"单元格样式"按钮,在弹出的下拉列表中选择所需要的格式,如图7-30所示,即可完成所选区域单元格的格式化。

2)自定义样式:可选择"单元格样式"下拉列表下方的"新建单元格样式"命令,打开"样式"对话框，如图7-31所示，单击"格式"按钮后，可在打开的"单元格格式"对话框中对单元格进行格式设置。

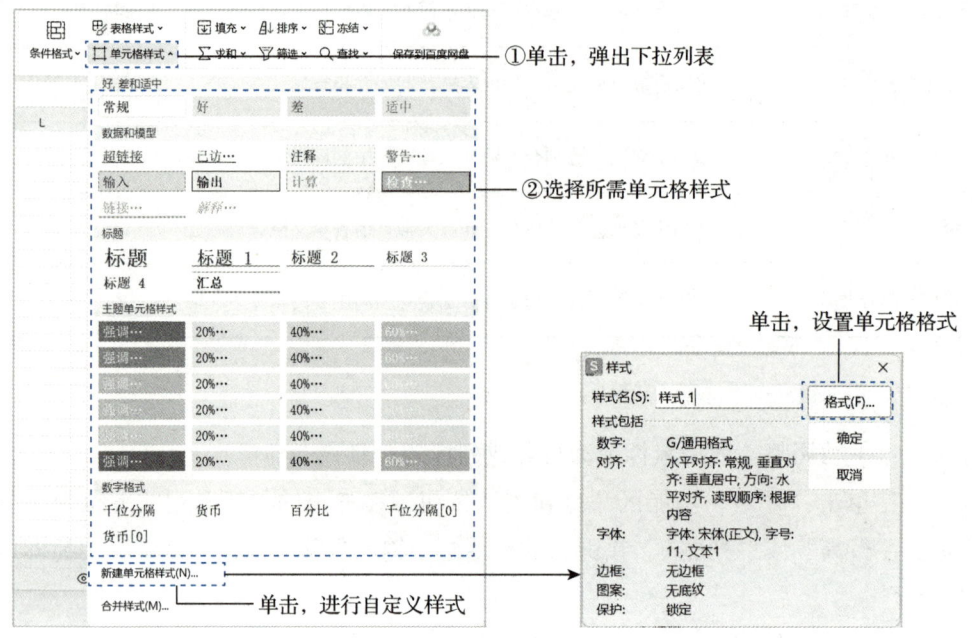

图7-30 "单元格样式"列表　　　图7-31 "样式"对话框

知识扩展7-6

· 合并样式

在当前工作簿中套用其他工作簿中的自定义单元格样式时，可使用"合并样式"功能。合并样式之前应先打开目标样式所在工作簿，再使用"单元格样式"的下拉列表下方的"合并样式"命令。

实训7-2　设置与美化学生基本情况表

01 任务描述：

完成"学生基本情况表"工作簿中的"学生基本情况"工作表的格式设置。完成后效果如图7-32所示。

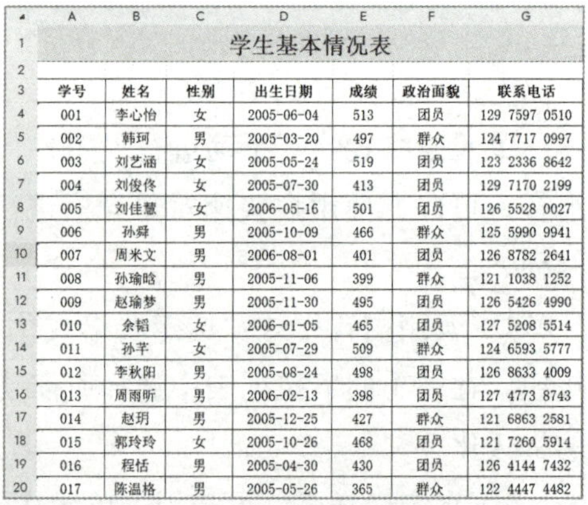

02 任务分析：

表头需要进行单元格合并等设置。

数据表中"出生日期""联系电话"的数字格式需要进行自定义。

图7-32 设置与美化后的结果

03 实施步骤：

① 选择 A1 至 G1，打开如图 7-26 所示的"单元格格式"对话框，在"文本控制"中选择"合并单元格"，水平、垂直对齐方式均为居中。

② 对"学生基本情况表"所在单元格应用"输入"单元格样式，如图 7-30 所示，后将字号设置为 18 磅，字体为宋体。

③ 选择第 1 行，将其行高设置为 28 磅；第 3 至 23 行行高设置为 18 磅。

④ 选择数据区域 A3 至 G23，在"开始"功能区"字体"功能组中，选择"边框"按钮，为表格设置全部框线。

⑤ 修改"出生日期"数据列的数字格式，在"单元格格式"对话框"数字"选项卡的分类中，选择"自定义"，在自定义的类型中输入"yyyy-mm-dd"，单击"确定"按钮，即可。使用同样的方法设置"联系电话"数据列的数字格式，输入"000 000 0000"格式，如图 7-33 所示。

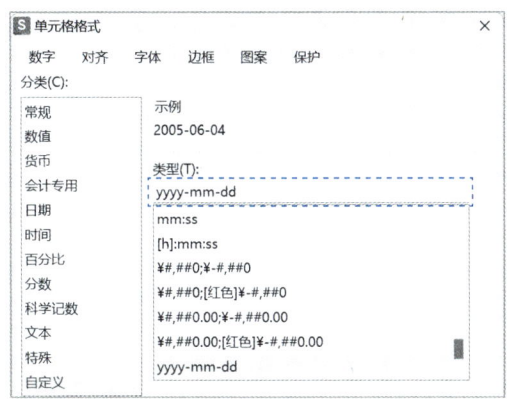 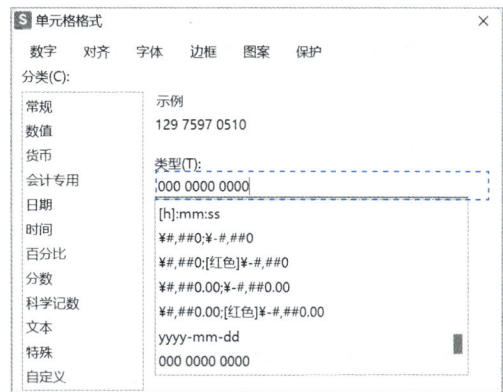

图 7-33　设置数字格式

知识扩展 7-7

• 数字格式常用的占位符

占位符	说明
0（数字）	数字占位符。数字长度大于占位符数量时，显示实际数字；小于占位符数量时，则用 0 补足。如，输入 4.5，希望将其显示为 4.50，可定义格式为 #.00
#	数字占位符。只显示有效数字而不显示无意义的 0。小数位数大于占位符数量时，按占位符位数四舍五入。如，输入 4.5，格式定义为 #.##，则单元格内将显示为 4.5

数字格式仅为在单元格内显示的方式，并不影响实际的存储和计算。如，单元格中的数据为 13.64，进行格式设置后单元格内显示为 14，但实际存储和参与计算的仍为原始数据 13.64。

7.3.4 设置条件格式

条件格式是当单元格中的数据满足某一设定的条件时，系统会自动将其以设定的格式显示出来，增强了数据的可读性。条件格式具有动态性，也就是说，当单元格数据发生变化时，单元格的格式也将根据数据条件自动进行修改，或覆盖之前手动设置的单元格格式。

在“开始”功能区“条件格式”按钮的下拉列表中包含了内置的5种条件格式，详见表7–2。

表7–2 各项条件格式的功能说明

规则	功能说明
突出显示单元格规则	突出显示所选单元格区域中符合特定条件的单元格
项目选项规则	显示所选单元格区域内若干个最高值或最低值、高于或低于该区域平均值设定的单元格格式
数据条	通过类似条形图的图形效果，直观地对比各单元格数值的大小
色阶	通过单元格背景颜色的渐变效果，直观地比较单元格区域中数据的分布和变化情况
图标集	使用内置的图标样式来分级注释数据，每个图标代表一个数值范围

实训7–3 利用条件格式设置单元格格式

01 任务描述：

将“学生基本情况”工作表中500分及以上的成绩所在单元格格式设置为浅红填充色、深红色文本，完成后效果如图7–34所示。

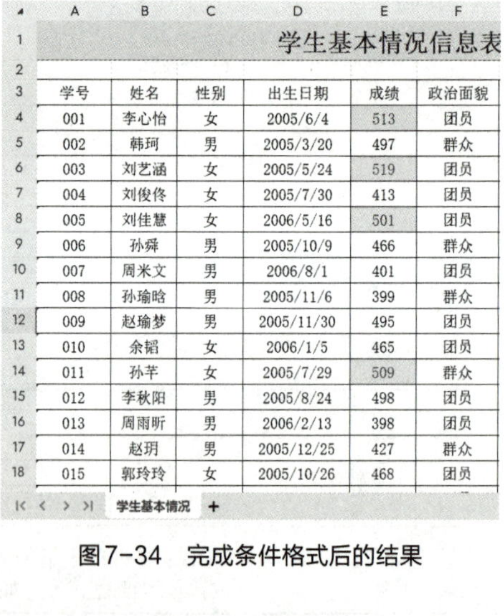

学生基本情况信息表

学号	姓名	性别	出生日期	成绩	政治面貌
001	李心怡	女	2005/6/4	513	团员
002	韩珂	男	2005/3/20	497	群众
003	刘艺涵	女	2005/5/24	519	团员
004	刘俊伶	女	2005/7/30	413	团员
005	刘佳慧	女	2006/5/16	501	团员
006	孙舜	男	2005/10/9	466	群众
007	周米文	男	2006/8/1	401	团员
008	孙瑜晗	男	2005/11/6	399	群众
009	赵瑜梦	男	2005/11/30	495	团员
010	余韬	女	2006/1/5	465	团员
011	孙芊	女	2005/7/29	509	群众
012	李秋阳	男	2005/8/24	498	团员
013	周雨昕	男	2006/2/13	398	团员
014	赵玥	男	2005/12/25	427	群众
015	郭玲玲	女	2005/10/26	468	团员

图7–34 完成条件格式后的结果

02 任务分析：

从一组数据中筛选出符合条件的数据，并以特殊的格式显示，使之一目了然。

03 实施步骤：

① 选择要设置条件格式的区域E1至E23。

② 单击“开始”功能区“条件格式”按钮，弹出“条件格式”下拉列表，选择“突出显示单元格规则”→“其他规则”，如图7–35所示，打开“新建格式规则”对话框。

③ 如图7–36所示，在“新建格式规则”对话框的“编辑规则说明”区域中，设置单元格值“大于或等于”“500”后，单击“格式”按钮，打开“单元格格式”对话框。

④ 在“单元格格式”对话框“字体”选项卡中，设置文本颜色为深红色，在“图案”选项卡中，设置单元格底纹颜色为“猩红，着色6，浅色80%”，单击“确定”按钮。

⑤ 所设置的单元格格式将在"新建格式规则"对话框底部"预览"区中可见，如图7-36所示，此时再单击"确定"按钮，即可完成设置。

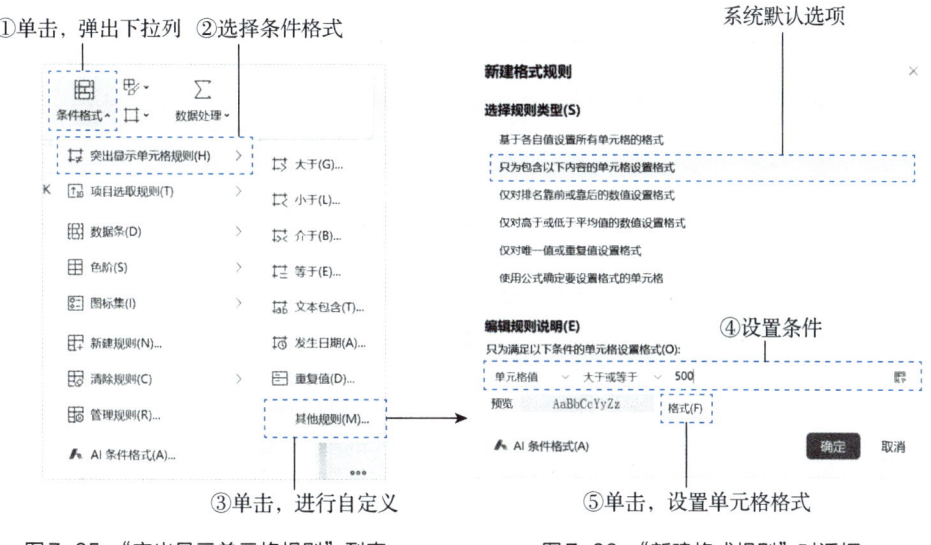

图7-35 "突出显示单元格规则"列表　　图7-36 "新建格式规则"对话框

7.3.5 套用表格格式

套用表格格式是将预设的表格格式应用到整个数据区域中，并自动生成表。表与数据区域在WPS表格等电子表格软件中，虽然都用于存储和展示数据，但它们在功能、特性和使用方式上存在一些明显的区别。

> **知识扩展7-8**

• 数据区域与表

数据区域：简单来说，就是一组连续的单元格，用于存储和显示数据。数据区域可以是单个单元格，也可以是多个单元格组成的矩形区域。

表：是一种特殊且独立的数据区域，它带有额外的功能和特性，如自动筛选、排序、汇总等。表通常具有一个标题行，用于标识每列数据的含义。

• 创建表

选择数据区域后，单击"插入"功能区中的"表格"按钮，在"创建表"的对话框中确定即可。此时，系统会自动打开"表格工具"功能区。在"表格工具"功能区中，可使用"转换为区域"按钮，将表转换为普通数据区域。

实训7-4　套用表格样式

01 任务描述：

将"学生基本情况"工作表中数据区域应用表格样式，完成后效果如图7-37所示。

02 任务分析：

数据区域仅仅只是套用表格样式，并未转换为表。

03 实施步骤：

① 选择数据区域A3至G23，单击"开始"功能区"表格样式"按钮，在弹出的列表中选择"表样式4"。

② 在弹出的"套用表格样式"对话框中，如图7-38所示，选择"仅套用表格样式"，并将第1行设为标题行，单击"确定"即可。

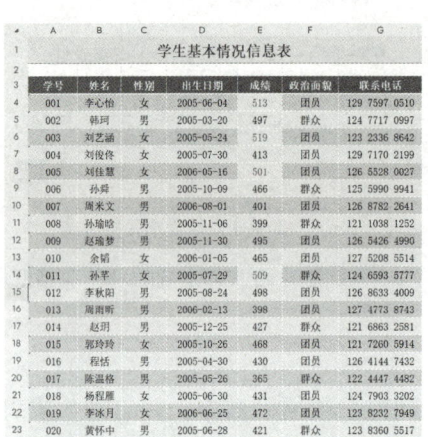
图7-37 完成套用表格样式后的结果

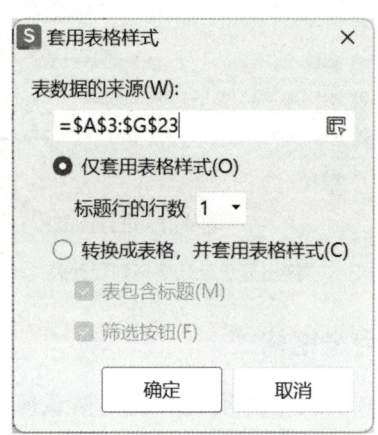
图7-38 "套用表格样式"对话框

7.4 公式与函数

WPS表格中的公式和函数是进行数据处理和分析的重要工具。通过公式和函数计算出的结果不但保证了正确率，而且当原始数据发生改变后，计算结果也能自动更新，极大地提高了用户的工作效率。

7.4.1 单元格的引用

单元格的引用在电子表格非常重要，它允许在公式中引用其他单元格的值。当单元格的内容发生变化时，引用这些单元格的公式或函数会自动更新，从而确保数据的一致性和准确性。引用还可以用于跨工作表或工作簿链接数据，实现复杂的数据管理和分析。单元格的引用可分为相对引用、绝对引用和混合引用三种。

1. 相对引用

当复制公式到新的位置时，相对引用的单元格地址会根据新位置自动调整。例如，在A1单元格中输入公式"=B1"，表示在A1单元格中引用紧邻它右侧单元格中的值，若将此公式复制到A2单元格中，A2中的公式就会自动变为"=B2"。

2. 绝对引用

绝对引用的单元格地址在复制公式时不会改变。通过在行号和列标前加上"$"符号来实现绝对引用。例如，在A1单元格中输入公式"=$B$1"，若将A1复制到A2中，A2中的公式仍然是"=$B$1"。

3. 混合引用

当需要固定引用行而允许列发生变化时，在行号前加"$"符号，如"=A$1"；或需要固定引用列而允许行发生变化时，在列标前加"$"符号，如"=$A1"。

4. 单元格区域的引用

（1）连续单元格区域的引用

使用冒号将相邻的单元格连接在一起引用。如"A1:B5"表示A1到B5的所有单元格，如图7-39所示。

（2）不连续单元格区域的引用

使用逗号将多个不相邻的单元格或单元格区域联合起来引用，如"A1，B3，D2"表示A1、B3、D2三个单元格，如图7-40所示。

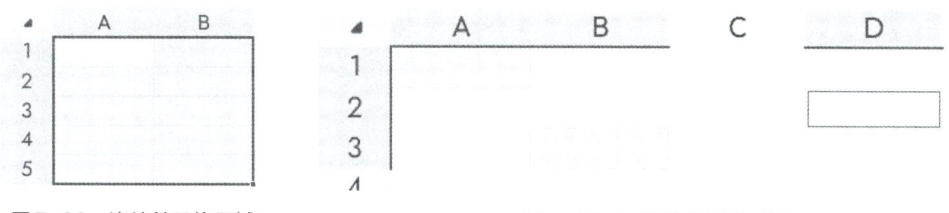

图7-39　连续单元格区域　　　　图7-40　不连续单元格区域

（3）跨表引用

引用同一工作簿中不同工作表中的单元格。

引用格式为：工作表名！单元格地址，如：Sheet1！A1，表示引用"Sheet1"工作表中A1单元格。

（4）跨文件引用

引用不同工作簿的工作表中的单元格。

引用格式为：[工作簿文件名]工作表名！单元格地址，如：[学生成绩表]Sheet1！A1，表示引用"学生成绩表"文件的"Sheet1"工作表中的A1单元格。

7.4.2　公式的使用

WPS表格中的公式是工作表中对数据进行计算的表达式。公式必须以等号"="开始，可以包含函数、单元格引用、数值或运算符号。

公式中使用的运算符有：算术运算符、比较运算符、文本运算符、引用运算符四种。运算符具有优先级，由高到低的顺序列出常用运算符的功能、示例及运算结果见表7-3。

表7-3 常用运算符功能、示例及运算结果

运算符	功能	示例	运算结果
-	负号	-6	
%	求百分比	18%	0.18
^	乘方	3^2	9
*；/	乘法；除法	4*3；2/8	12；0.25
+；-	加；减	4+9；9-4	13；5
&	文本运算符，完成字符串的连接	"WPS" & "2019"	WPS2019
=；<>	等于；不等于	4=9；4<>9	FALSE；TRUE
>；>=	大于；大于等于	4>9；4>=9	FALSE；FALSE
<；<=	小于；小于等于	4<9；4<=9	TRUE；TRUE

知识扩展7-9

- **显示公式**

为了便于检查和修改公式，在单元格中正确输入公式后并不返回结果，仅显示公式自身表达式，可单击"公式"功能区"显示公式"按钮 fx 显示公式，将当前工作表置于"显示公式"模式。

- **公式求值**

在WPS表格中，单击"公式"功能区"公式求值"按钮，在"公式求值"对话框中可以按照公式运算顺序依次查看公式的分步计算结果。

实训7-5　计算总成绩

01　任务描述：

在"学生成绩统计表"工作簿"学生成绩统计"工作表中，根据各部分成绩比例计算每人的总成绩。

02　任务分析：

对课程各部分的成绩汇总在"成绩"工作表中，使用公式计算每人的总成绩，可以看出每位学生总分的高低，反映学生学习的总体成效。

03　实施步骤：

① 在F3单元格中输入公式"=C3*0.5+D3*0.3+E3*0.2"，如图7-41所示。

② 按键盘<Enter>键确定输入，或单击编辑栏中的"输入"按钮，在单元格中即可显示运算结果，在编辑栏中仍显示公式表达式，如图7-42所示。

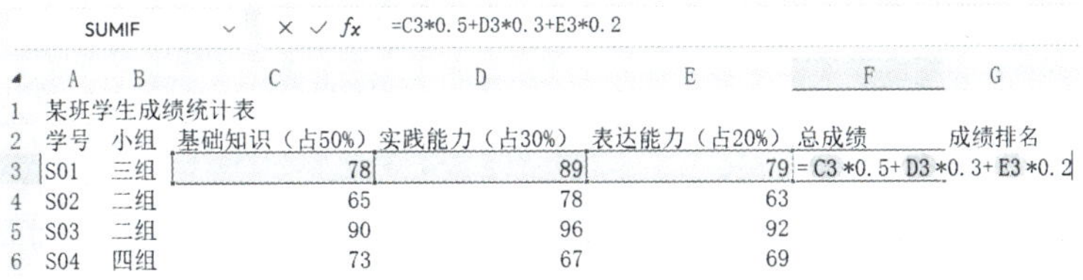

图7-41 输入公式

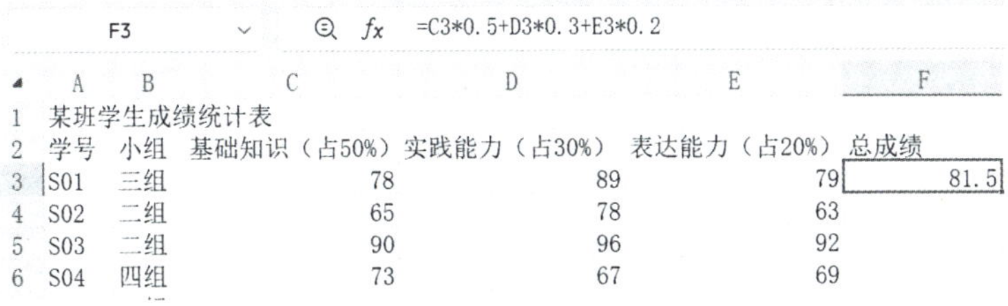

图7-42 运算结果

7.4.3 自动计算

利用“公式”功能区的“自动求和”列表，如图7-43所示，可以自动计算一组数据的累加和、平均值、最大值、最小值等。自动计算即可以计算连续的数据区域，也可计算不连续的数据区域。

例如：在“学生成绩表”中，如选取B3至D3，使用“公式”功能区的“自动求和”命令，计算结果将显示在E3单元格中，如图7-44a所示。如选取B3至E6单元格区域时，执行“自动求和”命令，计算结果将显示在E3至E6区域中，如图7-44b所示。

a）单元格自动求和　　b）区域自动求和

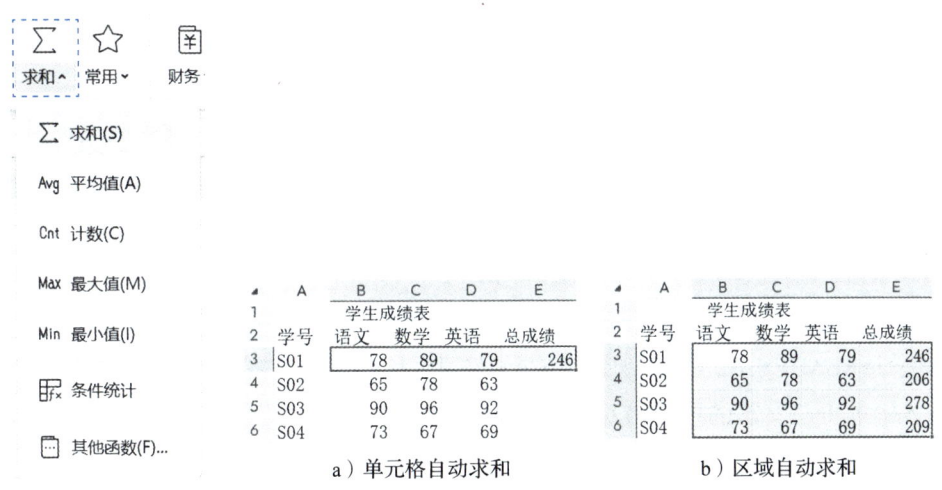

图7-43 “自动求和”列表

图7-44 单元格区域自动计算

7.4.4 函数的使用

WPS表格提供了丰富的函数，用于执行各种数据处理和分析任务。函数是预先定义好的公式，可以对一个或多个值执行计算，并返回一个或多个值。

函数的格式：=函数名（参数1，[参数2]，[参数3]，…）

函数的参数可以是常数、单元格引用、数组、名称或其他函数。一个函数作为另一个函数的参数使用，称为函数的嵌套。

输入函数可以在编辑栏内直接输入函数名，或使用"插入函数"对话框，搜索函数（打开"插入函数"对话框的方法：单击编辑栏中"插入函数"按钮 fx，也单击"公式"功能区中的"插入函数"按钮）。

1. 常用函数及功能（见表7-4）

表7-4　常用函数及功能

函数名称	功能
SUM（数值1，[数值2]，…）	计算指定区域的数值型数据的相加和
AVERAGE（数值1，[数值2]，…）	计算指定区域的数值型数据的算术平均值
MAX（数值1，[数值2]，…）	返回一组值或指定区域中的最大值
MIN（数值1，[数值2]，…）	返回一组值或指定区域中的最小值
COUNT（数值1，[数值2]，…）	统计指定区域中包含数值的个数。只对包含数字的单元格进行计算
ABS（数值）	返回数值的绝对值
AND（逻辑值1，[逻辑值2]，…）	所有逻辑值的计算结果同时为TRUE时，返回TRUE；只要有一个逻辑值的计算结果为FALSE，即返回FALSE
OR（逻辑值1，[逻辑值2]，…）	任何一个逻辑值的计算结果为TRUE即返回TRUE；当所有逻辑值的计算结果均为FALSE时才返回FALSE

2. 重要函数的应用

（1）逻辑函数IF（测试条件，真值，[假值]）

功能：判断一个条件是否满足，如果满足则返回一个值，如果不满足则返回另一个值。

例如："=IF（A2>=60,"及格","不及格"）"表示如果A2单元格中的值大于或等于60，则显示"及格"，否则显示"不及格"。

（2）条件计数函数SUMIF（区域，条件，求和区域）

功能：对指定单元格区域中符合指定条件的值求和。

例如："=SUMIF（B2:B25,"女",C2:C25）"表示对单元格区域C2:C25中与单元格区域B2:B25中等于"女"的单元格对应的单元格中的值求和。

（3）多条件计数函数SUMIFS（求和区域，区域1，条件1，[区域2]，[条件2]，…）

功能：对指定单元格区域中满足多个条件的单元格求和。

例如："=SUMIFS（A2:A20,B2:B20,">0",C2:C20,"<10"）"表示对区域A2:A20中符合以下条件的单元格的数值求和：在B2:B20中的数值大于0且在C2:C20中的数值小于10。

（4）条件求和函数COUNTIF（区域，条件）

功能：计算区域中满足给定条件的单元格个数。

例如："=COUNTIF（B2:B9,"<60"）"表示统计单元格区域B2到B9中值小于60的单元格的个数。

（5）多条件求和函数COUNTIFS（区域1，条件1，[区域2]，[条件2]，…）

功能：计算多个域中满足给定条件的单元格个数。

例如："=COUNTIFS（C3:C110,"C012",B3:B110,"一班"）"表示统计单元格区域C3到C110中值为"C012"，且在单元格区域B3到B110中值为"一班"的数的个数，如图7-45所示。

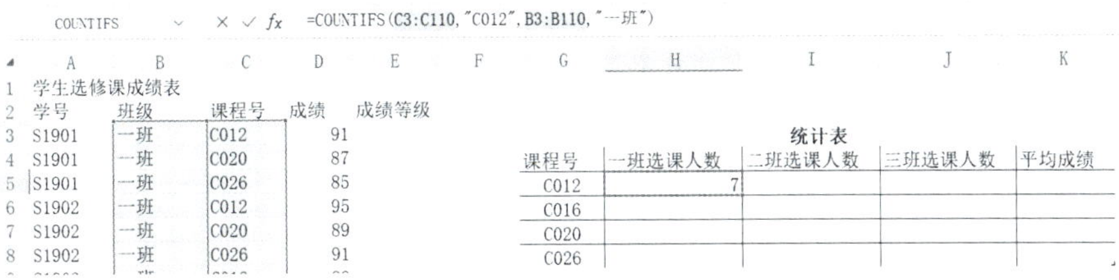

图7-45 COUNTIFS函数

（6）条件求平均值函数AVERAGEIF（区域，条件，求平均值区域）

功能：返回某个区域中满足给定条件的所有单元格的算术平均值。

例如："=AVERAGEIF（A2:A9,"男",B2:B9）"表示对单元格区域B2到B9中与单元格区域A2到A9中值等于男的单元格所对应的单元格中的值求平均值。

（7）多条件求平均值函数AVERAGEIFS（求平均值区域，区域1，条件1，[区域2]，[条件2]，…）

功能：返回满足多重条件的所有单元格的算术平均值。

例如："=AVERAGEIFS（D3:D22,B3:B22,"女",C3:C22,"高工"）"，表示对区域D3:D22中符合以下条件的单元格的数值求平均值：B3至B22中的数据为"女"且C3至C22中的相应数值为"高工"，如图7-46所示。

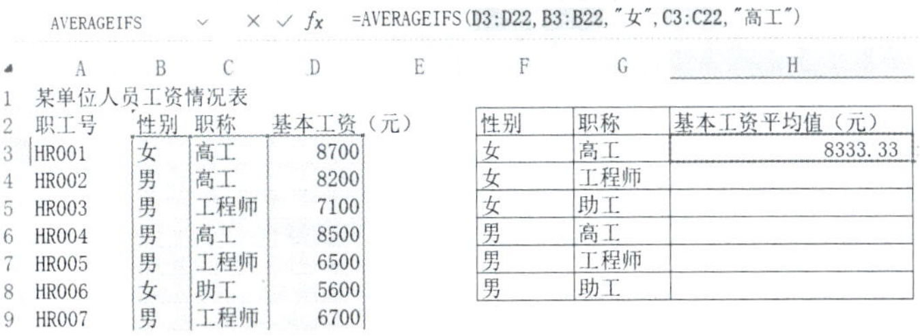

图7-46 AVERAGEIFS函数

（8）排位函数RANK.EQ（数值，引用，排位方式）

功能：返回一个数值在指定数值列表中的排位。如果多个值具有相同的排位时，使用函数RANK.AVG将返回平均排位；使用函数RANK.EQ则返回实际排位。

参数说明：排位方式为0或忽略，对数值的排位按降序排序；如果排位方式为非0时，则数值的排位按升序排序。

例如："=RANK.EQ（G2，$G$2:$G$16，0）"表示求指定单元格中的数值在单元格区域G2至G16的数值列表中的降序排位，如图7-47所示。

RANK.EQ　=RANK.EQ(G2, $G$2:$G$16, 0)

	A	B	C	D	E	F	G	H
1	学号	姓名	班级	语文	数学	英语	总分	排名
2	120305	包宏伟	一班	91.5	89	94	274.5	=RANK.EQ(G2, $G$2:$G$16, 0)
3	120203	陈万地	一班	93	99	92	284	11
4	120104	杜学江	二班	102	116	113	331	1
5	120301	符合	三班	99	98	101	298	7
6	120306	吉祥	一班	101	94	99	294	9
7	120206	李北大	二班	100.5	103	104	307.5	5
8	120302	李娜娜	三班	78	95	94	267	15
9	120204	刘康锋	二班	95.5	92	96	283.5	12
10	120201	刘鹏举	三班	93.5	107	96	296.5	8
11	120304	倪冬声	一班	95	97	102	294	9
12	120202	孙玉敏	二班	86	107	89	282	13
13	120205	王清华	三班	103.5	105	105	313.5	3
14	120102	谢如康	一班	110	95	98	303	6
15	120101	曾令煊	三班	97.5	106	108	311.5	4
16	120106	张桂花	二班	90	111	116	317	2

图7-47　RANK.EQ函数

（9）垂直查询函数VLOOKUP（查找值，数据表，列序数，[匹配条件]）

功能：搜索指定单元格区域的第1列，然后返回该区域相同行上指定单元格中的值。

参数说明：匹配条件为逻辑值，取值为TRUE或FALSE，如果为TRUE或忽略，则返回近似匹配值；如果为FALSE，则返回精确匹配值。

例如："=VLOOKUP（B3，产品单价对照表!$A$2:$C$21，3，FALSE）"表示使用精确匹配在要查找的区域"产品单价对照表!$A$2:$C$21"中搜索与B3单元格匹配的数值，并返回所在行的第3列数值，如图7-48所示。

C3　=VLOOKUP(B3, 产品单价对照表!$A$2:$C$21, 3, FALSE)

	A	B	C	D	E	F	G
1	产品销售情况表						
2	部门	产品型号	类别	销售量（台）	单价（元）	销售额（万元）	销售额排名
3	经销四部	P-15	C	532			
4	经销二部	P-16	B	521			
5	经销一部	P-2	B	453			
6	经销四部	P-10	B	422			
7	经销三部	P-14	D	421			
8	经销二部	P-11	C	411			

图7-48　VLOOKUP函数

（10）截取字符串函数MID（字符串，开始位置，字符个数）

功能：从文本字符串中指定的位置开始，返回指定长度的字符串。

例如："=MID（"ABCDEFGHIJK"，4，3）"表示从文本字符串的第4个字符开始提取3个字符，结果为"DEF"。

（11）日期和时间函数DATEDIF（开始时间，终止时间，比较单位）

功能：计算两个日期之间相隔的天数、月数或年数。

例如："=DATEDIF（"2001/6/24"，TODAY()，"Y"）"表示日期2001/6/24与当天日期之间相隔的年数。

实训7-6　学生成绩统计

01　任务描述：

对学生的成绩进行分析，通过函数计算每个学生的排名情况，根据总成绩给出"优秀""合格"和"不合格"的评价，完成后的结果如图7-49所示。

	A	B	C	D	E	F	G	H	I	J	K	L	M
1				某班学生成绩统计表									
2	学号	小组	基础知识（占50%）	实践能力（占30%）	表达能力（占20%）	总成绩	成绩排名	备注		成绩等级对照表			
										总成绩	备注		
3	S01	三组	78	89	79	81.5	14	合格		>=85	优秀		
4	S02	二组	65	78	63	68.5	29	合格		>=60且<85	合格		
5	S03	二组	90	96	92	92.2	2	优秀		<60	不合格		
6	S04	四组	73	67	69	70.4	28	合格					
7	S05	三组	92	85	76	86.7	6	优秀					
8	S06	一组	85	74	82	81.1	16	合格			平均成绩统计表			
9	S07	一组	79	91	73	81.4	15	合格		小组名	基础知识部分	实践能力部分	表达能力部分	组平均成绩
10	S08	二组	66	51	54	59.1	30	不合格		一组	71.63	76.75	78.38	74.51
11	S09	四组	78	68	67	72.8	23	合格		二组	81.75	77.50	75.50	79.23
12	S10	二组	88	65	66	76.7	20	合格		三组	78.50	84.13	78.88	80.26
13	S11	三组	93	89	87	90.6	3	优秀		四组	81.00	80.25	78.25	80.23
14	S12	四组	68	73	78	71.5	26	合格						
15	S13	三组	77	94	91	84.9	9	合格						
16	S14	一组	73	85	68	75.6	21	合格						
17	S15	三组	81	89	67	80.6	17	合格						
18	S16	二组	69	76	77	71.9	25	合格						
19	S17	一组	34	68	81	53.6	32	不合格						

图7-49　"学生成绩统计表"统计计算结果

02　任务分析：

对学生取得的各部分成绩进行整理、分析。利用RANK.EQ函数求学生排名，统计各部分的平均成绩。

03　实施步骤：

（1）按总成绩进行排名

①打开"学生成绩统计表.xlsx"工作簿，单击"学生成绩统计"工作表中的G3单元格。

②单击编辑栏中的"插入函数"按钮fx，打开"插入函数"对话框。

③在"插入函数"对话框中，搜索RANK.EQ函数，如图7-50所示，单击"确定"按钮，进入"函数参数"对话框。

④在"函数参数"对话框中，进行如图7-51所示的参数设置，单击"确定"按钮即可得到计算结果。

注意：在RANK.EQ函数的参数引用中，由于引用的单元格区域需不变，因此要使用绝对引用"$F$3:$F$34"。

⑤使用填充柄复制公式，即可得到所有学生的排名。

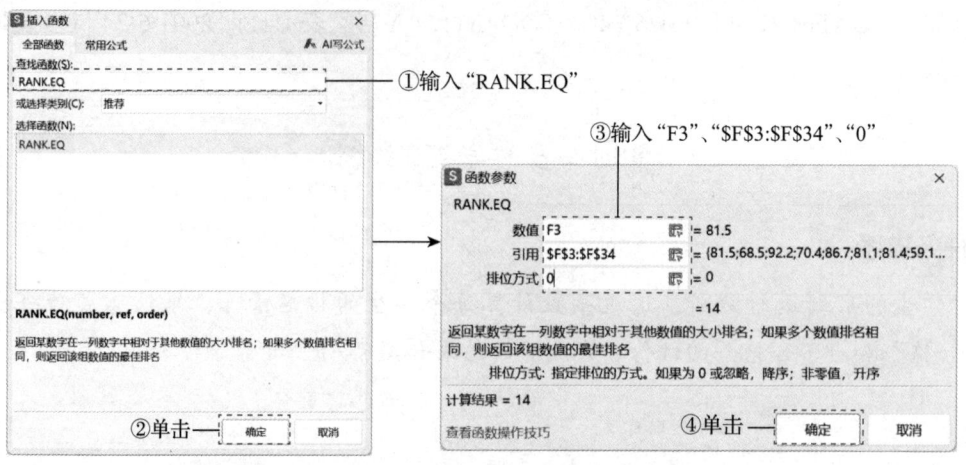

图7-50 "插入函数"对话框　　图7-51 "函数参数"对话框

（2）根据总成绩填写备注

根据"成绩备注对照表"，填写每个学生的备注。

①单击H3单元格后，单击编辑栏中的"插入函数"按钮 fx，打开"插入函数"对话框，选择IF函数，如图7-52所示，单击"确定"按钮。

②在"函数参数"对话框中，如图7-53所示，进行IF函数的参数设置。

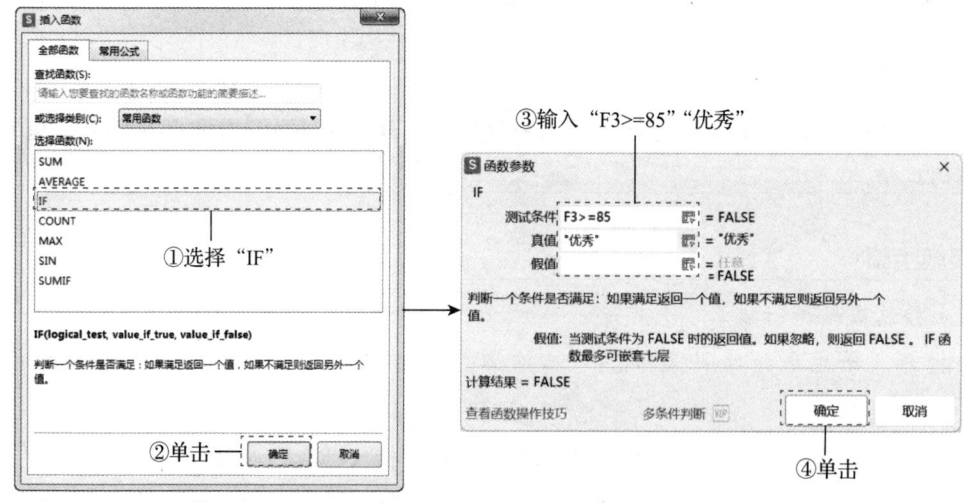

图7-52 "插入函数"对话框　　图7-53 "函数参数"对话框

③当总成绩小于85时，还需再进行一次判断，因此，在"假值"参数中还需再插入一个IF函数。单击编辑栏中名称框的下拉列表按钮，如图7-54所示，在打开的下拉列表中选择"IF"函数，完成第二个IF函数的参数设置，单击"确定"按钮后即可得到计算结果。

④使用填充柄复制公式，就可得到所有学生的备注。

（3）统计各个部分的平均成绩

①单击"J12"单元格，打开"插入函数"对话框。

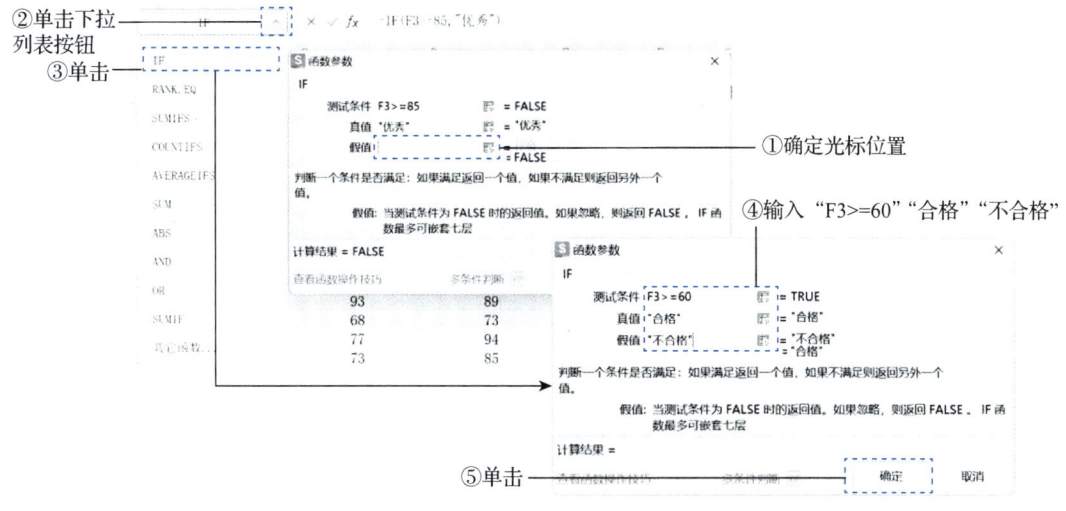

图7-54 函数嵌套

②在"插入函数"对话框中,搜索AVERAGEIF函数,单击"确定"按钮。

③进入"函数参数"对话框,如图7-55所示完成参数设置,单击"确定"按钮即可得到计算结果。

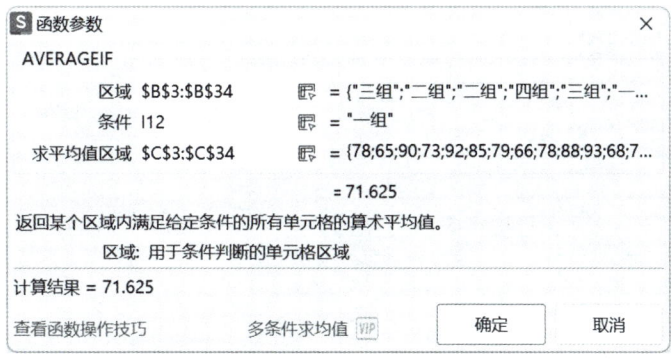

图7-55 AVERAGEIF函数的参数设置

④使用填充柄复制公式,得到每组的"基础知识部分"的平均成绩。"实践能力部分""表达能力部分""组平均成绩"返回步骤1实施,即可得到结果。

> **知识扩展7-10**

计算"平均成绩统计表"中的"基础知识部分""实践能力部分""表达能力部分""组平均成绩"四个数据与"某班学生成绩统计表"中的"基础知识(占50%)""实践能力(占30%)""表达能力(占20%)""总成绩"顺序一致,且"平均成绩统计表"中的"小组"列的数据与"某班学生成绩统计表"中的"小组名"列数据一致,可在函数中使用混合引用,如图7-56所示。这样可用填充柄复制公式,即可完成J12至M15数据的统计。

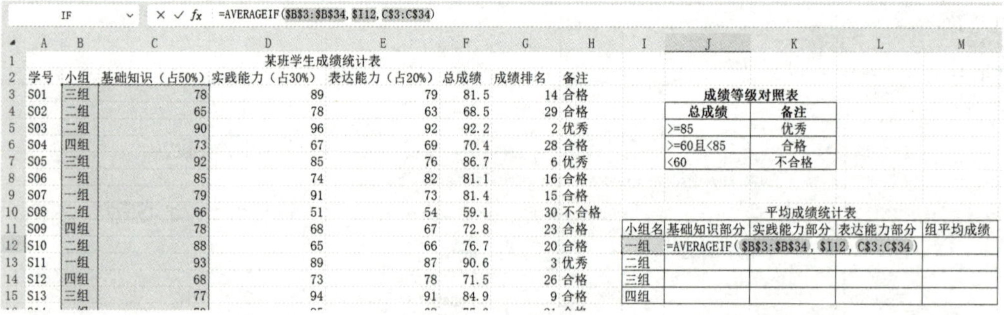

IF　=AVERAGEIF($B$3:$B$34,$I12,C$3:C$34)

某班学生成绩统计表

学号	小组	基础知识（占50%）	实践能力（占30%）	表达能力（占20%）	总成绩	成绩排名	备注
S01	三组	78	89	79	81.5	14	合格
S02	二组	65	78	63	68.5	29	合格
S03	二组	90	96	92	92.2	2	优秀
S04	四组	73	67	69	70.4	28	合格
S05	三组	92	85	76	86.7	6	优秀
S06	一组	85	74	82	81.1	16	合格
S07	一组	79	91	73	81.4	15	合格
S08	二组	66	51	54	59.1	30	不合格
S09	四组	78	68	67	72.8	23	合格
S10	二组	88	65	66	76.7	20	合格
S11	一组	93	89	87	90.6	3	优秀
S12	四组	68	73	78	71.5	26	合格
S13	三组	77	94	91	84.9	9	合格

成绩等级对照表

总成绩	备注
>=85	优秀
>=60且<85	合格
<60	不合格

平均成绩统计表

小组名	基础知识部分	实践能力部分	表达能力部分	组平均成绩
一组	=AVERAGEIF($B$3:$B$34,$I12,C$3:C$34)			
二组				
三组				
四组				

图7-56　混合引用

实训7-7　某单位员工情况统计

01 任务描述：

对员工工资的基本情况进行统计，通过每位员工学位查询对应的基础工资，计算其工资合计，完成职称人数及部门平均工资的统计，如图7-57所示。

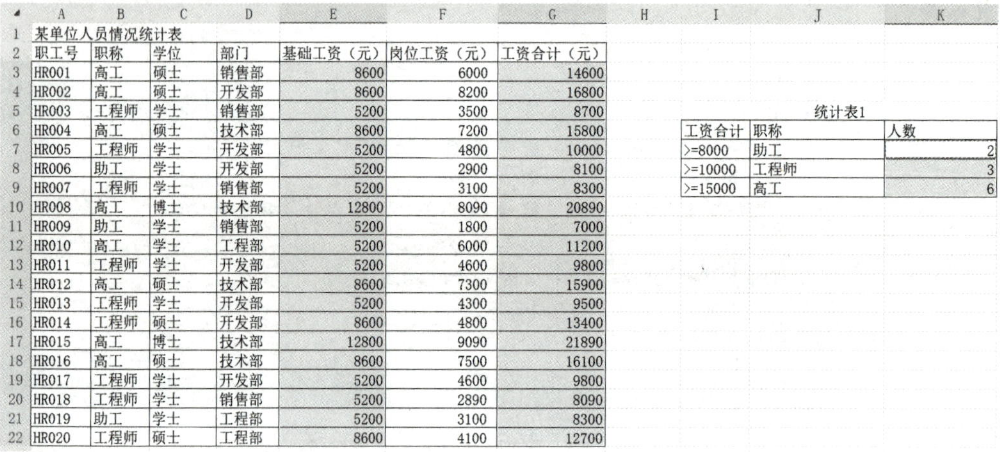

某单位人员情况统计表

职工号	职称	学位	部门	基础工资（元）	岗位工资（元）	工资合计（元）
HR001	高工	硕士	销售部	8600	6000	14600
HR002	高工	硕士	开发部	8600	8200	16800
HR003	工程师	学士	销售部	5200	3500	8700
HR004	高工	硕士	技术部	8600	7200	15800
HR005	工程师	学士	开发部	5200	4800	10000
HR006	助工	学士	开发部	5200	2900	8100
HR007	工程师	学士	销售部	5200	3100	8300
HR008	高工	博士	技术部	12800	8090	20890
HR009	助工	学士	销售部	5200	1800	7000
HR010	高工	学士	工程部	5200	6000	11200
HR011	工程师	学士	开发部	5200	4600	9800
HR012	高工	硕士	技术部	8600	7300	15900
HR013	工程师	学士	开发部	5200	4300	9500
HR014	工程师	硕士	开发部	8600	4800	13400
HR015	高工	博士	技术部	12800	9090	21890
HR016	高工	硕士	技术部	8600	7500	16100
HR017	工程师	学士	开发部	5200	4600	9800
HR018	工程师	学士	销售部	5200	2890	8090
HR019	助工	学士	工程部	5200	3100	8300
HR020	工程师	硕士	工程部	8600	4100	12700

统计表1

工资合计	职称	人数
>=8000	助工	2
>=10000	工程师	3
>=15000	高工	6

图7-57　“员工工资情况”统计结果

02 任务分析：

每位员工根据学位利用VLOOKUP函数从“基础工资对照表”中查询到基础工资，将其按照要求填入电子表格中，利用自动求和计算工资合计，利用COUNTIFS按条件进行人数统计。

03 实施步骤：

（1）查询“基础工资（元）”

①打开“员工情况统计.xlsx”工作簿，单击“Sheet1”工作表中的E3单元格。

②单击编辑栏中的“插入函数”按钮f_x，打开“插入函数”对话框。

③在"插入函数"对话框的"查找函数"中输入"VLOOKUP"函数名,单击"确定"按钮,进入"函数参数"对话框。

④在VLOOKUP的"函数参数"对话框中,按如图7-58所示设置函数参数,在"数据表"参数中选取"基础工资对照表"工作表中的A3至B5单元格区域,如图7-59所示,"列序数"参数中输入需返回对照表数据的列数"2",最后单击"确定"按钮即可得到计算结果。

注意:由于查询的数据表单元格区域不可变,因此要使用绝对引用。

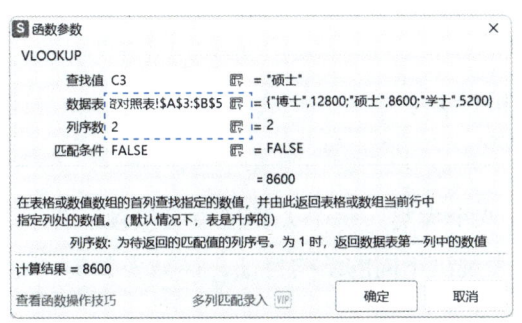

图7-58　VLOOKUP函数"函数参数"对话框　　图7-59　"基础工资对照表"

⑤使用填充柄复制公式,得到所有员工的基本工资。

(2)按"统计表1"中的条件统计总人数

①计算"工资合计"。单击G3单元格,单击"公式"功能区"求和"按钮,选择"求和"命令后,选取E3至F3单元格区域,然后按<Enter>键即可得到计算结果。

②单击K7单元格后,单击编辑栏中的"插入函数"按钮,在打开的"插入函数"对话框的"查找函数"中,输入"COUNTIFS"函数名,单击"确定"按钮。

③在COUNTIFS函数的"函数参数"对话框中,按如图7-60所示设置函数参数,单击"确定"按钮即可得到计算结果。

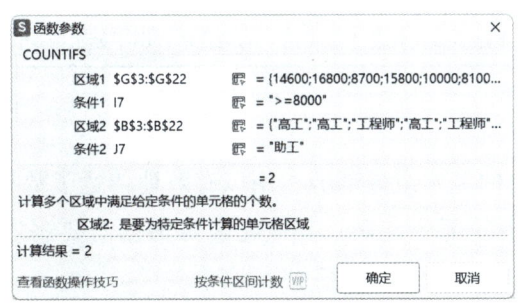

图7-60　COUNTIFS函数"函数参数"对话框

注意:在"统计表1"中的统计条件中,"工资合计"与"职称"的统计条件,单元格中的数据与直接手工输入的条件一致,因此可用单元格引用,也可直接输入">=8000"和"助工"等。

④在COUNTIFS函数参数的"条件1""条件2"中,如使用单元格引用可利用填充柄复制公式。

7.5 图表

WPS表格中的图表功能可以将数据以图形的方式展示出来,便于数据的分析和比较,提高数据的可视化和易读性。

7.5.1 常用图表

常用图表作为独立的对象嵌入在工作表中。

1. 图表类型

WPS表格中提供的常用图表分为八个大类,每个大类型中又包含了若干子类型。不同类型的图表适用于不同的应用场景并表现出不同的结构特征,详见表7-5。

表7-5 图表类型及用途

类型	用途
柱形图	显示一段时间内的数据变化或显示各类别之间的比较情况
条形图	显示不同类别数据之间的对比差异情况,可容纳较长的分类标签
折线图	显示随时间而变化的连续数据,适用于显示在相等时间间隔下数据的趋势
面积图	显示数据的变化趋势,还可以分析局部与整体的关系。注意,当数据系列较多时,不同系列之间可能会互相遮挡
饼图	主要用于表示各项数据在总体中的构成和占比情况
散点图	显示若干数据系列中各数值之间的关系,一般适用于科学数据、统计数据和工程数据
股价图	显示股价的波动,或用于其他科学数据,例如指示温度的变化
雷达图	用于显示或比较若干数据系列的聚合值,图中显示数据值相对于中心点的变化

2. 图表元素

图表元素是构成图表的基本组成部分,用以有效地传达了数据信息和分析结果。默认情况下,图表只显示其中的部分元素,其他元素可根据需要添加。常见的图表元素如图7-61所示,元素名称与作用详见表7-6。

表7-6 图表元素的名称与作用

元素名称	作用
图表区	包含整个图表及其全部元素
绘图区	通过坐标轴来界定的区域,用于显示随数据源自动更新的图形化数据和辅助阅读的相关元素。包含所有数据系列、分类名、刻度线标志和坐标轴标题等

(续)

元素名称	作用
图表标题	简洁明了地说明图表所表达的主题或内容
坐标轴	界定图表绘图区的线条，用作度量的参照框架。数据沿着横坐标轴和纵坐标轴绘制在图表中
数据系列	图表中用来表示不同数据组的线条、柱形、饼图扇区等
数据点	构成数据系列的基本单位，每个数据点代表一个具体的数据值
数据标签	直接显示数据点的具体数值，便于读者快速获取信息
数据表	在绘图区下方显示源数据表
图例	在绘图区外的数据系列的标签，用不同的图案或颜色标识图表中的数据系列

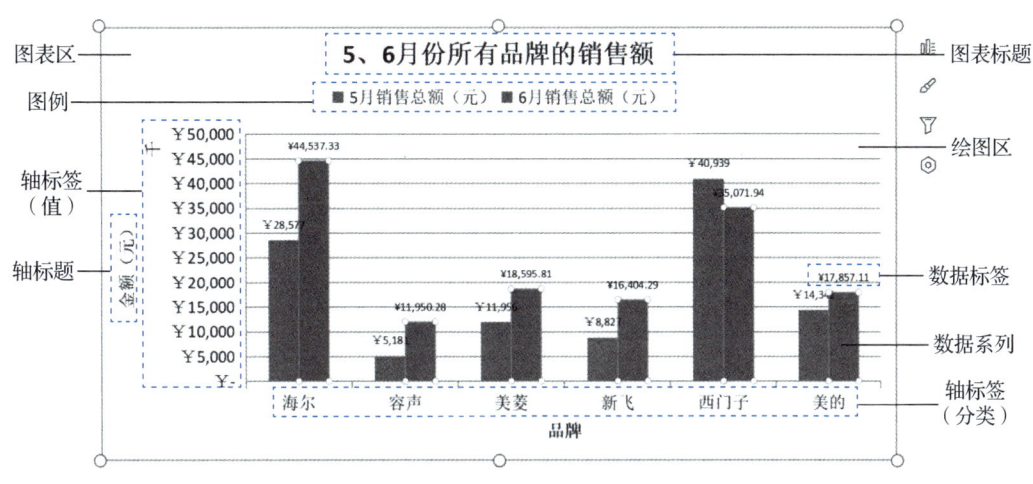

图 7-61 图表的主要元素

3. 创建图表

数据是图表的基础，因此创建图表前，应先组织和排列数据，并依据数据特征确定相应图表类型。

如图 7-62 所示，选择要创建图表的数据区域，单击"插入"功能区"图表"按钮，在打开的"图表"对话框中，先选择图表的大类，在右侧区域中再选择确定的图表子类型，即可在当前工作表中插入图表。

4. 图表的编辑

创建基本图表后，根据需要对图表进行编辑和修饰，使之更加美观，显示的信息更加丰富。

方法一：单击图表，在图表右上角将出现一组按钮，如图 7-63 所示，可快速对图表元素、图表样式及颜色，图表的数据系列等进行设置。

方法二：单击图表后，系统会自动打开"图表工具"功能区，如图 7-64 所示，在功能区中可以对图表进行更加全面细致的修饰和更改。

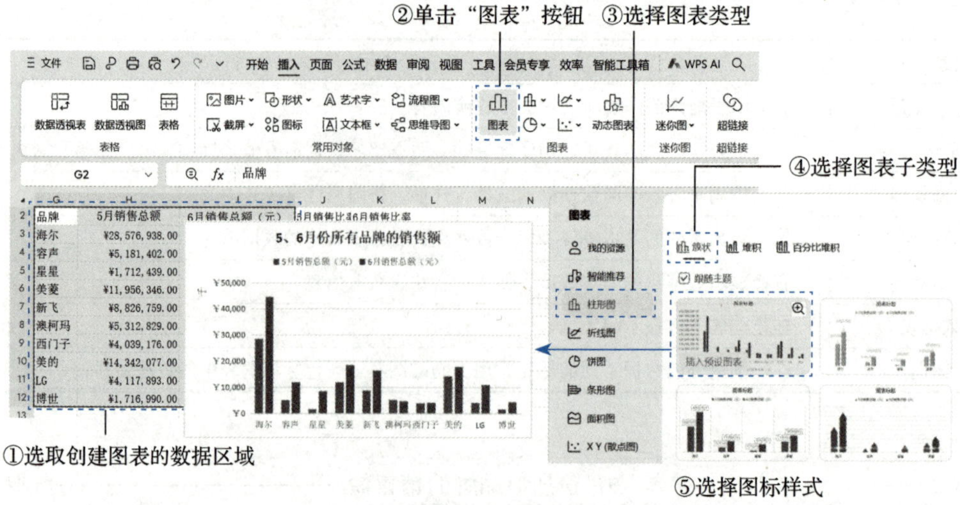

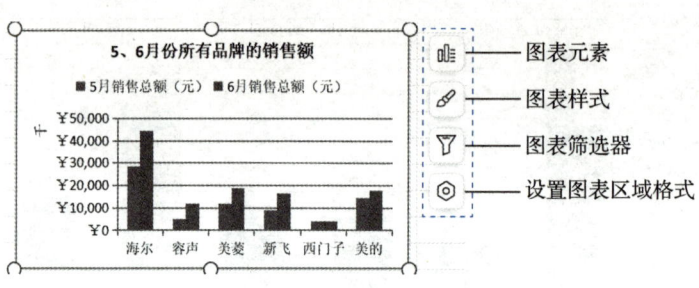

图7-62 创建图表

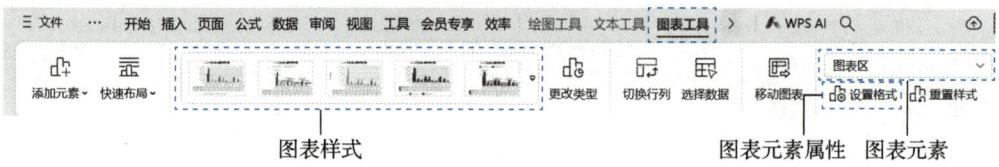

图7-63 图表编辑按钮组

图7-64 "图表工具"功能区

实训7-8 制作"成绩统计"的柱形图

01 任务描述：

为学生成绩统计表制作"各部分平均成绩统计图"。

02 任务分析：

在"学生成绩统计表"工作表中通过数据的分析查看各小组间各个部分成绩情况，可选用柱形图将数据形象、直观地展示出来。

03 实施步骤：

①选择单元格区域H2至L6，如图7-65所示。

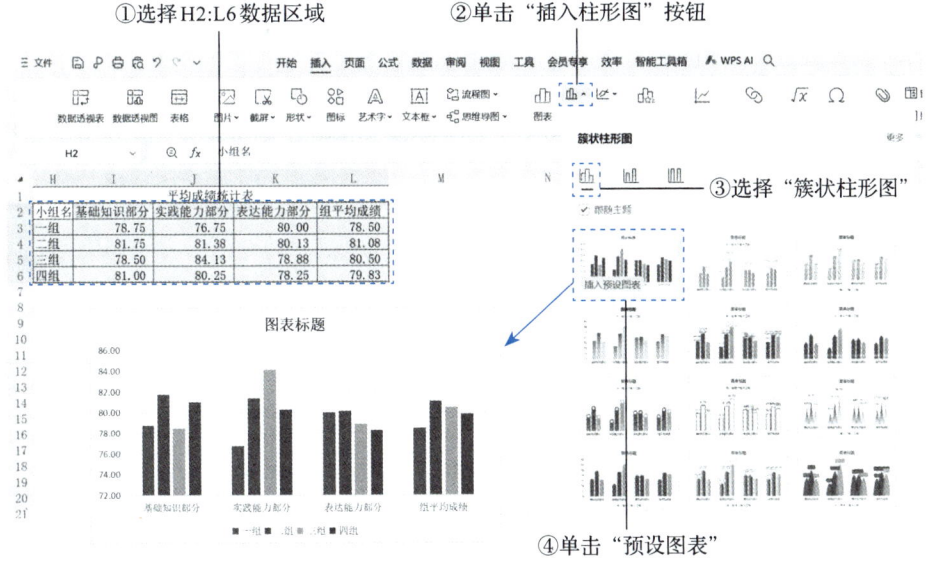

图7-65 插入图表

②在"插入"功能区中,单击"插入柱形图"按钮,选择"簇状柱形图",即可在工作表内嵌入了一张柱形图表。

③单击图表右上角的"图表元素"按钮,如图7-66所示,设置图例位于上部。

④单击"图表工具"功能区的"图表元素"下拉列表框,选择"垂直(值)轴"选项。

⑤再单击"设置格式"按钮,对"垂直(值)轴"进行属性设置。

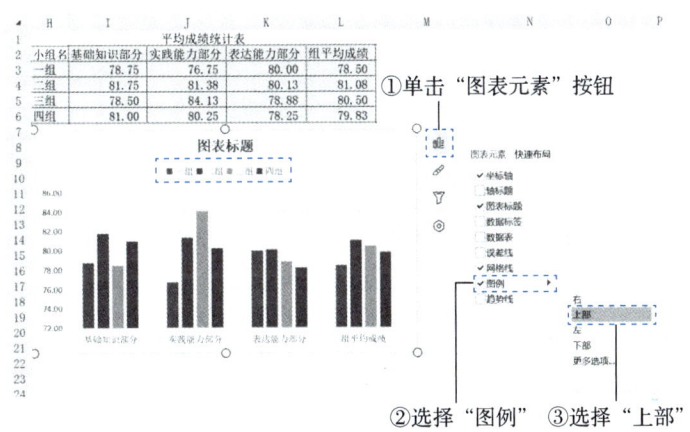

图7-66 设置图例

实训7-9 制作"同比增长率统计图"的组合图

01 任务描述:

根据"产品销售统计表"工作表中的数据,制作一张"同比增长率统计图"图表,其中"2016年销量"用簇状柱形图,"同比增长率"用折线图来展示,如图7-67所示。

02 任务分析:

柱状图和折线图结合可以同时展示产品的销售量和趋势变化。柱状图显示每个类别的数据,而折线图可显示数据随时间变化的趋势。多种图表类型的组合,能够清晰地展示数据的趋势、比例和分布等关键信息。

03 实施步骤:

①选取工作表中的"月份"列A2至A14,"2016年销量"列D2至D14和"同比增长率"列F2至F14三列数据,如图7-68所示。

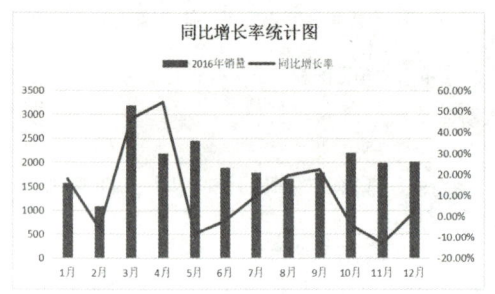

图7-67 组合图　　　　　　　　　图7-68 选择区域

②单击"插入"功能区"图表"按钮,打开"图表"对话框,如图7-69所示。

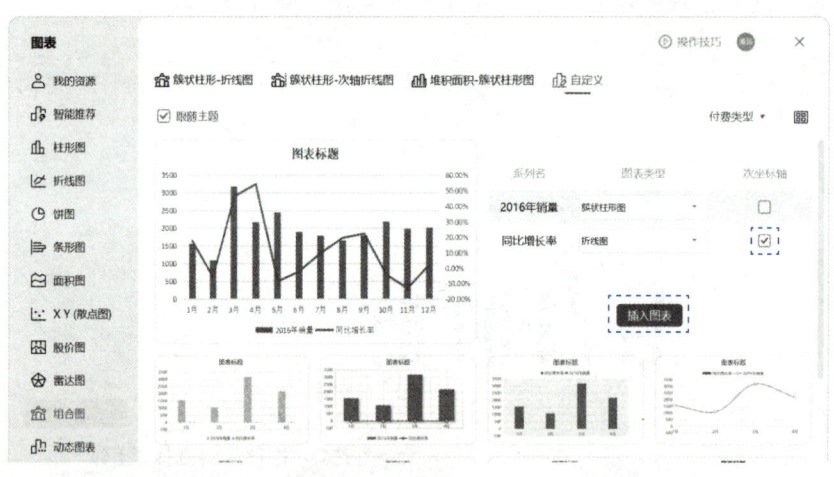

图7-69 "图表"对话框

③在"图表"对话框中选择"组合图"类型,将"同比增长率"设置为次坐标轴。
④单击"插入图表"按钮。

7.5.2 迷你图

迷你图是一种小型的图表,通常嵌入在工作表的单元格内,用于展示数据的趋势、分布或比较。它可以快速地展示数据中的关键信息，便于理解和分析。迷你图包括折线图、柱状图和盈亏图3种类型。插入迷你图的方法如下：

① 选择插入迷你图的单元格。

② 单击"插入"功能区"迷你图"下拉列表按钮，在弹出"迷你图"的下拉列表中，选择迷你图类型，打开"创建迷你图"对话框，如图7-70所示。

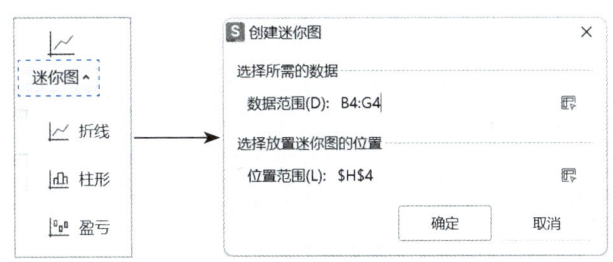

图7-70　打开"创建迷你图"对话框

③ 在"数据范围"文本框中输入或选择创建迷你图所需的数据区域，在"位置范围"中指定迷你图的位置，单击"确定"按钮，即可。

迷你图不同于常用图表，在工作表中它不是独立的对象，而是一个嵌入在单元格中的微型图表，可作为单元格的背景，如图7-71所示。因此，在对包含迷你图的单元格上使用填充柄时，可以为后面的数据行自动创建迷你图。

	A	B	C	D	E	F	G	H
1			某公司历年利润统计表					单位: 万元
2								
3	项 目	2018年	2019年	2020年	2021年	2022年	年平均	迷你图趋势
4	收 入	3,065.82	2,168.97	2,484.25	3,220.03	3,984.04	2,984.62	收入趋势图
5	成 本	1,435.49	1,043.38	1,260.55	1,950.02	1,990.42	1,535.97	
6	净利润	208.22	19.39	108.65	349.81	478.08	232.83	

图7-71　迷你图

选择迷你图所在单元格后，系统将自动出现如图7-72所示的"迷你图工具"功能区。通过该功能区，可以更改迷你图类型、设置其格式、显示或隐藏迷你图上的数据点等。若要清除迷你图，也需使用该功能区中的"清除"功能按钮。

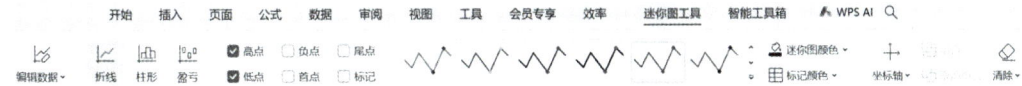

图7-72　"迷你图工具"功能区

7.6　数据处理与分析

WPS表格中除了可以对输入的数据进行计算、统计分析外，还提供了非常强大的数据处理功能，可以更高效地完成各种数据整理和分析任务，如数据的排序、筛选、分类汇总等功能，可以对大量、无序的原始数据进行深入地处理与分析。

7.6.1 数据清单

数据清单是工作表中相关数据的一系列数据行，以表格形式组织在一起。数据清单由标题行和数据两部分组成。数据清单中的行是数据库中的记录，行标题是记录名；列是数据库中的字段，列标题为字段名，如图7-73所示。

	A	B	C	D	E	F	G	H	I	J
1	日期	类别	商品型号	市场定价	促销方式	成交单价	降价幅度	数量	销售额	销售员
2	2006/5/1	冰箱	海尔T1017	¥2,088.00	降价	¥1,888.00	9.58%	3	¥5,664.00	A1
3	2006/5/7	冰箱	海尔T1017	¥2,088.00	降价	¥1,888.00	9.58%	2	¥3,776.00	A1
4	2006/5/1	冰箱	西门子610	¥1,988.00	降价	¥1,788.00	10.06%	2	¥3,576.00	A2
5	2006/5/7	冰箱	西门子610	¥1,988.00	降价	¥1,788.00	10.06%	1	¥1,788.00	A2
6	2006/5/1	彩电	三星A108	¥2,688.00	降价	¥2,388.00	11.16%	3	¥7,164.00	A3
7	2006/5/2	彩电	三星A108	¥2,688.00	降价	¥2,388.00	11.16%	8	¥19,104.00	A3
8	2006/5/1	彩电	长虹GDP60	¥1,988.00	送大礼包	¥1,988.00	0.00%	2	¥3,976.00	A4
9	2006/5/2	冰箱	海尔T1017	¥2,088.00	降价	¥1,888.00	9.58%	3	¥5,664.00	A4
10	2006/5/7	彩电	长虹GDP60	¥1,988.00	送大礼包	¥1,988.00	0.00%	1	¥1,988.00	A4
11	2006/5/1	彩电	三星液晶16(	¥4,688.00	降价	¥4,088.00	12.80%	1	¥4,088.00	A5

标题行

数据

图7-73 数据清单

7.6.2 数据排序

数据排序是将数据按照特定的顺序重新排列。从而便于快速检索和深入分析。对工作表的数据进行排序是根据选择的一个或多个“关键字”字段内容进行排序，排序方式可以是升序、降序或自定义排序。

1. 简单排序

选择数据区域中排序字段的任意单元格，使用“开始”功能区“数据处理”功能组或“数据”功能区“筛选排序”功能组中的“排序”按钮下的“A↓升序”或“Z↓降序”命令，如图7-74所示，即可将数据表按当前字段数据进行排序。

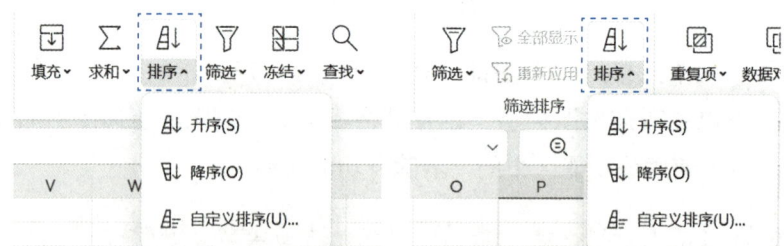

a）“开始”功能区“数据处理”功能组　b）“数据”功能区“筛选排序”功能组

图7-74 “排序”下拉列表

2. 多条件排序

WPS表格的排序功能支持多条件排序。在“排序”按钮的下拉列表中，选择“自定义排序”命令，在弹出的“排序”对话框中最多可指定64个排序字段。设置好排序字段后，单击“确定”按钮，WPS表格根据对话框中的条件列表从上往下依次处理，如先按“主要关键字"排序，当数据相同时再按"次要关键字"进行排序。

实训7-10　对"销售清单"进行排序

01　任务描述：

在"销售清单"工作表中，对工作表中数据清单的内容按主关键字"类别"的降序和次关键字"销售额"的升序进行排序，排序后结果如图7-75所示。

图7-75　排序结果

02　任务分析：

按"类别""销售额"对商品销售情况进行排序。排序是数据整理和分析前的必要步骤，为深入的数据处理提供了支持。

03　实施步骤：

①打开"销售清单"工作表，单击要进行排序的数据清单中的任意非空单元格，后再单击"数据"功能区"筛选排序"功能组中的"排序"下拉列表按钮。

②在"排序"的下拉列表中选择"自定义排序"命令，打开"排序"对话框，如图7-76所示。

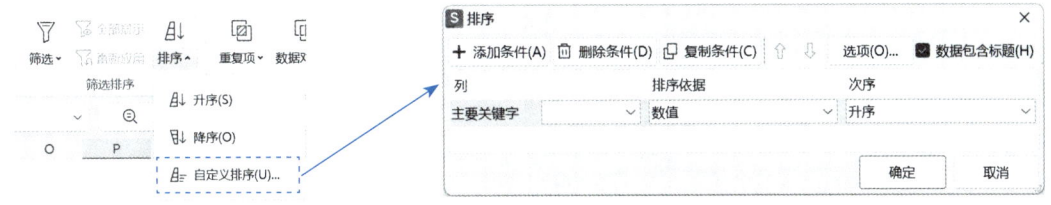

图7-76　打开"排序"对话框

③在"排序"对话框中，设置"主要关键字"条件，如图7-77所示，然后单击"添加

条件"按钮,添加一个次要关键字,并设置其条件。

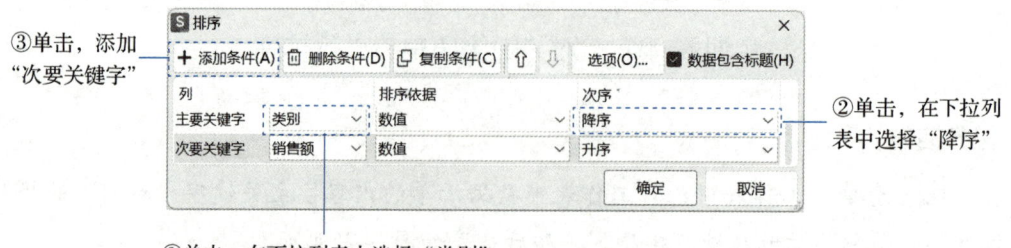

图7-77 "排序"对话框

④单击"确定"按钮,即可得到排序的结果。

> **知识扩展7-11**
>
> 不同数据类型的大小比较原则为:数值<日期<文本(文本型数字<字母<汉字(以拼音排序))<逻辑值(False<True)。

3. 自定义序列

在实际应用中,有时需要按特定的次序进行排序,例如按部门序列排序。在"排序"对话框的"次序"下拉菜单中选择"自定义序列"命令,如图7-78所示,在打开的"自定义序列"对话框中,选择内置序列或添加新序列,单击"确定"按钮后,即可按指定序列进行排序。

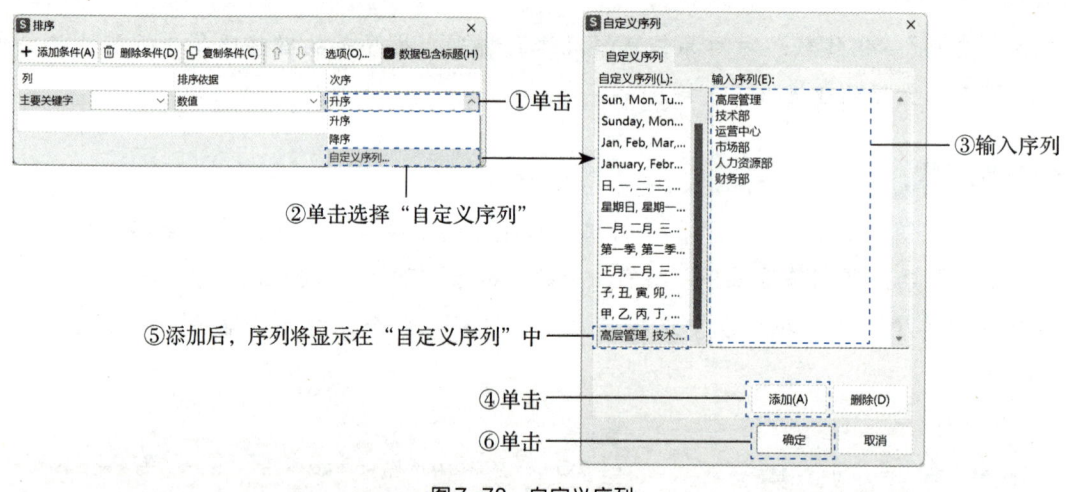

图7-78 自定义序列

7.6.3 数据筛选

数据筛选可以快速从数据清单中查找符合条件的数据或排除不符合条件的数据。筛选后的数据清单只显示符合筛选条件的行,不符合条件的行将会被隐藏。

利用"开始"功能区"数据处理"组,或"数据"功能区"筛选排序"组中的"筛选"

按钮，如图7-79所示，可进行自动筛选、高级筛选。

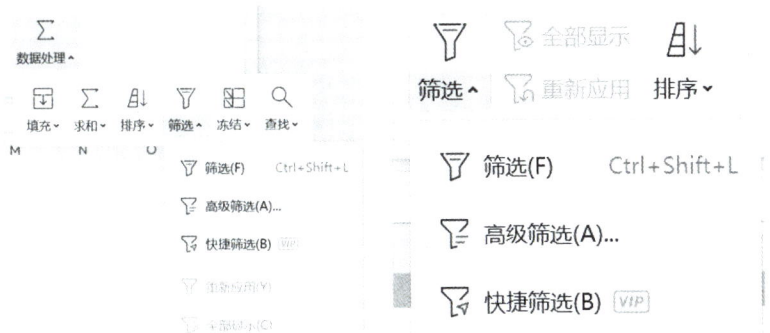

a)"开始"功能区"数据处理"功能组　　b)"数据"功能区"筛选排序"功能组

图7-79 "筛选"下拉列表

1. 自动筛选

自动筛选是按照简单的比较条件，快速地对数据清单中的数据进行筛选，只将满足条件的数据集中显示在数据清单中，不符合条件的将被隐藏。

实训7-11　对销售数量进行筛选

01　任务描述：

在"销售清单"工作表中，筛选出"空调"的销售数量在5台及以上的所有记录，筛选后的结果如图7-80所示。

	A	B	C	D	E	F	G	H	I	J
1	日期	类别	商品型号	市场定价	促销方式	成交单价	降价幅度	数量	销售额	销售员
4	2006/5/2	空调	美的3110	¥3,188.00	降价	¥2,888.00	9.41%	6	¥17,328.00	A1
41	2006/5/2	空调	海尔KTP20P	¥3,688.00	降价	¥2,988.00	18.98%	10	¥29,880.00	A6
42	2006/5/3	空调	格力7650	¥2,988.00	送大礼包	¥2,988.00	0.00%	6	¥17,928.00	A6
48	2006/5/3	空调	海尔KTP20P	¥3,688.00	降价	¥2,988.00	18.98%	15	¥44,820.00	A7
49	2006/5/4	空调	海尔KTP20P	¥3,688.00	降价	¥2,988.00	18.98%	10	¥29,880.00	A7
50	2006/5/5	空调	海尔KTP20P	¥3,688.00	降价	¥2,988.00	18.98%	6	¥17,928.00	A7
54	2006/5/3	空调	美的3110	¥3,188.00	降价	¥2,888.00	9.41%	12	¥34,656.00	A8
55	2006/5/4	空调	美的3110	¥3,188.00	降价	¥2,888.00	9.41%	8	¥23,104.00	A8
56	2006/5/5	空调	美的3110	¥3,188.00	降价	¥2,888.00	9.41%	5	¥14,440.00	A8
59										

图7-80　筛选后的结果

02　任务分析：

筛选的目的是可以从大量的、杂乱无章的数据中抽取出有价值或有意义的数据。通过筛选查看各类商品销售数量等于或超过5的商品信息。

03　实施步骤：

①打开"销售清单"工作表，单击要进行筛选的数据清单中的任意单元格，然后再单击"数据"功能区"筛选排序"组中的"筛选"按钮 ▽。

②此时，数据清单标题行的每个字段名中出现了一个下拉列表按钮，单击"类别"字段的下拉列表按钮，在弹出的下拉列表中，选择"空调"，如图7-81所示，再单击"确定"按钮，即可得到"空调"的筛选结果。

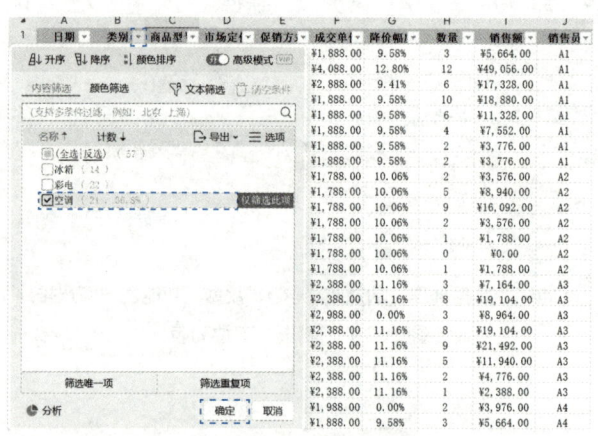

图7-81 筛选条件为"空调"

③单击"数量"的下拉列表按钮，在其下拉列表中单击"数字筛选"，在弹出的列表中选择"大于或等于"选项，如图7-82所示。

④在打开的"自定义自动筛选方式"对话框中，按照要求设置筛选条件，如图7-83所示，然后单击"确定"按钮，即可得到最终筛选结果。

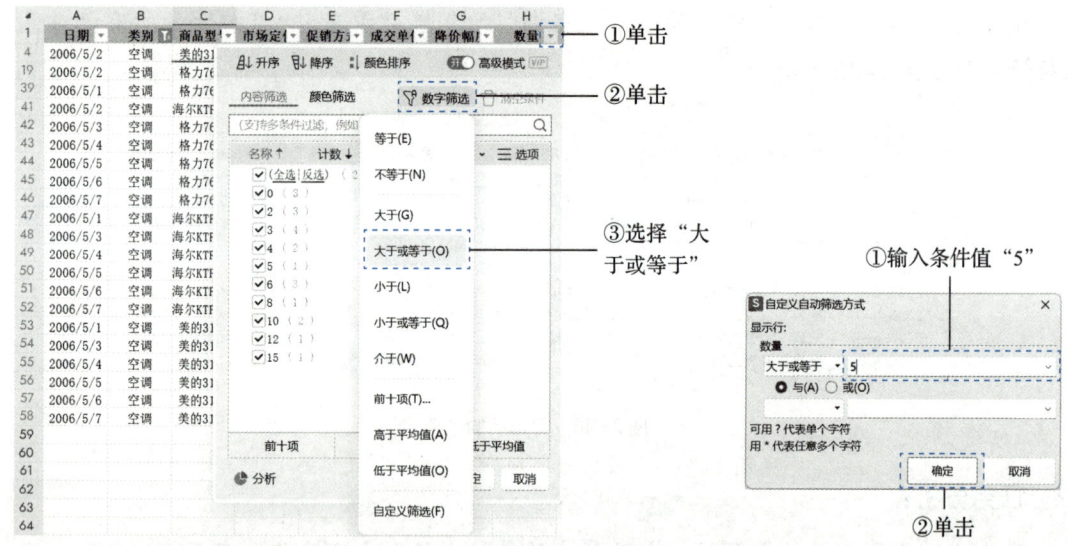

图7-82 筛选条件为"空调"，数字筛选"大于或等于"　　图7-83 "自定义自动筛选方式"对话框

知识扩展7-12

在"自定义自动筛选方式"对话框中可设置两个条件，如需要筛选两个条件同时满足，则选择"与"；如只需要满足其中一个条件，则选择"或"，即可。

2. 高级筛选

高级筛选可通过构建复杂条件，灵活地对数据进行筛选，筛选后的结果可放在当前工作表的其他位置或其他工作表中。高级筛选由列表区、条件区和结果区三个区域组成。

- 列表区：工作表中进行筛选的数据清单。
- 条件区：工作表中放置筛选条件的单独区域。条件区由标题行和条件值两部分构成。
- 结果区：工作表中显示筛选结果的区域，结果区可在原数据清单内，也可在新的单元格区域或其他工作表中。

构建筛选条件的原则：

（1）条件区中的条件标题必须与数据清单中对应的列标题一致。

（2）表示"与（and）"关系的多个条件应位于同一行中，意味着只有这些条件同时满足的数据才会被筛选出来。

（3）表示"或（or）"关系的多个条件应位于不同一行中，意味着只要满足其中的一个条件就会被筛选出来。

实训 7-12　对销售数量进行筛选

01 任务描述：

在"图书销售统计表"工作表中，筛选出"生物科学"或"交通科学"，且销售数量排名在 45 以后的销售情况。

02 任务分析：

自动筛选只能对一个字段按一个条件进行筛选，不能使用较复杂的条件，因此只能使用高级筛选。

03 实施步骤：

①打开"图书销售统计表"工作表，选择空白单元格区域作为条件区域，并设置其筛选条件，如图 7-84 所示。

②在"数据"功能区"筛选排序"组中单击"筛选"下拉列表按钮，在其下拉列表中选择"高级筛选"命令，打开"高级筛选"对话框。

③在打开的"高级筛选"对话框中，将方式改为"将筛选结果复制到其它位置"，如图 7-85 所示；在"列表区域"文本框中设置要筛选的数据清单；在"条件区域"文本框中输入之前设置好的条件区域；在"复制到"文本框中确定显示筛选结果的起始位置，然后单击"确定"按钮，即可得到最终筛选结果，如图 7-86 所示。

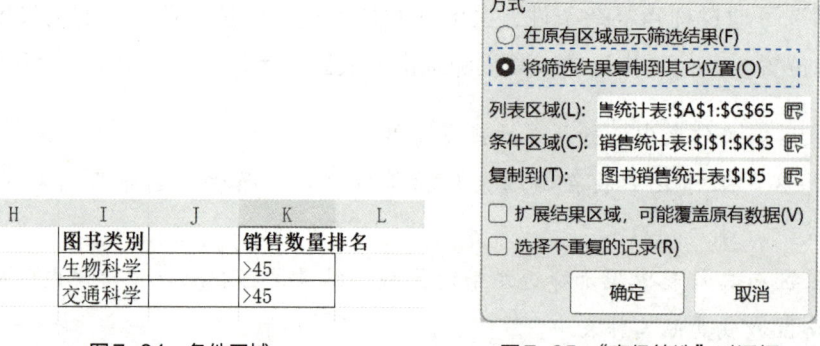

图7-84 条件区域　　　　　图7-85 "高级筛选"对话框

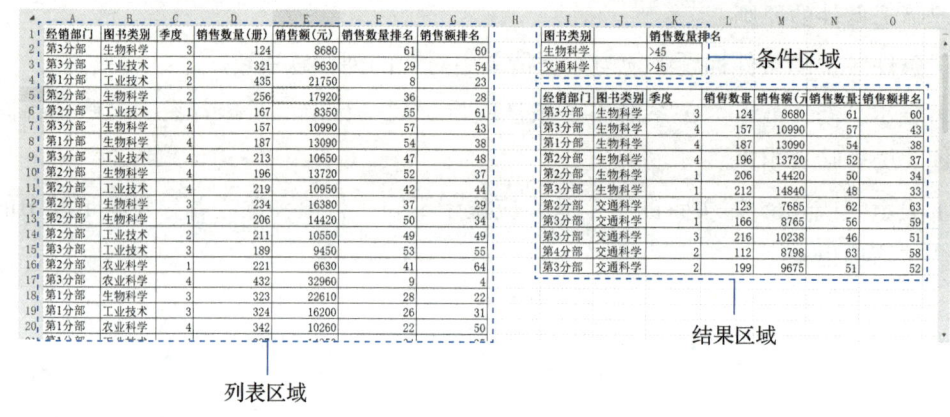

图7-86 高级筛选结果

7.6.4 数据的分类汇总

分类汇总是对数据清单中的数据依据一定的标准进行分组，后对同组数据利用汇总函数得到相应的统计或计算结果。分类汇总的结果可按分组明细进行分级显示，以便显示或隐藏每个分类汇总的明细清单。

分类汇总需在数据清单中进行，且第一行必须有列标题。在分类汇总前，必须先依据分类字段对数据清单进行排序，否则汇总结果无意义。

实训7-13　汇总产品的总销售额

01 任务描述：

在"产品销售情况"工作表中，对各个产品的销售额进行汇总，汇总结果如图7-87所示。

02 任务分析：

分类汇总是对大量的数据按其数值进行分类，再进行汇总统计。"产品销售情况"工作表是按产品名称进行汇总，因此需先按"产品名称"列进行排序，将同一产品的记录放在一起。

03 实施步骤：

①打开"产品销售情况"工作表，先按"产品名称"列进行排序，次序可选升序，也可选降序。

②在"数据"功能区"分级显示"功能组中，单击"分类汇总"按钮，打开"分类汇总"对话框，如图7-88所示。

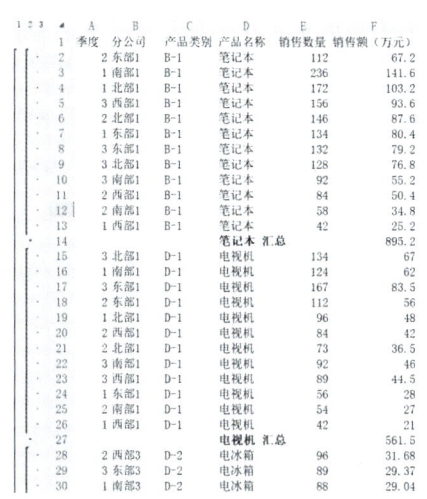

图7-87 分类汇总结果

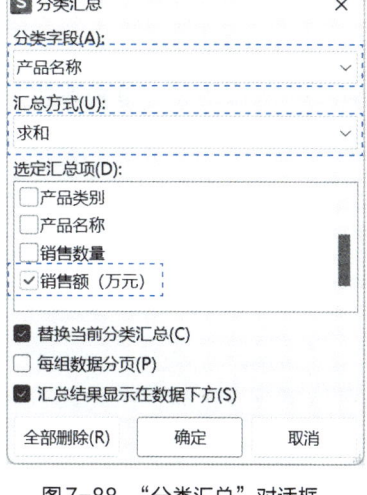

图7-88 "分类汇总"对话框

③在"分类字段"下拉列表中选择"产品名称"；在"汇总方式"中选择"求和"；在"选定汇总项"中选择要汇总的列标题"销售额（万元）"。

④单击"确定"按钮，即可完成分类汇总。

7.6.5 数据透视表和数据透视图

数据透视表是一种交互式的表格，它可以快速汇总、分析、浏览数据以及呈现大量数据。它允许用户通过拖放字段来动态地重新组织数据，从而轻松地对数据进行分组、排序、筛选和计算，并生成汇总表。因此数据透视表也属于分类汇总的一种方式。

数据透视图是以图表的形式直观地呈现数据透视表中的汇总结果，可以与数据透视表同步更新。数据透视图与其相关联的数据透视表必须始终在同一工作簿中。

<u>实训7-14　　创建"成绩表"的数据透视表</u>

01 任务描述：

为了能够快速汇总分析各班学生各科成绩情况，查看男女生"逻辑学"课程的平均成绩，对"成绩表"建立数据透视表，完成的数据透视表如图7-89所示。

02 任务分析：

数据透视表可根据设定的筛选条件、指定的行标签和列标签，以及汇总统计的字段和数值汇总方式，获得直观的分析结果。

平均值项:逻辑学	性别		
班级	男	女	总计
二班	76.67	76.22	76.48
六班	75.46	82.61	78.52
三班	79.00	71.58	75.58
四班	82.31	77.50	79.91
五班	82.65	77.50	80.17
一班	82.29	74.21	78.25
总计	79.28	76.69	78.14

图7-89 完成的数据透视表

03 实施步骤：

①打开"成绩表"工作表，单击"成绩表"数据清单的任意非空单元格，然后单击"插入"功能区"表格"功能组中的"数据透视表"按钮，打开"创建数据透视表"对话框。

②在"创建数据透视表"对话框中，系统自动选取"成绩表"的数据清单，在"选择放置数据透视表的位置"中选择"现有工作表"单选按钮，再单击放置数据透视表的指定位置，如图7-90所示，单击"确定"按钮。

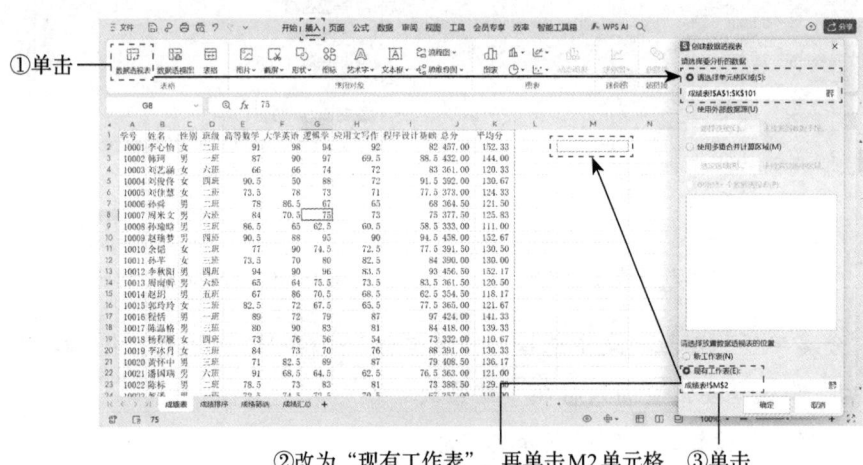

图7-90 创建数据透视表

③系统自动打开"创建数据透视表"窗格，同时在工作表内创建一个空白的数据透视表，如图7-91所示。

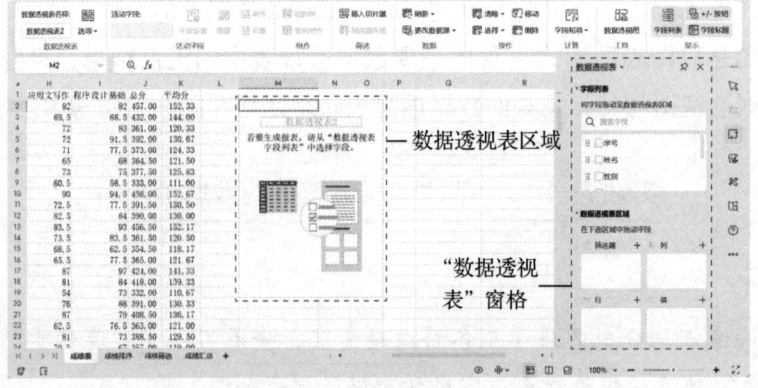

图7-91 "数据透视表"窗格

④在"数据透视表"窗格中,将字段列表中的"班级"字段拖动到数据透视表区域"行"区域,"性别"字段拖动到"列"区域,"逻辑学"字段拖动到"值"区域,如图7-92所示。

⑤在"值"区域中,系统默认的汇总方式为"求和",因此,需单击"求和项:逻辑学"选项,在打开的列表中选择"值字段设置"命令,如图7-93所示。

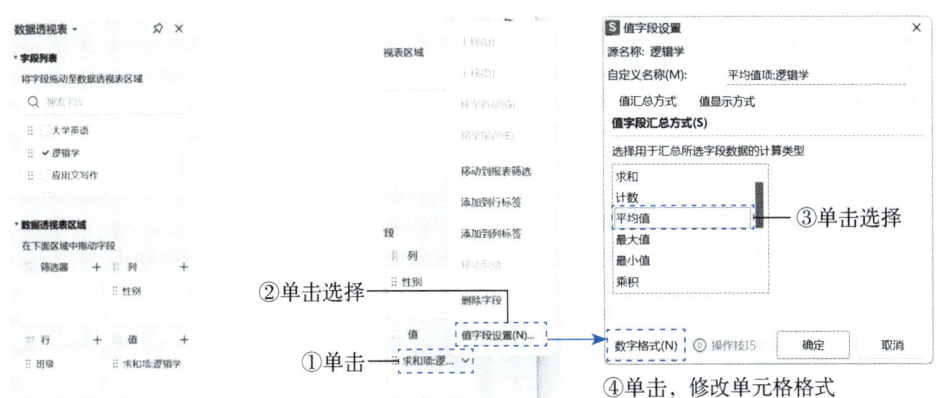

图7-92 透视表字段设置　　　　　图7-93 "值字段设置"对话框

⑥在打开的"值字段设置"对话框中,将汇总方式改为"平均值",单击"数字格式"按钮。

⑦打开"单元格格式"对话框,修改单元格中的数据类型为"数值"型,小数位数为"2",单击"确定"按钮。

⑧再单击"值字段设置"对话框中的"确定"按钮,即可在指定的数据透视表区域中看到如图7-89所示的完成结果。

知识扩展7-13

(1)完成数据透视表后,也可单击数据透视表中的任意非空单元格,进入透视表的编辑状态,系统自动打开数据透视表的"分析""设计"选项卡,可进行字段、数据源等的修改和更新,及数据透视表的操作。

(2)用于创建数据透视表的数据源,应满足以下要求:

①数据源中不能有空行或空列。

②数据源中第一行为标题行。

实训7-15　建立"成绩表"的数据透视图

01 任务描述:

为数据透视表建立数据透视图,可以更直观、快速地了解学生各科成绩的情况,完成的数据透视图如图7-94所示。

02　任务分析：

数据透视图是数据透视表的图形化表达方式，两者间是相互关联的。

03　实施步骤：

①在完成数据透视表创建的基础上，单击数据透视表的任意非空单元格，在打开的数据透视表的"分析"功能区"工具"功能组中，单击"数据透视图"按钮，打开"图表"对话框。

②在"图表"对话框中，选择要建立的图表类型，即可在数据透视表所在工作表中插入图表。

③对数据透视图的编辑与普通图表一致。

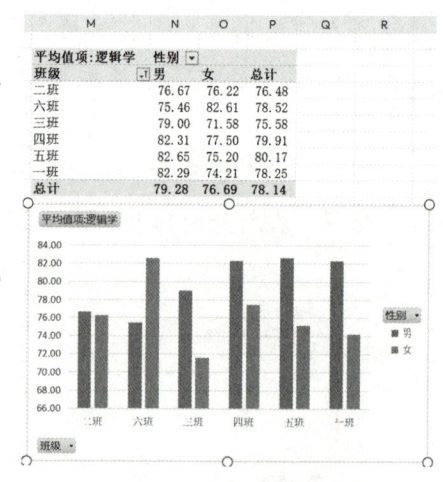

图7-94　完成的数据透视图

【知识扩展7-14】

　　数据透视图也可直接对所选数据源创建，方法与创建数据透视表一致。在数据透视图中，各区域字段自动生成对应的"字段按钮"，可以筛选要显示的数据。

7.7　数据安全与输出打印

为了确保关键信息的安全性和可访问性，需要对工作表中的数据进行保护；用户也有对工作表进行打印输出的需求，以作纸质备份之用。数据保护措施如加密、备份和访问控制，可以防止未授权访问和数据泄露，从而确保信息的完整性和保密性。

7.7.1　数据保护

在WPS表格中，对数据的保护主要包括工作簿的保护、工作表的保护、单元格的保护等。在"审阅"功能区"保护"功能组中完成，如图7-95所示。

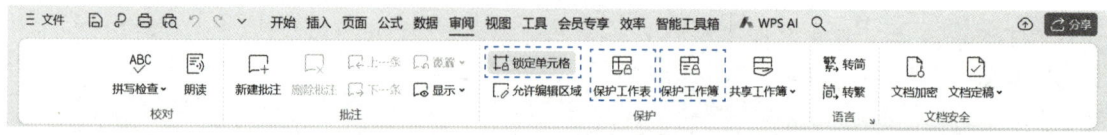

图7-95　"审阅"功能区"保护"功能组

1. 保护工作簿

"保护工作簿"功能使用密码的方式对工作簿进行保护，被保护的工作簿将禁止更改工作簿的组成结构，如插入、删除、复制、移动、重命名、隐藏或取消隐藏工作表。若要撤销工作簿保护，在"审阅"功能区中单击"撤销保护工作簿"按钮，输入密码后，即可。

2. 保护工作表

"保护工作表"功能是通过密码对锁定的单元格进行保护,防止工作表中的数据被更改。在 WPS 表格中,系统默认锁定工作表中的所有单元格。单击"审阅"功能区中的"保护工作表"按钮,在打开的"保护工作表"对话框中,输入密码,如图 7-96 所示;在"允许此工作表的所有用户进行"列表中选定受保护的工作表中允许操作的选项,单击"确定"按钮后,工作表将开启保护功能,如图 7-97 所示。若要撤销其保护功能,直接单击"撤销工作表保护"按钮,输入密码,即可。

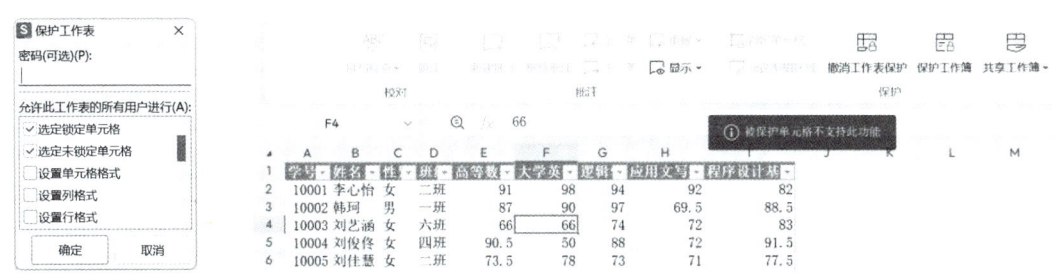

图 7-96 "保护工作表"对话框　　　　　图 7-97 保护工作表

3. 保护单元格

可以使用"锁定"单元格来限定编辑权限保护单元格,也可使用"隐藏"单元格中的真实值以防泄密,来对单元格中的数据进行保护。

注意:只有开启工作表保护功能,锁定单元格或隐藏公式才生效。

> **知识扩展 7-15**
>
> "保护工作簿"实际限制的是对工作表的操作,对该工作簿本身的操作不影响,也不影响单元格编辑。
>
> "保护工作表"实际限制的是对单元格的操作,对工作表本身的操作不影响,也不影响工作簿的操作。

7.7.2 工作表打印

工作表建立后,可以根据需要进行输出打印,为了使打印效果更美观,可通过"页面"功能区,如图 7-98 所示,对工作表进行打印前的设置。

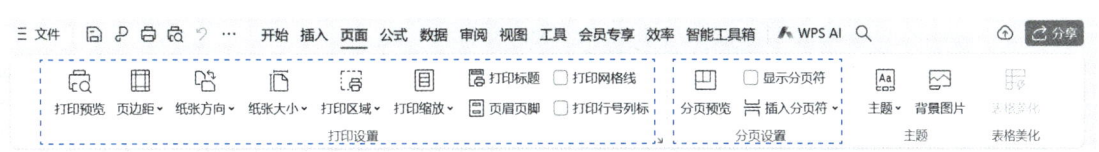

图 7-98 "页面"功能区

1. 打印设置

页面设置可以控制打印出的工作表的版面。工作表的页面设置分为:页边距、纸张大小、打印方向、页眉和页脚、工作表等。可在"页面"功能区"打印设置"功能组的"页边距""纸张大小"等功能按钮快速设置,也可利用"页面设置"对话框完成。

实训7-16 　 打印"成绩表"

01 任务描述:

将统计分析后的"成绩表"打印输出。为了确保打印的效果,需进行页面设置。

02 实施步骤:

①打开"成绩表"工作表,单击"页面"功能区"打印设置"功能组右下角的对话框启动按钮,打开"页面设置"对话框。

②在"页面设置"对话框的"页面"选项卡中,设置页面方向、纸张大小等。

③切换到"页边距"选项卡,设置其页边距,及数据表在打印时的对齐方式,如图7-99所示。

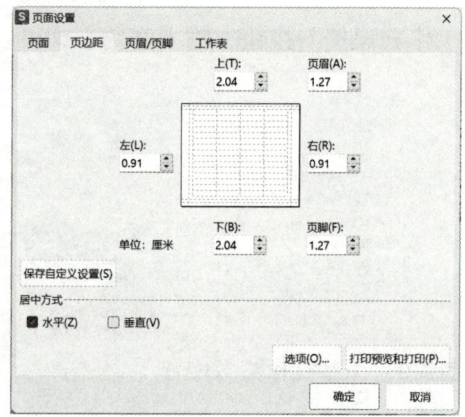

图7-99 "页边距"选项卡

④切换到"页眉/页脚"选项卡,单击"自定义页眉"按钮,在打开的"页眉"对话框的"左"文本框内输入"学院学生成绩报表",如图7-100所示,单击"确定"按钮,返回"页面设置"对话框。

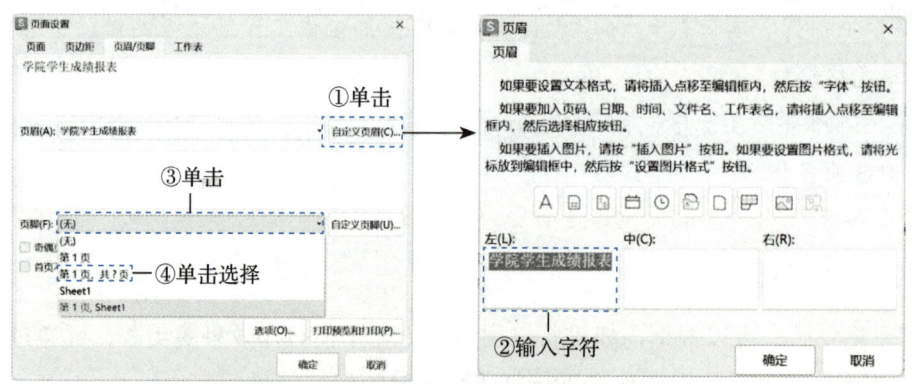

图7-100 页眉/页脚设置

⑤在"页眉/页脚"选项卡中单击"页脚"下拉列表按钮,在其下拉列表中选择"第1页,共?页"选项,如图7-100所示,完成页脚设置。

⑥切换到"工作表"选项卡,如图7-101所示,完成工作表设置。

⑦单击"页面设置"对话框中的"打印预览和打印"按钮,在打开的界面中预览打印的效果,并在右窗格中进行打印设置后,如图7-102所示,即可单击"打印"按钮,进行

打印输出。

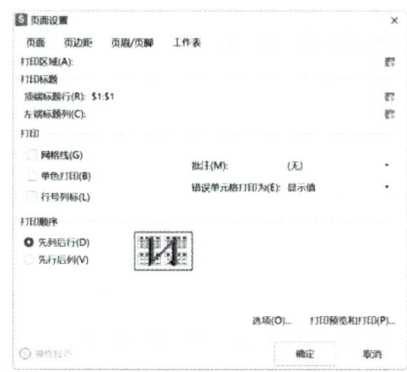

图7-101 "工作表"选项卡　　　　图7-102 打印预览

2. 分页设置

"页面"功能区"分页设置"功能组中的"分页浏览"功能可直观预览当前工作表的打印区域及分页位置，如图7-103所示。

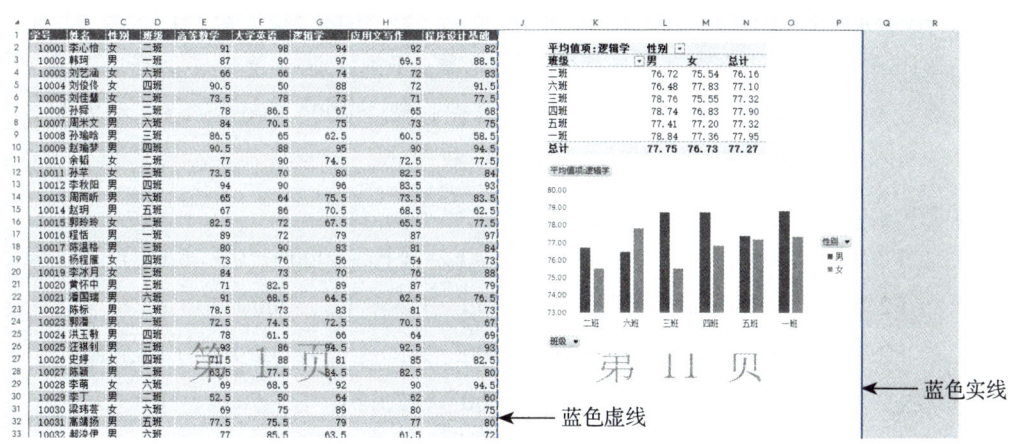

图7-103 分页浏览

分页浏览中蓝色实线界定了打印区域，蓝色虚线是系统默认的"分页符"，可用鼠标拖动分页符快速调整分页。也可使用"分页设置"功能组中的"插入分页符"按钮，手动插入"分页符"指定分页位置。

习　题

一、单选题

1. 在WPS表格中，(　　)是工作表的最基本的组成单位。

　　A. 工作簿　　　　B. 工作表　　　　C. 活动单元格　　　D. 单元格

2. 在工作表管理中，单击工作表标签右侧的"+"按钮，系统默认在(　　)插入。

A. 第一张工作表前 B. 最后一张工作表后

C. 当前活动工作表左侧 D. 当前活动工作表右侧

3. 在工作表中，选定单元格后按下<Delete>键，将删除所选单元格的（　　）。

   A. 内容　　　　B. 格式　　　　C. 批注　　　　D. 所有信息

4. 在工作表的单元格中输入"1/4"，则默认显示为（　　）。

   A. 1/4　　　　B. 0.25　　　　C. 1月4日　　　　D. 0.14

5. 选取工作表中的整行或整列，可用鼠标（　　）。

   A. 单击行号或列号 B. 双击选定的行或列

   C. 单击选行或列同时按<Ctrl>键 D. 单击行或列同时按<Shift>键

6. 在电子表格中，对网格线的正确说法是（　　）。

   A. 网格线不能打印 B. 网格线必须打印

   C. 网格线只能显示不能打印 D. 网格线可打印也可不打印

7. 以下错误的WPS表格公式形式是（　　）。

   A. =SUM(D3:G3)*$H$3 B. =SUM(B3:3E)*F3

   C. =SUM(D3:$G3)*H3 D. =SUM(D3:G3)*H$3

8. 在WPS表格中，设E列单元格存放工资总额，F列用以存放实发工资。其中当工资总额超过5000时，实发工资=工资－（工资总额－5000*税率）；当工资总额小于或等于5000时实发工资=工资总额。假设税率为5%，则F列可用公式实现。以下最优的操作方法是（　　）。

   A. 在F2单元格中输入公式=IF（E2>5000,E2－（E2-5000）*0）05,E2）。

   B. 在F2单元格中输入公式=IF（E2>5000,E2,E2－（E2-5000）*0）05）。

   C. 在F2单元格中输入公式=IF（"E2>5000",E2－（E2-5000）*0）05,E2）

   D. 在F2单元格中输入公式=IF（"E2>5000",E2,E2－（E2-5000）*0）05）

9. 在电子表格中，想快速找出成绩表中成绩最好的10名学生，最便捷的方法是（　　）。

   A. 给成绩表进行排序 B. 要求成绩输入时严格高低分录入

   C. 进行分类汇总 D. 只能一条一条看

10. 在电子表格的"单元格格式"对话框中，不存在的选项卡是（　　）。

    A. "货币"选项卡 B. "数字"选项卡

    C. "对齐"选项卡 D. "字体"选项卡

11. 在电子表格中要选择整行，最简洁的操作是（　　）。

    A. 单击该行的第一个单元格，然后拖动鼠标直至最后一个单元格

    B. 单击全选按钮

    C. 单击行号

    D. 按<Ctrl+A>组合键

12. 在电子表格的工作表中，数据清单中的行代表的是一个（　　　）。
    A. 域　　　　　　B. 记录　　　　　C. 字段　　　　　D. 表

13. 在WPS表格中，迷你图只有（　　　）种。
    A. 3　　　　　　 B. 4　　　　　　 C. 6　　　　　　 D. 11

14. 在电子表格中，反映某一对象占整体的比例关系，最好使用（　　　）。
    A. 条形图　　　　B. 气泡图　　　　C. 折线图　　　　D. 饼图

15. 在工作表中，单元格区域B11至E16中共有（　　　）个单元格。
    A. 2　　　　　　 B. 18　　　　　　C. 24　　　　　　D. 30

16. 在WPS表格中，创建公式的操作步骤有：①在编辑栏输入"="；②输入公式；③按<Enter>键；④选择需要建立公式的单元格。其正确的顺序是（　　　）。
    A. ①②③④　　　B. ④①③②　　　C. ④①②③　　　D. ④③①②

17. 已在某工作表的F10单元格中输入了"八月"，再将该单元格的自动填充柄向上拖动，在F9、F8、F7单元格中依次会出现的内容是（　　　）。
    A. "九月""十月""十一月"　　　　　B. "七月""六月""五月"
    C. "五月""六月""七月"　　　　　　D. "八月""八月""八月"

18. 在工作表中，位于第二行第四列的单元格的地址是（　　　）。
    A. 2D　　　　　　B. 4B　　　　　　C. B4　　　　　　D. D2

19. 在Excel的窗口中编辑栏前的"fx"按钮是用来插入（　　　）。
    A. 文字　　　　　B. 数字　　　　　C. 公式　　　　　D. 函数

20. 在Excel的高级筛选中，条件区域中同一行的条件是（　　　）。
    A. 或的关系　　　B. 与的关系　　　C. 非的关系　　　D. 异或的关系

二、多选题

1. 在WPS表格中，右键单击工作表标签，可以进行的操作有（　　　）。
    A. 对工作表重命名　　　　　　　　B. 激活工作表
    C. 插入新工作表　　　　　　　　　D. 复制工作表

2. 在电子表格中，对数据清单进行统计，实现的方法有（　　　）。
    A. 函数　　　　　　　　　　　　　B. 数据透视表和数据透视图
    C. 分类汇总　　　　　　　　　　　D. 高级筛选

3. 在WPS表格中，使用的运算符有（　　　）。
    A. 算术运算符　　　　　　　　　　B. 比较运算符
    C. 文本运算符　　　　　　　　　　D. 引用运算符

4. 在费用明细的工作表中，列标题为"日期""部门""姓名""报销金额"等，若要按部门统计报销金额，可采用（　　　）。
    A. 高级筛选　　　　　　　　　　　B. 分类汇总

C. 用SUMIF函数计算　　　　　　D. 用数据透视表计算汇总

5. 在Excel中关于筛选后隐藏起来的记录的叙述，正确的是（　　）。
   A. 不打印　　　B. 不显示　　　C. 永远丢失　　　D. 可以恢复

三、判断题

1. 电子表格中，图表是对工作表中数据直观地表示。（　　）
2. 在WPS表格中，只能在同一个工作表中引用单元格，不能引用不同工作表中的单元格。（　　）
3. 在WPS表格的工作表中，单元格的灰色网格打印时不会被打印出来。（　　）
4. 在电子表格中，数据清单经过有效的筛选后，被筛除的数据将永远消失。（　　）
5. 在工作簿中各个工作表是相互独立的，不能彼此传递信息。（　　）
6. 在电子表格的数据透视表中，当原始数据发生变化，只需单击"更新数据"按钮，数据透视表就会自动更新数据。（　　）
7. 在WPS表格中，不可以打印整个工作簿。（　　）
8. 在WPS表格中，图表只能嵌入工作表中。（　　）
9. 在电子表格中，分类汇总一次只能对一个字段进行汇总，如果对多个字段进行汇总，就要采用数据透视表。（　　）
10. 在WPS表格中，单元格内的文字是可以任意调整倾斜的角度的。（　　）

四、填空题

1. 一个电子表格文件就是一个_____。
2. 在电子表格中，在当前单元格中直接输入"20241203"，系统默认的对齐方式是_____。
3. 在Excel工作表中，当相邻单元格中要输入相同数据或按某种规律变化的数据时，可以使用_____功能实现快速输入。
4. 在电子表格中，输入当天的日期可按组合键_____来实现。
5. 在Excel工作表中，在打印学生成绩单时，对不及格的成绩用醒目的方式表示（如用红色字体表示等），当要处理大量的学生成绩时，利用_____最为方便。
6. 在电子表格的地址引用中，$A26属于_____地址。

模块8　WPS演示

信息技术基础（医学类）

WPS演示是WPS办公软件系列中的一个组件，又称WPS演示文稿，利用其可快速制作出图文并茂、富有感染力的演示文稿，并且可通过图片、视频和动画等多媒体形式展现复杂的内容，帮助用户有效传递信息、表达观点并与他人沟通交流，被广泛应用于总结汇报、宣传推广、教学培训等场合。其在医院也被临床、医技、行政后勤等各部门用于病历分享、工作总结汇报、方案演示、教学培训等场合。本模块将系统介绍演示文稿制作、动画设计、母版制作和使用、演示文稿放映和发布等内容。

8.1　WPS演示的基础知识

利用WPS演示制作出来的整个文件称为演示文稿，演示文稿的每一页称为幻灯片。一个演示文稿由若干张幻灯片组成，每张幻灯片有自己独立表达的主题。WPS演示文稿原生的文件扩展名为.dps，生成文件后默认以通用的.pptx作为文件扩展名。

8.1.1　WPS演示的工作界面

WPS演示提供直观的用户界面，便于用户快速掌握和使用。启动WPS演示后，即可进入WPS演示的工作界面，如图8-1所示。

WPS演示的工作界面与WPS文字和WPS表格的工作界面类似，主要包括标题栏、功能区、大纲/幻灯片窗格、幻灯片编辑区、备注窗格、状态栏、任务窗格七个部分。

1. 幻灯片编辑区

幻灯片编辑区位于WPS演示工作界面的中央，是幻灯片编辑与内容呈现的区域。

2. 大纲/幻灯片窗格

大纲/幻灯片窗格通常位于WPS演示工作界面的左侧，有大纲和幻灯片两种模式，主要用于浏览演示文稿，帮助用户快速定位特定的内容。在幻灯片模式下，可以查看当前演示文稿中所有幻灯片的缩略图，单击某张幻灯片的缩略图，可立即跳转到该幻灯片，并在幻灯片编辑区中显示该幻灯片的内容。

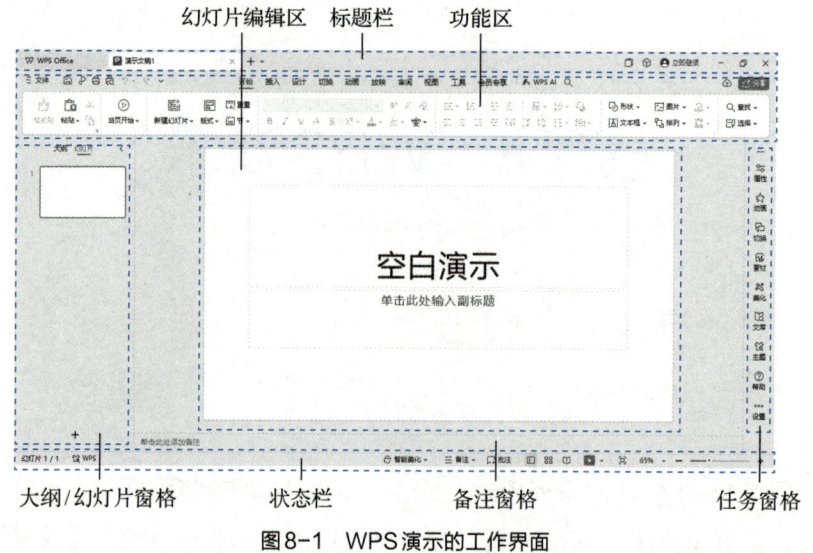

图8-1 WPS演示的工作界面

3. 任务窗格

任务窗格通常位于WPS演示工作界面的右侧，是提供高级编辑功能的辅助面板。单击上面的功能按钮，将弹出相应的功能界面供用户操作。可通过"视图"选项卡的设置，对任务窗格进行关闭和显示。

4. 状态栏

状态栏位于WPS演示工作界面的底端，由状态信息区、"智能美化"按钮、"备注"按钮、"批注"按钮、视图切换按钮区、显示比例按钮组成，如图8-2所示。状态信息区主要显示演示文稿的页数与所应用的主题；"智能美化"按钮提供了单页美化和全文美化功能，通过AI智能技术，智能识别幻灯片的页面类型和内容并推荐匹配的模板，高效完成对幻灯片的美化；"备注"按钮主要用于隐藏或显示备注面板；"批注"按钮主要用于在相应位置添加批注；视图切换按钮区用来切换页面的视图方式；显示比例按钮用来调整页面的大小，单击其中的最佳显示比例按钮，可以使幻灯片显示比例自动适应当前窗口的大小。

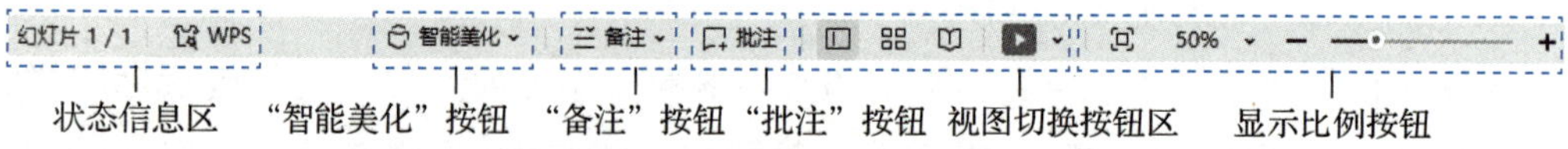

图8-2 状态栏的组成

8.1.2 WPS演示文稿的基本操作

1. 新建演示文稿

新建演示文稿可以采用新建空白演示文稿或利用模板创建演示文稿两种方式。方法同5.1.3节所述，在"新建"列表区中选择"演示"选项，系统会新增一个名为"新建演示文稿"的标签，在"新建演示文稿"的工作区中，选择"空白演示文稿"；或在联网状态下，利用在线模板创建演示文稿。

使用在线模板创建演示文稿时，可在"新建演示文稿"选项卡的搜索框内，输入关键字搜索所需模板，或选择分类标签精准筛选模板，如图8-3所示。单击模板的缩略图可浏览详情，单击缩略图上的"立即使用"按钮可直接使用该模板生成新的演示文稿。

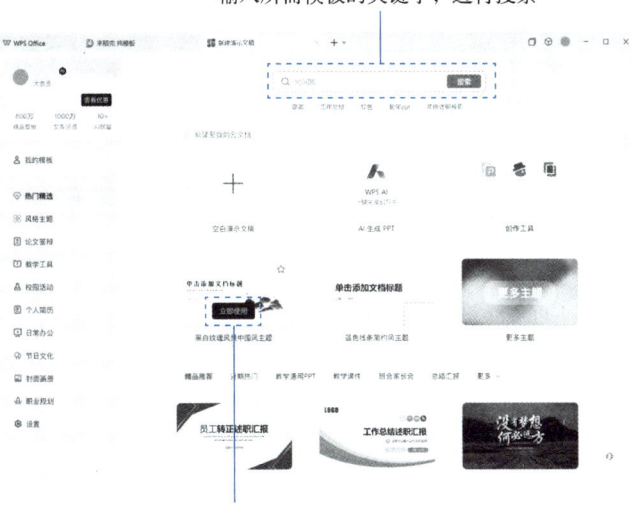

图8-3　在线模板创建演示文稿

2. 打开演示文稿

当需要对演示文稿进行编辑、查看或放映操作时，应先将其打开。在WPS演示工作界面中，选择"文件"→"打开"命令或按<Ctrl+O>组合键，打开"打开文件"窗口，选择需要打开的演示文稿，单击"打开"按钮；或直接双击需要打开的演示文稿的图标也可快速打开。

3. 保存与保护演示文稿

（1）保存演示文稿

演示文稿第一次被保存的时候，选择"文件"→"保存"命令或按<Ctrl+S>组合键，将弹出"另存为"对话框，如图8-4所示，确定保存位置后，在"文件名称"文本框内输入文件名称，单击"保存"按钮。

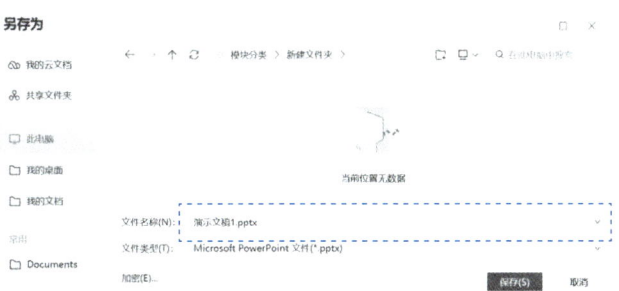

图8-4　保存演示文档

演示文稿可以用多种文件类型进行保存,可在"另存为"对话框的"文件类型"下拉列表中进行选择。

> **知识扩展8-1**
>
> · 演示文稿的文件类型
>
> WPS演示文稿不仅支持保存为pptx格式,还支持其他多种类型,常用的有放映模式pps/ppsx,可打开直接全屏播放;模板文件格式pot/potx;图片格式jpg/png,png格式是一种无损压缩的位图格式;pdf格式,可跨平台,兼容性强,方便在手机或其他计算机上进行浏览。

已保存过的演示文稿被再次进行编辑修改以后,此时选择"保存"命令,系统不会给出任何提示,演示文稿将直接以原文件名被保存。若要将演示文稿另存为一个新的文件,或将其保存在其他位置或更改名称,则需要选择"另存为"命令。"另存为"适合正在修改或者修改多次还未完全确定的文件。

(2)演示文稿的保护

保存演示文稿的时候,可以通过给文档添加打开和编辑权限密码,实现对文档的保护。可以给两种权限都设置密码,或者只设置其中一种权限密码。操作方法如图8-5所示。

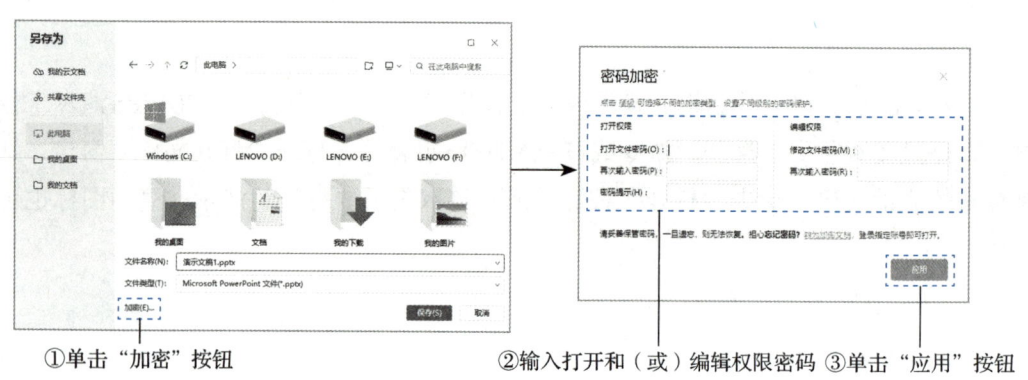

①单击"加密"按钮　　　　②输入打开和(或)编辑权限密码　③单击"应用"按钮

图8-5　演示文稿保护

4. 关闭演示文稿

当不再需要对演示文稿进行操作时,可通过以下方法将其关闭:单击WPS演示工作界面标题栏中的"关闭"按钮;选择"文件"→"退出"命令;按<Alt+F4>组合键,在关闭WPS演示的同时退出WPS Office软件。

实训8-1　演示文稿的新建和保存

01 任务描述:

在D盘根目录下新建一个空白演示文稿,命名为"安全生产专题汇报",设置演示文稿的打开权限和编辑权限，密码为"yg123456"。

02 任务分析：

本题主要考查学生对演示文稿基本操作的掌握情况，如演示文稿的新建、保存、保护等操作。

03 实施步骤：

①打开WPS Office，选择"新建"→"演示"→"新建空白文档"命令。

②单击"保存"按钮，在弹出的"另存为"对话框中，单击左边导航窗格中"此电脑"按钮，然后双击工作区中的D盘盘符，在"文件名称"文本框中输入"安全生产专题汇报"。

③单击"加密"按钮，在弹出的"密码加密"对话框中，分别输入打开权限和编辑权限的密码"yg123456"，单击"应用"按钮。

④单击"保存"按钮。

8.1.3 幻灯片的基本操作

1. 新建幻灯片

在默认情况下，新建的空白演示文稿中只有一张幻灯片，通常不能满足实际的需要，这时需要用户在演示文稿中新建幻灯片，具体方法如下。

方法1：在"大纲/幻灯片"浏览窗格中选中某张幻灯片后按<Enter>键，可快速在该张幻灯片后添加一张幻灯片。

方法2：在"大纲/幻灯片"浏览窗格中选中某张幻灯片后，在"开始"选项卡中单击"新建"按钮，可在该张幻灯片后添加一张幻灯片。

方法3：在"大纲/幻灯片"浏览窗格中将鼠标指针指向某张幻灯片，单击该幻灯片右下角出现的"+"按钮，即可在弹出的页面中选择不同模板创建幻灯片，除"版式"外，选择其他模板创建幻灯片时须先登录WPS账号才能使用，操作方法如图8-6所示。

2. 设置幻灯片版式

如果对某张幻灯片的版式不满意，可以更改幻灯片的版式。其方法为：选中要更改版式的幻灯片，单击"开始"选项卡中的"版式"按钮，在打开的下拉列表中选择一种合适的版式，将其应用到当前幻灯片。

3. 选择幻灯片

在对幻灯片进行相关操作前必须先将其选中，选择方法如下：

（1）选择单张幻灯片

在"大纲/幻灯片"浏览窗格中单击某张幻灯片的缩略图，即可选中该幻灯片，同时在幻灯片编辑区中显示该幻灯片。

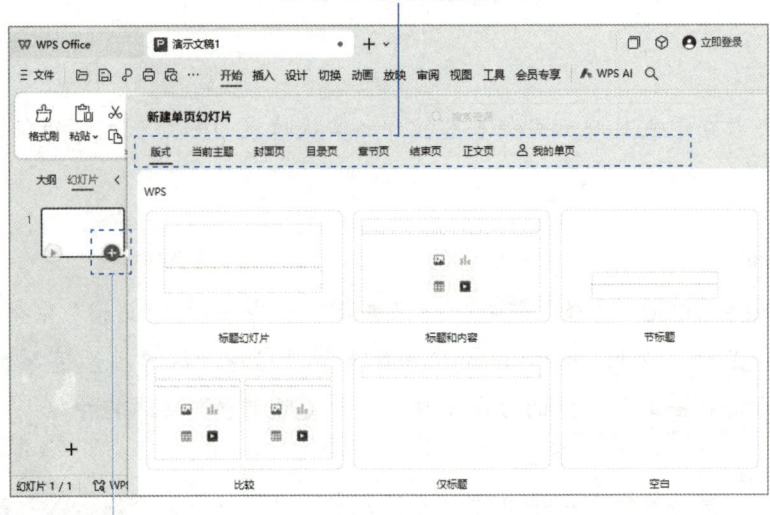

图8-6 利用幻灯片右下角"+"按钮创建幻灯片

(2)选择多张幻灯片

在幻灯片浏览视图或"大纲/幻灯片"浏览窗格中,选中第1张幻灯片后按住<Shift>键不放,再单击最后要选中的幻灯片,即可选择多张连续的幻灯片;按住<Ctrl>键不放,依次单击要选中的幻灯片,可选择多张不连续的幻灯片。

(3)选择全部幻灯片

在幻灯片浏览视图或"大纲/幻灯片"浏览窗格中按<Ctrl+A>组合键,即可选中当前演示文稿中的全部幻灯片。

4.移动和复制幻灯片

在编辑演示文稿时,可将某张幻灯片移动或复制到同一演示文稿的其他位置或其他演示文稿中,以提高编辑效率。

(1)移动幻灯片

在幻灯片浏览视图或"大纲/幻灯片"浏览窗格中,选中要移动的幻灯片,按住鼠标左键拖动到目标位置。

在幻灯片浏览视图或"大纲/幻灯片"浏览窗格中,选中要移动的幻灯片并单击鼠标右键,在弹出的快捷菜单中选择"剪切"命令,然后定位到目标位置,单击鼠标右键,在弹出的快捷菜单中选择"粘贴"命令。

(2)复制幻灯片

在"大纲/幻灯片"浏览窗格中,选中要复制的幻灯片,单击鼠标右键,在弹出的快捷菜单中选择"复制幻灯片"命令,会自动在当前幻灯片后面添加一张一模一样的幻灯片;选择快捷菜单中的"复制"命令,粘贴幻灯片时可以选择位置。

5. 删除幻灯片

在"大纲/幻灯片"浏览窗格中，选择要删除的幻灯片，按<Delete>键或<Backspace>键；也可以在要删除的幻灯片上单击鼠标右键，在弹出的快捷菜单中选择"删除幻灯片"命令。

实训8-2　幻灯片的基本操作

01　任务描述：

在D盘根目录下打开"安全生产专题汇报"演示文稿，并完成以下操作。

①在演示文稿中插入16张幻灯片。

②选中第3、5、8、13、16张幻灯片，将其版式修改为"仅标题"。

③复制最后一张幻灯片。

④删除第16张幻灯片。

⑤保存演示文稿。

02　任务分析：

本题主要考查学生对幻灯片基本操作的掌握情况，如幻灯片的插入、选择、版式设置等操作。

03　实施步骤：

①双击打开"安全生产专题汇报"演示文稿，在"插入"选项卡中连续单击16次"新建幻灯片"按钮，生成16张新的幻灯片。

②在幻灯片浏览视图或"大纲/幻灯片"浏览窗格中，选中第3张幻灯片后按住<Ctrl>键不放，依次单击第5、8、13、16张幻灯片，选中幻灯片后单击"开始"选项卡中"版式"按钮，选择"仅标题"完成版式设置。

③在幻灯片浏览视图或"大纲/幻灯片"浏览窗格中，选中最后一张幻灯片，单击鼠标右键，在弹出的快捷菜单中选择"复制幻灯片"命令。

④在"大纲/幻灯片"浏览窗格中，选择第16张幻灯片，按<Backspace>键。

⑤单击"保存"按钮。

8.1.4　WPS演示视图

WPS演示提供了普通视图、幻灯片浏览视图、备注页视图、阅读视图等多种视图，可在"视图"选项卡或状态栏视图切换按钮区单击相应的视图按钮进行切换，如图8-7所示。

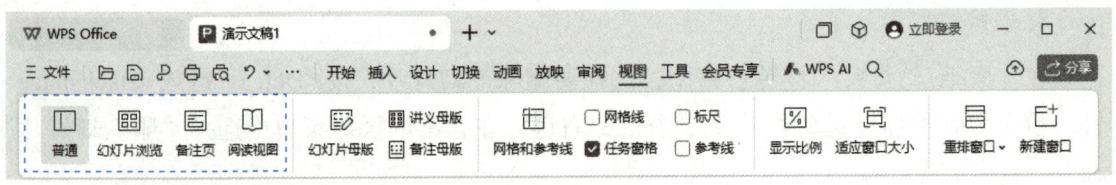

图8-7 "视图"选项卡中视图切换按钮

1. 普通视图

普通视图是WPS演示默认的视图，主要用来逐张编辑设计演示文稿，是用户使用最多的编辑视图，大部分操作都是在普通视图下完成的。

2. 幻灯片浏览视图

幻灯片浏览视图是一个用于组织和管理幻灯片的视图。在此视图中，用户可以直观地看到演示文稿中所有幻灯片的缩略图，可以调整幻灯片的顺序，进行幻灯片的选择、复制、移动等操作，但不能编辑幻灯片中的内容。

3. 备注页视图

备注页视图主要用于添加和编辑与幻灯片相关的备注信息，在此视图中，可以在每张幻灯片下方的备注区中输入与幻灯片内容相关的说明、提示等信息，方便用户在进行演示时查看关键信息或进行自我提示。

4. 阅读视图

阅读视图可将演示文稿作为适应窗口大小的幻灯片放映查看，主要用于幻灯片制作完成后的简单放映浏览，查看内容和幻灯片设置的动画放映效果。

8.2 编辑演示文稿

8.2.1 编辑演示文稿对象

1. 编辑文本内容

文本是演示文稿内容中最基本的元素，通常情况下，每张幻灯片或多或少都会有一些文本信息，幻灯片中的文本可以分为标题文本和正文文本，可以直接在占位符中输入文本，也可以使用文本框输入文字。

（1）使用占位符

新建幻灯片后，在幻灯片中看到的虚线框就是占位文本框，虚线框内的"单击此处添加标题"或"单击此处添加文本"等提示文字为文本占位符。单击文本占位符，提示文字将自动消失，此时可在虚线框内输入相应文字内容。

在幻灯片中，占位符实际上是一类特殊的文本框，其中包含预设的格式，会出现在固定的位置，可以对其进行移动和改变大小等操作。

（2）使用文本框

除了使用占位符，还可以在幻灯片绘制新的文本框，并在其中输入文本并设置文本格式，以满足不同的幻灯片设计需求。文本框包含横向文本框和竖向文本框两种类型。插入文本框的方法为：单击"插入"选项卡中的"文本框"按钮，在弹出的下拉菜单中选择所需的文本框类型，即可在幻灯片中自动插入了文本框。插入文本框的方法如图8-8所示。

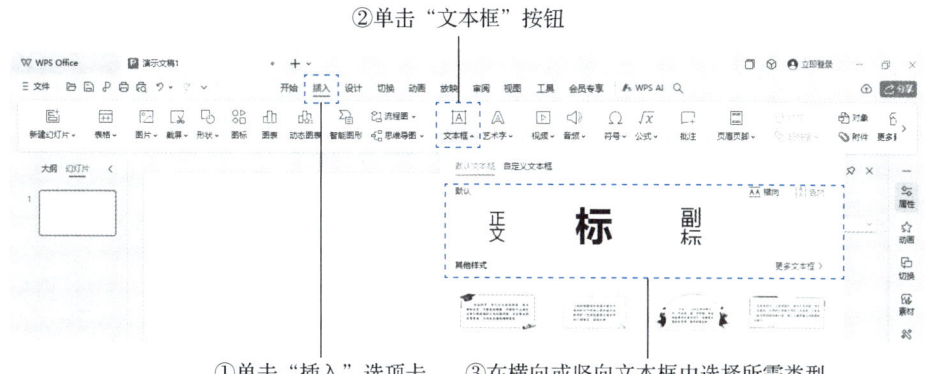

图8-8　插入文本框的方法

（3）编辑文本和段落格式

演示文稿各幻灯片的版式均自带默认的文本格式，但有时根据实际需要，用户仍需对文本和段落格式进行编辑。文本格式主要通过"开始"选项卡的"字体"组或"字体"对话框进行编辑，段落格式主要通过"开始"选项卡的"段落"组或"段落"对话框进行编辑，编辑方法和WPS文字基本一致，如图8-9所示。

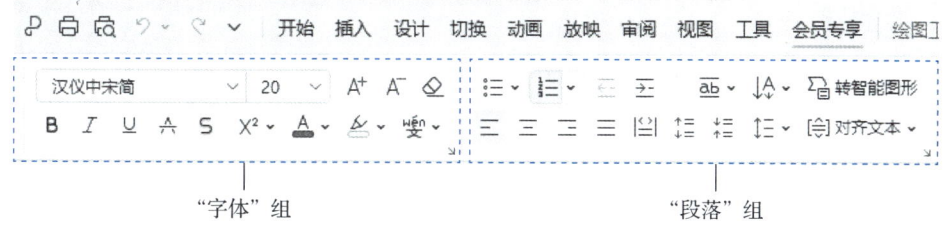

图8-9　"字体"组和"段落"组

2. 编辑图片

在幻灯片中插入图片，可以使演示文稿图文并茂，更具吸引力，还能帮助读者更好地理解内容。在使用图片时要注意图片格式，避免过大，一般jpeg、png格式较佳。使用网络图片时，要注意版权问题。图片插入及编辑方法和WPS文字基本一致，用户可以根据需要对图片进行裁剪、美化等编辑操作。

（1）插入分页插图

如果需要一次性在多张幻灯片中插入不同的图片，可以使用"分页插图"功能批量完成。在"插入"选项卡中单击"图片"按钮，在弹出的列表中选择"分页插图"选项，打开"插入图片"对话框，选择需要插入的多张图片，单击"打开"按钮，即可依次将图片插入幻灯片中。插入分页插图的方法如图8-10所示。

> **知识扩展8-2**
>
> · 设置透明色
>
> 透明色指将某一部分的颜色设置为透明，主要用它来"去除"纯色背景，这样插入图片后可以使幻灯片整体视觉更加协调。方法为选中图片，单击"图片工具"选项卡中"设置透明色"按钮，将鼠标指针移动到图片的背景色上，即可将背景色变为透明。

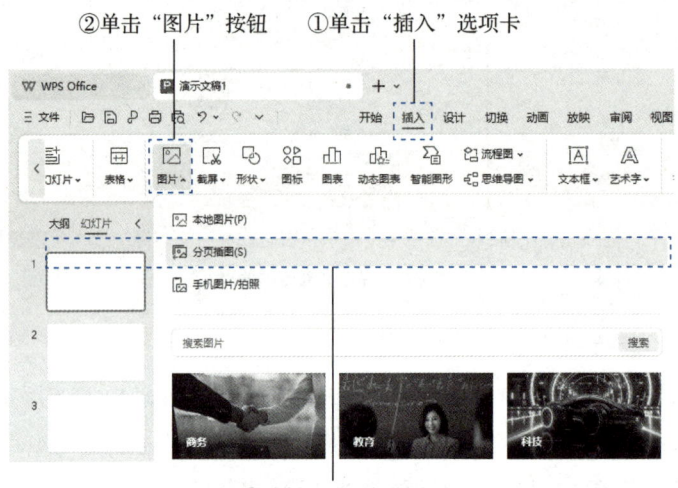

图8-10 插入分页插图

（2）创意裁剪

创意裁剪可以把图片裁剪成几何、人像、节日、笔刷等创意效果。选中图片，单击"裁剪"下拉按钮，从弹出的下拉列表中选择"创意裁剪"选项，在弹出面板中单击"免费"按钮，选择合适的创意效果即可完成裁剪。创意裁剪效果如图8-11所示。

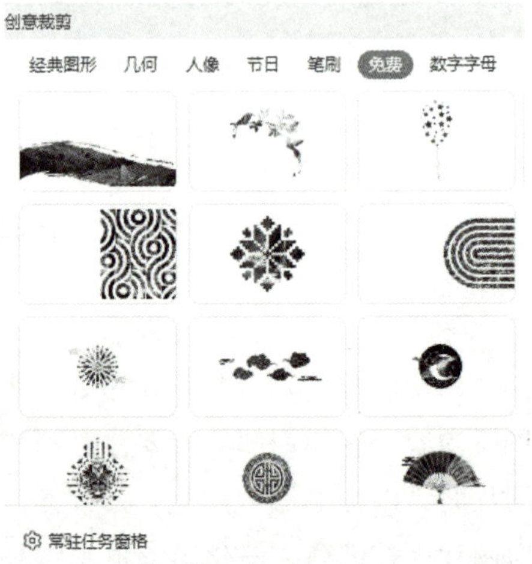

3. 编辑形状

形状是演示文稿制作中用得比较多的一类对象，很多精美的PPT布局都是通过各类形状组合而来。WPS演示中内置了线条、矩形、基本形状、箭头等多组形状。

图8-11 创意裁剪效果

（1）插入形状

选中需要插入形状的幻灯片，单击"插入"选项卡中"形状"按钮，在弹出的下拉列表中选择需要的形状，在编辑区按住鼠标左键拖动绘制出相应的形状。

（2）调整形状

插入形状后，可以调整形状的大小、填充颜色、轮廓颜色、应用快速样式、效果等。选中形状，在如图8-12所示的"绘图工具"选项卡中选择相应按钮设置，或选中形状后，单击右侧任务窗格中"属性"按钮，将弹出"对象属性"窗格，可进行更为详细的设置。

图8-12 "绘图工具"选项卡

（3）排列形状

在PPT内插入对象时，默认的叠放顺序是最新插入的形状叠放在最上面。若要更改叠放顺序，选中一个形状，可以通过排列来调整。排列主要通过"上移一层""下移一层"两个功能按钮实现，两个功能是相对立的，用来控制形状上下的位置，可以一个形状一个形状地往上或往下移，也可以将形状直接置于顶层或底层。

选择窗格：单击"绘图工具"选项卡中"选择"按钮，在自动弹出的下拉列表中单击"选择窗格"，在幻灯片右侧显示"选择窗格"界面，可重命名形状名称，隐藏或显示形状，调整叠放次序，如图8-13所示。

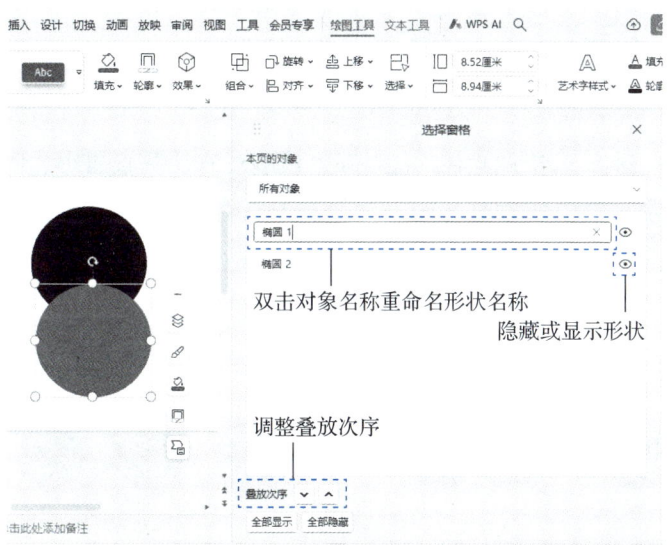

图8-13 选择窗格

（4）组合形状

在演示文稿制作过程中，如果需要将多个形状组合在一起，可以按住<Shift>键，逐个单击选择需要组合的形状，右键单击选择"组合"或单击"绘图工具"选项卡中"组合"

按钮，即可将形状组合为一个整体，方便移动和调整大小。

（5）对齐和分布形状

对齐是一个比较实用的功能，能够让PPT的形状实现快速的布局。选中多个形状，根据需要选择"相对于对象组""相对于幻灯片""相对于后选对象"中的一种模式进行对齐操作。"相对于对象组"以所选全部对象为参照物进行对齐；"相对于幻灯片"以整个幻灯片为参照物进行对齐；"相对于后选对象"以最后选择对象为参照物进行对齐，形状对齐如图8-14所示。

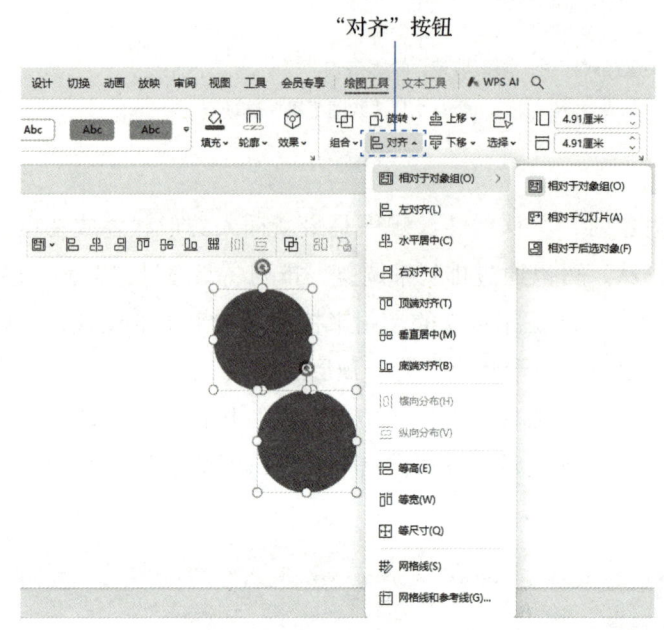

图8-14　形状对齐

对齐方式包括左对齐、水平居中、右对齐、顶端对齐、垂直居中、底端对齐等方式。

分布形状指在水平方向或垂直方向平均分布形状之间的间距，选中需要分布的多个形状，单击"对齐"按钮，在弹出的下拉列表中选择"横向发布"或"纵向分布"，分布效果如图8-15所示。

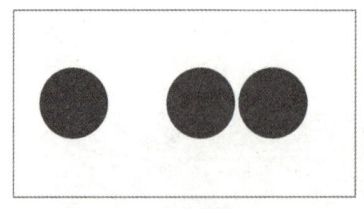
形状分布前效果

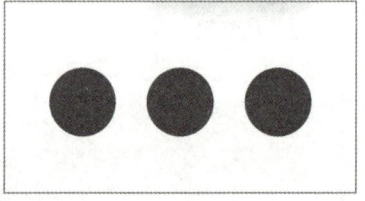
"横向分布"效果

图8-15　形状分布

4. 插入智能图形

智能图形是WPS演示内置的一款自动布局的图形集，可以大大提高PPT的布局效率。

选中插入智能图形的幻灯片，单击"插入"选项卡中的"智能图形"按钮，弹出"智能图形"对话框，可以根据需要从并列、总分、循环、SmartArt等中选择所需图形，智能图形将自动插入幻灯片。插入后可以单击文本，在文本框输入相应的内容，也可在"设计"和"格式"选项卡对智能图形进行编辑，智能图形类型如图8-16所示。

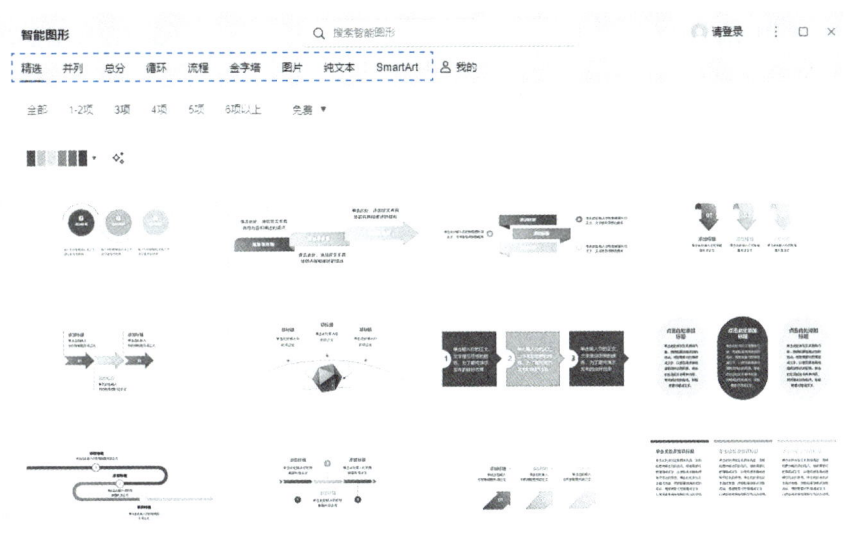

图8-16　智能图形类型

实训8-3　幻灯片文字、图片、形状的插入

01　任务描述

在D盘根目录下打开"安全生产专题汇报"演示文稿，并完成以下操作：
①在演示文稿中录入文字内容（见图8-17～图8-32）。

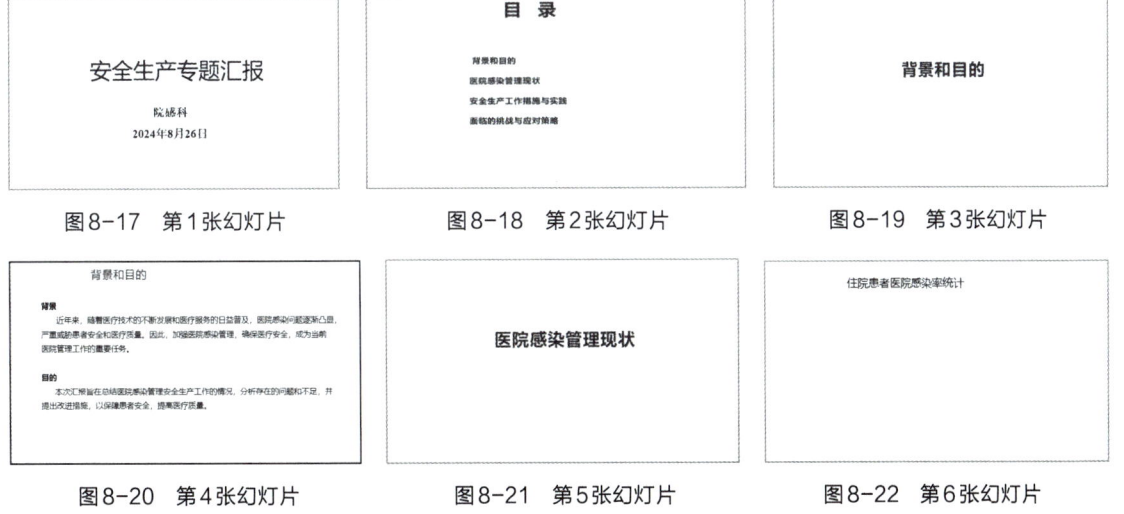

图8-17　第1张幻灯片　　图8-18　第2张幻灯片　　图8-19　第3张幻灯片

图8-20　第4张幻灯片　　图8-21　第5张幻灯片　　图8-22　第6张幻灯片

图8-23　第7张幻灯片 　　　　图8-24　第8张幻灯片 　　　　图8-25　第9张幻灯片

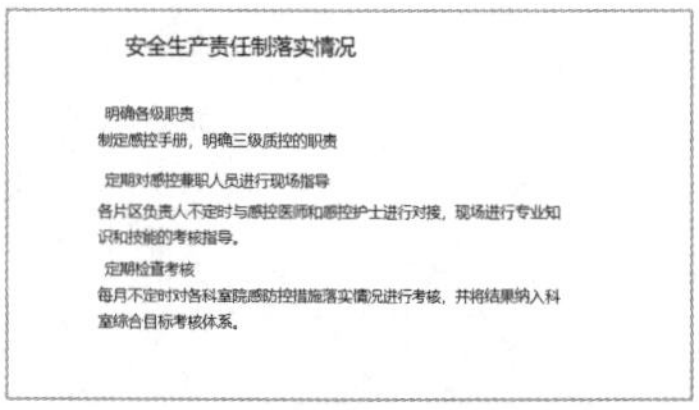

图8-26　第10张幻灯片 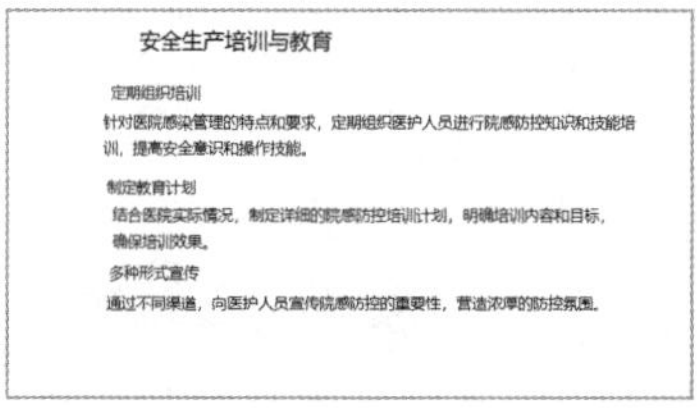　　　图8-27　第11张幻灯片 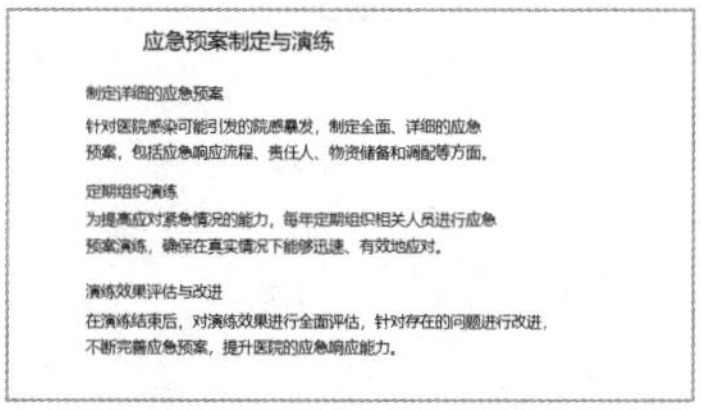　　　图8-28　第12张幻灯片

图8-29　第13张幻灯片 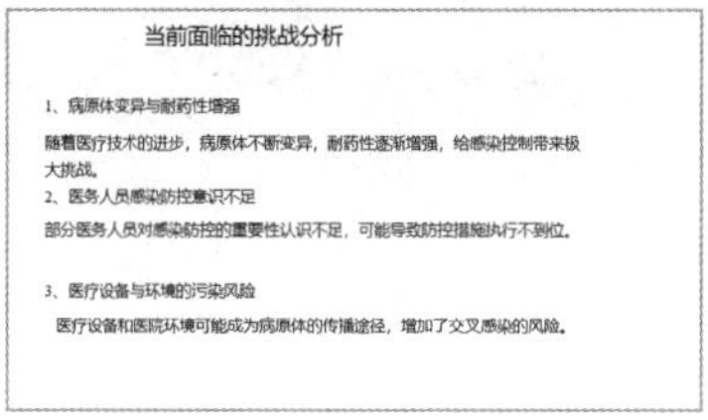　　　图8-30　第14张幻灯片 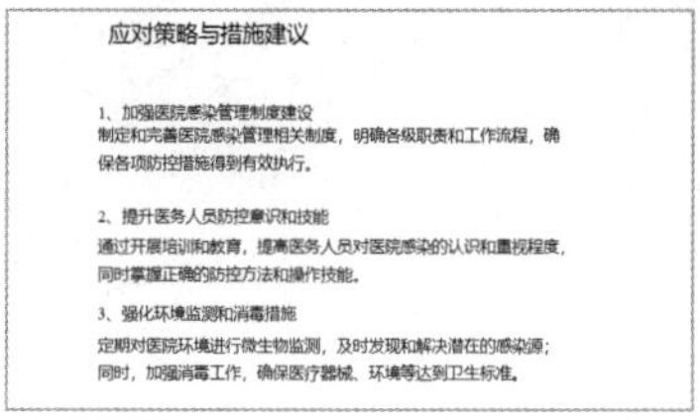　　　图8-31　第15张幻灯片

图8-32　第16张幻灯片

②将第一页幻灯片中标题格式设置为"微软雅黑、60.5号、加粗、深蓝色、居中对齐"，科室和时间格式设置为"微软雅黑、32号、加粗、黑色、居中对齐"；在第2张幻灯片中，将目录中标题文字内容格式设置为"微软雅黑、28号、黑色、左对齐"，在标题前依次添加序号01-04，并将格式设置为"impact、28号、加粗、左对齐、蓝色"。

③在第4、9、10、11、12、14、15张幻灯片中，插入相关图片、形状，增强幻灯片视觉效果。

④保存演示文稿。

02 任务分析：

①为让PPT结构更加完整，逻辑更加清晰，在插入幻灯片时一般要创建封面页、目录页、章节页、正文页、结束页5个页面，其中第1、16张幻灯片为封面页和结束页，第2页为目录页，第3、5、8、13张为章节页，剩余的为正文页。

②文字内容格式在"字体组"和"段落组"中选择相关选项完成设置。

③幻灯片中全是文字内容会影响视觉效果，不利于信息传达，因此可以利用恰当的图片、形状等元素进行优化，在优化时一要注意文字所表达观点的数量，二要确定各个观点之间的逻辑关系，如并列、递进等。

④在幻灯片中排版文字、图片等对象时要注意设计四原则"对齐""亲密性""对比""重复"的运用。

03 实施步骤：

①打开"安全生产专题汇报"演示文稿，利用占位符或文本框方式将各部分内容录入对应幻灯片中。

②在第1张幻灯片中，选中标题"安全生产专题汇报"，单击"开始"选项卡，在字体组和段落组中依次将格式设置为"微软雅黑、60.5号、加粗、深蓝色、居中对齐"；选中"院感科""2024年8月26日"，在字体组和段落组中依次将格式设置为"微软雅黑、32号、加粗、黑色、居中对齐"；在第2张幻灯片中，选中标题文字内容，将格式设置为"微软雅黑、28号、黑色、左对齐"；在各标题前依次添加序号01-04，选中添加的序号，右击选择"字体"，在"字体"对话框中西文字体选择"impact"，其他字体格式为"28号、加粗、左对齐、蓝色"，在段落组中对齐方式选择"左对齐"。

③选中第4张幻灯片，插入"图片1.png"，用鼠标左键放在任一顶点上，按住<Shift>键拖动鼠标将图片缩小；单击"图片工具"选项卡中"裁剪"按钮，选择按形状裁剪中的椭圆，将图片裁剪成接近圆形的形状，放在幻灯片中间位置，"背景"和"目的"两部分内容排版分布在图片两侧，分别在两侧插入两个文本框，并将内容剪切、粘贴在里面，并设置标题"背景""目的""微软雅黑、24号、加粗、蓝色、左对齐"，内容部分"宋体、16号、黑色（文本1）、左对齐"，设置完成后效果如图8-33所示。

④选中第9张幻灯片，插入智能图形，在"智能图形"对话框中依次单击"流程""4项""付费类型免费"，选择第3个智能图形，再依次将幻灯片中文字剪切粘贴到四个图形中的标题和内容文本框中，将标题中文字格式设置为"微软雅黑、20号、加粗"，下面内容文本框中文字格式调整为"宋体、16号、不加粗、左对齐"，设置完成后效果如图8-34所示。

图8-33 第4张幻灯片效果图

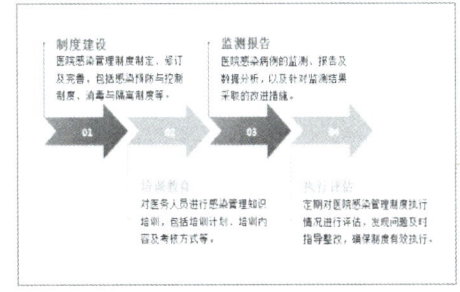

图8-34 第9张幻灯片效果图

⑤选中第10张幻灯片，插入圆角矩形后选中，单击右侧任务窗格中"属性"按钮，在弹出的"对象属性"窗格中将填充色调整为"宝石碧绿，着色5，浅色80%"，线条为"无线条"，大小为"高7.18厘米，宽8.60厘米"；插入"图片2.png"，选中图片缩放大小并进行裁剪，添加阴影效果"外部　左下斜偏移"，叠加到圆角矩形上，将整体移动到合适位置；将文字部分缩放占位符移动到右侧排版，在标题上添加项目符号，格式为"微软雅黑、20号、加粗"，其余文字部分格式为"宋体、16号、左对齐"，设置完成后效果如图8-35所示。

⑥选中第11张幻灯片，插入智能图形，在"智能图形"对话框中依次单击"并列""3项""付费类型免费"，选择第3排第3个智能图形，再依次将幻灯片中文字剪切粘贴到三个图形中的标题和内容文本框中，将标题中文字格式设置为"微软雅黑、20号、加粗"，下面内容文本框中文字格式调整为"宋体、16号、不加粗、左对齐"；删除图形中上方3张图片，依次插入三个等大小的圆角矩形，三个圆角矩形依次使用"图片3.png""图片4.png""图片5.png"填充，设置完成后效果如图8-36所示。

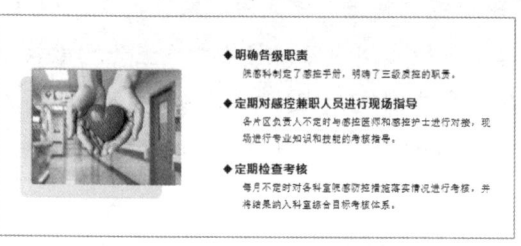

图8-35　第10张幻灯片效果图　　　　　　图8-36　第11张幻灯片效果图

⑦选中第12张幻灯片，插入智能图形，在"智能图形"对话框中依次单击"流程""3项""付费类型免费"，选择第2排第2个智能图形，再依次将幻灯片中文字剪切粘贴到图形中的标题和内容文本框中，将标题中文字格式设置为"微软雅黑、20号、加粗"，下面内容文本框中文字格式调整为"宋体、16号、左对齐"，设置完成后效果如图8-37所示。

⑧选中第14张幻灯片，插入智能图形，在"智能图形"对话框中单击SmartArt，选择列表中第1排第5个智能图形，调整位置及缩放大小，再依次将幻灯片中文字剪切粘贴到图形中的标题和内容文本框中，将标题中文字格式设置为"微软雅黑、20号、加粗"，下面内容文本框中文字格式调整为"宋体、16号、左对齐"，设置完成后效果如图8-38所示。

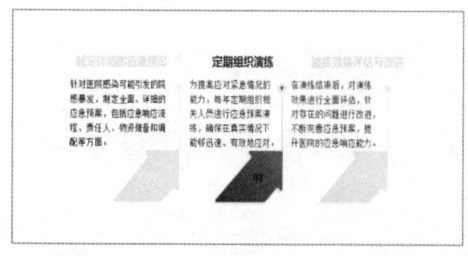 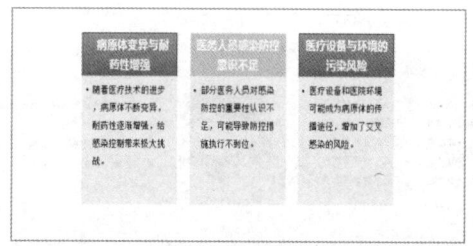

图8-37　第12张幻灯片效果图　　　　　　图8-38　第14张幻灯片效果图

⑨选中第15张幻灯片，插入智能图形，在"智能图形"对话框中依次单击"并列""3

项""付费类型免费",选择第1排第3个智能图形,调整位置及缩放大小,再依次将幻灯片中文字剪切粘贴到图形中的标题和内容文本框中,将标题中文字格式设置为"微软雅黑、20号、加粗",下面内容文本框中文字格式调整为"宋体、16号、左对齐",设置完成后效果如图8-39所示。

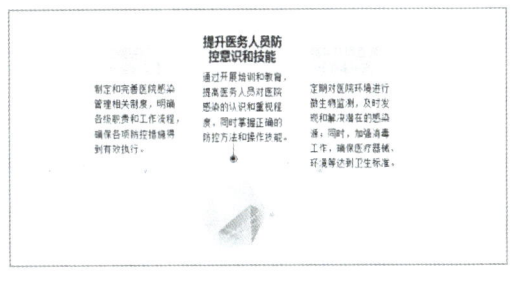

图8-39 第15张幻灯片效果图

⑩单击"保存"按钮保存。

5. 添加表格

在实际应用中经常需要用到表格来展示数据或对比信息等内容,用户可以通过WPS演示中插入表格功能快速插入及编辑表格。

(1)插入表格

选中需要插入表格的幻灯片,在"插入"选项卡中单击"表格"按钮,在下拉列表中按住鼠标左键并拖动鼠标确定行数和列数,或单击"插入表格"选项,在弹出的"插入表格"对话框中输入行数和列数,插入表格方法如图8-40所示。

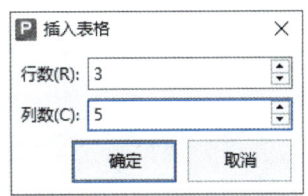

图8-40 插入表格

(2)编辑表格

WPS演示中提供了多种内置的表格样式,如对插入表格默认样式不满意,可以选中表格,将会出现"表格工具"和"表格样式"选项卡,可以利用其中的工具编辑表格,如图8-41所示。

图8-41 编辑表格

6. 添加媒体文件

WPS演示支持用户在制作演示文稿时插入多媒体元素,如音频和视频文件,从而增强演示的吸引力和互动性。

（1）添加和编辑音频或背景音乐

1）添加音频或背景音乐。在演示文稿中选中需要添加音频的幻灯片，单击"插入"选项卡中的"音频"按钮，在弹出的下拉列表中根据需要选择"嵌入音频""链接到音频""嵌入背景音乐""链接背景音乐"4个选项中的一个，在弹出的"插入音频"对话框中选择音频文件，单击"打开"即可。插入音频或背景音乐操作方法如图8-42所示。

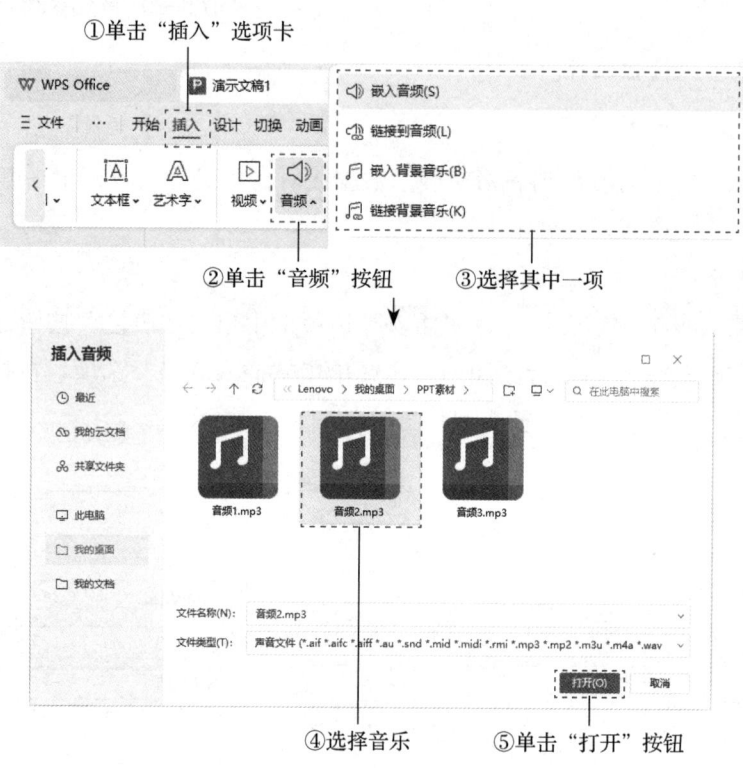

图8-42　插入音频或背景音乐操作方法

2）音频编辑。音频插入幻灯片后，单击音频图标，在选项卡中将出现"音频工具"，在工具中可以对音频进行编辑，如图8-43所示。

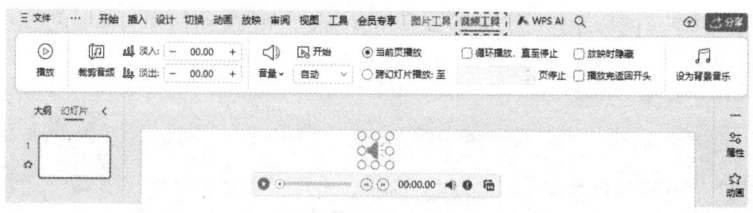

图8-43　音频工具

播放：播放音频，可以试听音频的效果。

裁剪音频：通过指定的开始时间和结束时间来裁剪音乐，裁剪后可以使用"淡入"或"淡出"增强音频的舒适感。

音量：设置音量大小，包括高、中、低、静音。

开始：设定音频是自动播放还是单击播放，若选择"自动"选项，则会在进入该张幻灯片时自动播放，若选择"单击"选项，则需要单击音频图标才能播放。

当前页播放、跨幻灯片播放：设置音频播放页面，如选择"跨幻灯片播放"，则从当前页幻灯片播放直至指定页停止。

循环播放，直至停止：勾选"循环播放，直至停止"复选框，则音频会一直循环播放，直到幻灯片放映完毕。

放映时隐藏：勾选"放映时隐藏"复选框，则可以在放映幻灯片时隐藏音频控制面板。

设为背景音乐：单击"设为背景音乐"按钮，可以使音频在所有幻灯片中播放。

（2）添加和编辑视频

WPS演示中可以插入.mp4、.wmv、.avi、.flv等几乎所有常见视频格式的视频。在演示文稿中选中需要添加视频的幻灯片，单击"插入"选项卡中的"视频"按钮，在弹出的下拉列表中根据需要选择"嵌入视频""链接到视频"两个选项中的一个，在弹出的"插入视频"对话框中选择视频文件，单击"打开"即可，插入视频方法如图8-44所示。

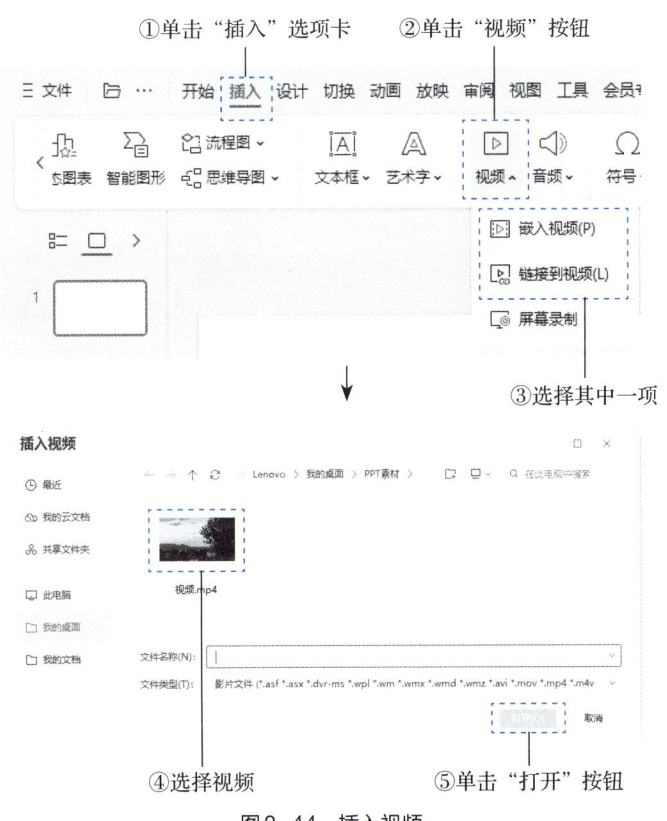

图8-44 插入视频

视频插入幻灯片后，单击视频，在选项卡中将出现"视频工具"，在工具中可以对视频进行播放、裁剪视频、调节音量等操作。

7. 添加超链接

在WPS演示中，超链接是从一张幻灯片到文件、网页或另一张幻灯片的链接。超链接本身可以是文本、图片、艺术字等对象。超链接通常以蓝色下划线文本或按钮的形式出现。

在幻灯片中选中需要插入超链接的对象，单击"插入"选项卡功能区中的"超链接"按钮，在弹出的"插入超链接"对话框中单击"本文档中的位置"选项，选择目标幻灯片，单击"确定"按钮，完成超链接的添加，操作方法如图8-45所示。超链接除了可以链接到本文档中的幻灯片，还可以设置链接到原有文件或网页、电子邮件地址。

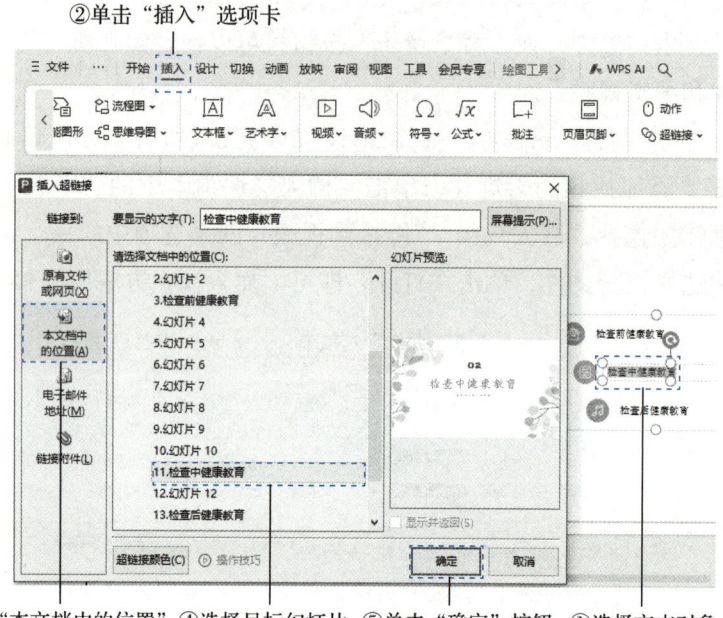

图8-45 添加超链接

如果要重新设置超链接，可以在已经添加了超链接的对象上单击鼠标右键，在弹出的快捷菜单中选择"编辑超链接"命令重新设置，选择"取消超链接"命令可以删除超链接。

> **知识扩展8-3**
>
> • 设置超链接颜色
>
> 超链接通常以蓝色下划线文本或按钮的形式出现，访问后超链接会变成紫色，如果这种效果与我们主题颜色有很大反差，影响美观效果，那么需要更改超链接颜色，方法为单击"插入"选项卡功能区中的"超链接"按钮，在弹出的"插入超链接"对话框中单击"超链接颜色"选项，在弹出的超链接颜色对话框中设置"超链接颜色"和"已访问超链接颜色"即可。

8. 设置动作按钮

WPS演示中预设了多种动作按钮，可以在放映演示文稿时通过单击鼠标或鼠标移过动作按钮从而完成幻灯片跳转、运行特定程序、播放音频或视频等操作。

选中需要添加动作按钮的幻灯片，单击"插入"选项卡功能区中"形状"按钮，在弹出的下拉列表中选择"动作按钮"组中的一种按钮形状，在幻灯片的适当位置拖拽出动作按钮，放开鼠标左键后会自动弹出"动作设置"对话框，在对话框中设置鼠标单击或鼠标移过该动作按钮时将会执行的动作，最后单击"确定"按钮完成设置。操作方法如图8-46所示。

图8-46　设置动作按钮

实训8-4　　在幻灯片中插入表格、超链接、动作按钮

01 任务描述：

在D盘根目录下打开"安全生产专题汇报"演示文稿，在实训8-3基础上完成以下操作：

①在演示文稿中第6、7张幻灯片中插入表格，分别在表中录入数据，表格中文字格式为"宋体、加粗、18号"，数字格式为"Times New Roman、加粗、18号"，如图8-47、图8-48所示。

住院患者医院感染率统计表

月份	住院人数	同期新发感染人数	感染率（%）	同期新发感染例次数	感染例次率（%）
1月	5200	13	0.25	13	0.25
2月	4800	11	0.23	11	0.23
3月	5300	6	0.11	6	0.11
4月	4800	15	0.31	16	0.33
5月	5200	17	0.33	19	0.37
6月	4900	12	0.24	14	0.29

图8-47　住院患者医院感染率统计表

重点科室住院患者医院感染率统计表

科室	住院人数	同期新发感染人数	感染率（%）	同期新发感染例次数	感染例次率（%）
重症医学科	330	7	2.12	8	2.42
神经外科	700	12	1.71	16	2.29
康复医学科	650	5	0.77	6	0.92
肾内科	801	5	0.62	4	0.50
产科	1782	7	0.39	8	0.45

图8-48　重点科室住院患者医院感染率统计表

②在第2张幻灯片目录中插入超链接，将"安全生产工作措施与实践"链接到第8张幻灯片。

③在最后一张幻灯片中插入动画按钮，单击按钮时返回主页，播放声音为"推动.mp3"。

④保存演示文稿。

02 任务分析：

掌握幻灯片中表格、超链接、动作按钮插入及编辑方法。

03 实施步骤：

①打开"安全生产专题汇报"演示文稿，选中第6张幻灯片，插入8行6列的表格，在表格中录入内容并编辑；第7张幻灯片操作方法同上。

②选中第2张幻灯片，选中目录"安全生产工作措施与实践"，在"插入"选项卡单击"超链接"，在弹出的"插入超链接"对话框中单击"本文档中的位置"选项，选择第8张幻灯片，单击"确定"按钮即可。

③选中第16张幻灯片，在"插入"选项卡单击"形状"，选择"动作按钮"组中"动作按钮：第一页"，按住鼠标左键在幻灯片的适当位置拖拽出动作按钮，在"动作设置"对话框中选择鼠标单击，超链接到第1张幻灯片，播放声音选择"推动.mp3"。

④保存演示文稿。

8.2.2 设置演示文稿外观

创建演示文稿后用户可以根据需要设置幻灯片的大小、主题、配色、背景。

1. 设置幻灯片大小

在制作PPT演示文稿时，需根据放映环境选择合适的幻灯片尺寸，这样不仅能够提升观众的视觉体验，还能更好地展示演示内容。PPT尺寸通常以宽高比来表示，常见的有4∶3和16∶9两种比例，默认大小为16∶9，适合宽屏显示器，此外还可以自定义尺寸，以满足不同需求。

在"设计"选项卡中单击"幻灯片大小"下拉按钮，可单击"自定义大小"进行更详细的页面设置。页面设置可选择多种幻灯片大小预设尺

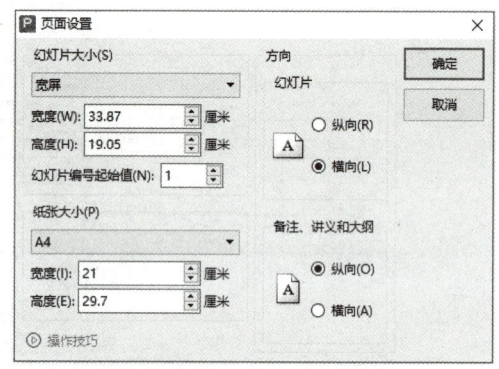

图8-49 设置幻灯片大小

寸，也可以手动输入宽度和高度进行修改。幻灯片编号起始值默认为1，若有更改可在此处输入数字。还可以设置纸张大小、方向等。设置幻灯片大小如图8-49所示。

2. 应用主题方案、配色方案与字体方案

（1）应用主题方案

幻灯片主题是一系列属性的集合，包括颜色、字体、效果、背景样式等属性。为幻灯片应用主题，将更改整个演示文稿的总体设计，不但能提高编辑效率，而且使演示文稿更加专业、易读。

切换到"设计"选项卡，单击"更多主题"按钮，在弹出的主题方案窗口中，付费类

型选择"免费"，选择合适的主题效果，如图8-50所示。

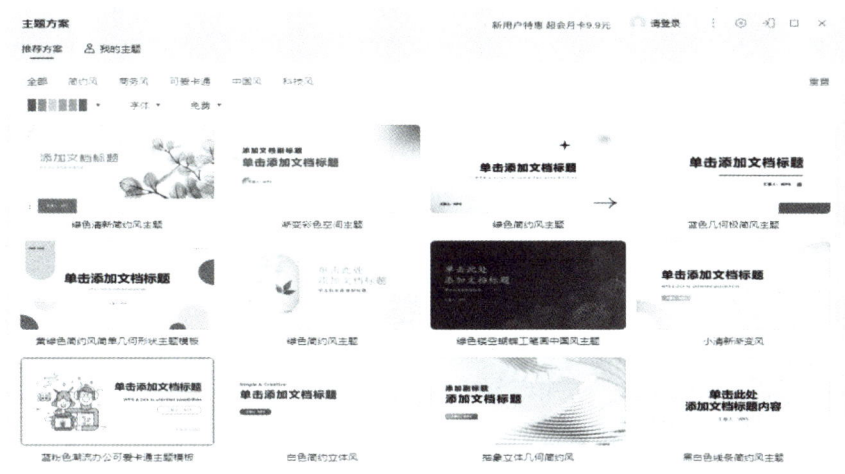

图8-50 主题方案

（2）应用配色方案

演示文稿的色彩搭配是影响阅览者观感的直接因素，WPS演示文稿提供专业的配色方案，用户可以根据需要选择适合的配色方案。

切换到"设计"选项卡，单击"配色方案"按钮，在弹出的下拉列表中选择所需的配色方案，或单击"更多配色方案"，系统提供了更多选择，如图8-51所示。

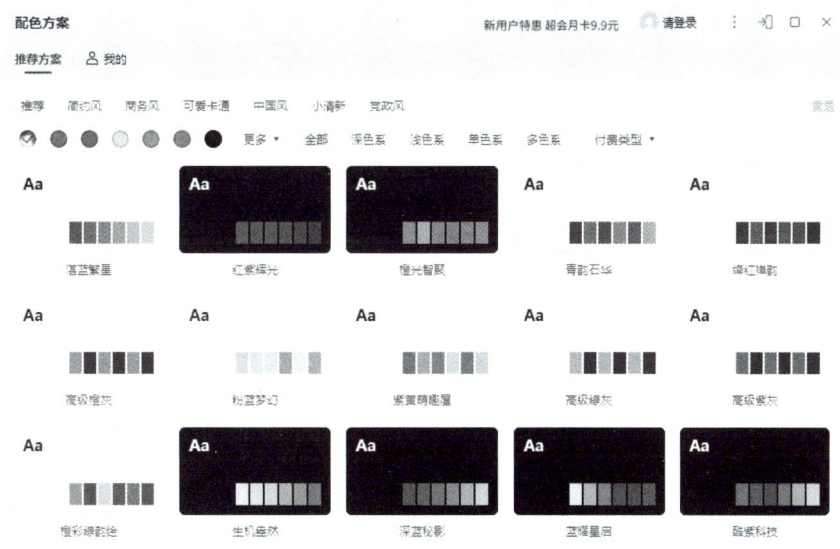

图8-51 配色方案

（3）应用字体方案

当需要对演示文稿中文字进行快速设置或统一时，可使用"统一字体"功能一键替换全文字体，提高编辑效率。

切换到"设计"选项卡，单击"统一字体"按钮，在弹出的推荐方案中选择所需的字体方案，或单击"更多字体方案"选择其他字体方案，可快速设置全文各级标题字体，如图8-52所示。

如需替换字体，则在"统一字体"下拉列表中单击"替换字体"，在弹出的"替换字体"对话框中分别设置好"替换"的字体和"替换为"的字体，单击"替换"按钮，即可完成特定字体的替换，如图8-53所示。

如需批量设置字体，则在"统一字体"下拉列表中选择"批量设置字体"命令，弹出"批量设置字体"对话框，在"替换范围"组中选择要替换字体的幻灯片，在"选择目标"组中选择要替换字体所在的位置，在"设置样式"组中统一设置中文和西文字体、字号和字色等，单击"确定"按钮，即可完成整个演示文稿的字体替换，如图8-54所示。

图8-52　字体方案

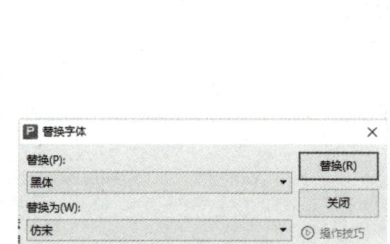

图8-53　替换字体

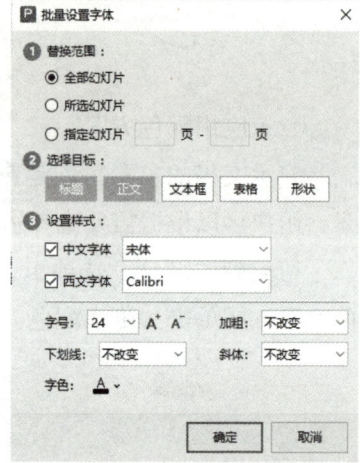

图8-54　批量设置字体

3. 设置背景

由于幻灯片的背景会随着主题、配色方案的改变而发生改变，因此在必要时可以对背景进行重新设置，创建符合演示文稿内容要求的背景填充样式。

（1）设置纯色填充背景

单击"设计"选项卡中的"背景"按钮，打开"对象属性"任务窗格，选中"纯色填充"单选按钮，单击"颜色"右侧的下拉按钮，在弹出的颜色色板中选择所需颜色，可以通过拖动下方的标尺调整透明度，如果需要将设置的填充颜色应用到所有幻灯片，则单击"全部应用"按钮，如图8-55所示。

（2）设置渐变填充背景

单击"设计"选项卡中的"背景"按钮，打开"对象属性"任务窗格，选中"渐变填充"单选按钮，切换到渐变填充面板。

渐变样式：可设置不同方向和角度的渐变样式。

角度：用于选择一种渐变样式后进行角度调整，可以单击中间的角度盘◉或拖动角度盘中控制点改变角度值。

渐变光圈：是设置渐变色的核心，每一个渐变光圈代表渐变色中的一个颜色变化，可以根据需要添加或删除渐变光圈，也可以对每个渐变光圈的位置、透明度、亮度进行调节，但不要使用过多颜色，避免色彩杂乱，如图8-56所示。

（3）设置图片或纹理填充

单击"设计"选项卡中的"背景"按钮，打开"对象属性"任务窗格，选中"图片或纹理填充"单选按钮，切换到图片或纹理填充面板，在"图片填充"右侧的"请选择图片"下拉列表中选择"本地文件"选项，在弹出的"选择纹理"对话框中选择所需图片，单击"打开"按钮，图片将填充到当前幻灯片背景中，同时还可调整背景透明度、放置方式等，如图8-57所示。

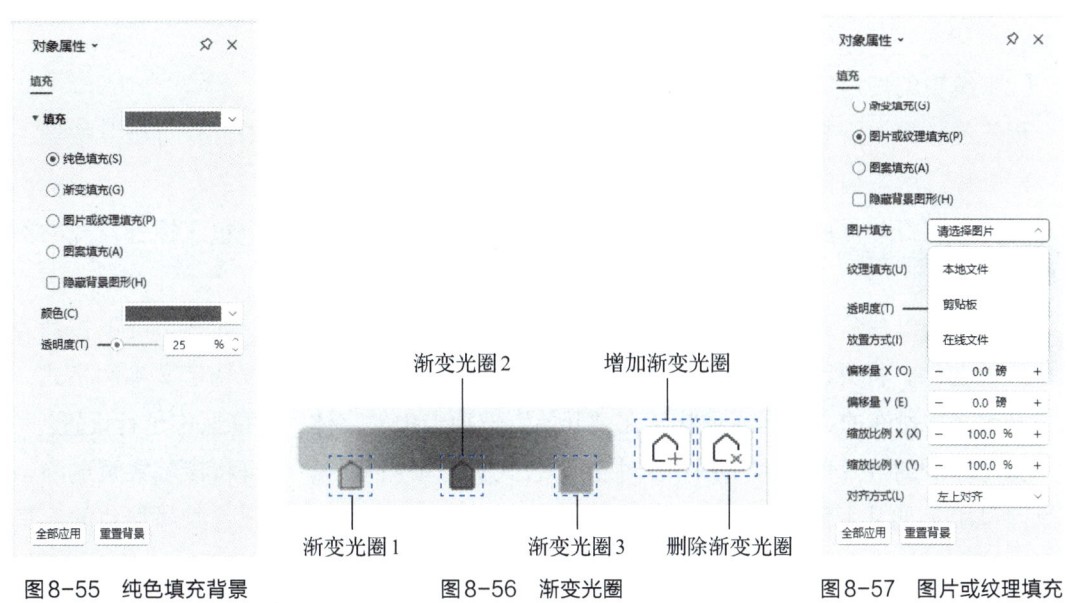

图8-55　纯色填充背景　　　图8-56　渐变光圈　　　图8-57　图片或纹理填充

4. 应用母版

（1）认识幻灯片母版

幻灯片母版用于统一设置演示文稿中所有幻灯片的字形、占位符大小和位置、背景设计和配色方案等。使用母版可统一风格、方便修改及提高效率，常用来统一字体字号、批量加LOGO、通用元素设计。

单击"视图"选项卡，选择"幻灯片母版"进入母版视图，在左侧有一个像组织结构图的结构，第一张是母版式，下面的是子版式，如图8-58所示。

在母版上增加的元素，会出现在每一页子版式的相同位置，且在子版式上不可移动，在某个子版式上增加的元素，只会出现在当前子版式上，其他子版式和母版式都不会变化。

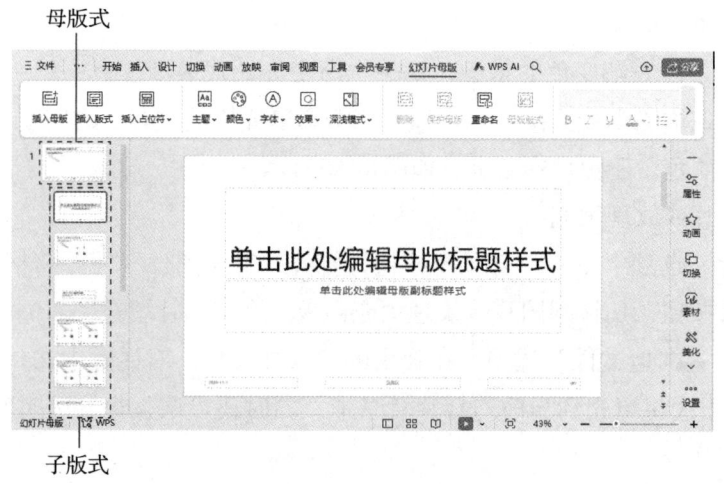

图8-58　幻灯片母版视图

（2）编辑幻灯片母版

创建或打开一个现有的演示文稿，单击"视图"选项卡中的"幻灯片母版"按钮，进入"幻灯片母版"编辑界面，通过以下操作可对幻灯片母版进行修改。

单击"幻灯片母版"选项卡中的"插入版式"按钮，可插入一个包含标题样式的幻灯片版式。

单击"幻灯片母版"选项卡中的"主题""颜色""字体"按钮，在弹出的下拉列表中选择所需选项，将更改整个演示文稿的主题、颜色或字体，若只修改特定文本和格式，需选中修改文本所在的文本框或形状，在"开始"选项卡中"字体"功能区中进行设置。

在左侧的幻灯片版式缩略图中选中某个版式页，按<Delete>键可将该版式页删除，若要删除母版上的某个元素，则选中该元素，按<Delete>键即可删除。若要添加新的元素到母版，可在"插入"选项卡中选择图片和图形，以及自定义的形状和图表，选择一个合适的元素，将其拖放到母版上。

单击"幻灯片母版"选项卡中的"重命名"按钮，可对选中的幻灯片母版进行重命名，方便后续的使用，重命名幻灯片母版方法如图8-59所示。

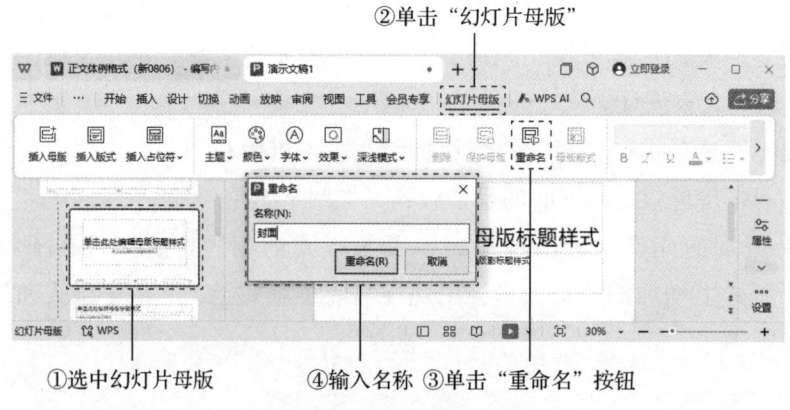

图8-59　重命名幻灯片母版

实训8-5　幻灯片的外观设置

01　任务描述：

在D盘根目录下打开"安全生产专题汇报"演示文稿，在实训8-4基础上完成以下操作：

①为封面页、目录页和结束页（第1、2、16张幻灯片）设置并应用母版，在母版上方位置插入线条，格式为"实线、宽度2.25磅、颜色RGB（107，107，206）"；在线条上方左上角位置插入图片"医院logo.png"；在母版下方位置插入矩形，格式为"填充颜色RGB（107，107，206）、无线条"；在右下方插入图片"背景图片.png"。

②为章节页（第3、5、8、13张幻灯片）设置并应用母版，在任务①的基础上，在母版中插入两个"文本"占位符，制作章节序号（微软雅黑、72号、加粗、蓝色、居中对齐）及标题（宋体、48号、加粗、居中对齐）。

③为正文页（第4、6、7、9、10、11、12、14、15张幻灯片）设置并应用母版，在任务①的基础上将母版中右下角背景图片删除，在医院logo后面插入占位符，格式设置为"微软雅黑、28号、左对齐"，并将正文幻灯片标题录入其中。

④统一幻灯片配色，将第9张幻灯片智能图形中第2个和第4个箭头的填充色调整为"浅绿色"，第14张幻灯片中第2个图形上部分填充色调整为"浅绿色"。

⑤保存演示文稿。

02　任务分析：

①掌握母版的插入及应用方法，快速统一幻灯片风格。

②为使幻灯片色彩统一、和谐，建议色彩搭配使用"主色+辅色+黑白灰"。本幻灯片根据医院LOGO及背景图片等对象，可确定主色为蓝色，辅色为绿色。掌握统一幻灯片色彩的方法。

03　实施步骤：

①打开"安全生产专题汇报"演示文稿，单击"视图"选项卡中"幻灯片母版按钮"，在左侧选中第一张子版式后单击右键，选择"新建幻灯片版式"，在新建的幻灯片版式上单击鼠标右键，选择"重命名版式"，命名为"封面、目录、结束页"，在幻灯片版式编辑区插入线条、医院LOGO、背景图片、矩形，线条格式设置为"实线、宽度2.25磅、颜色RGB（107，107，206）"，矩形格式为"填充颜色RGB（107，107，206）、无线条"，设置完成后关闭幻灯片母版。选中第1、2、16页幻灯片，单击"开始"选项卡中"版式"按钮，选择"封面、目录、结束页"版式即可，效果如图8-60所示。

②单击"视图"选项卡中"幻灯片母版按钮"，在左侧选中"封面、目录、结束页"子版式后单击鼠标右键，选择"复制"，并粘贴在其下面，命名为"章节页"，在幻灯片版式

 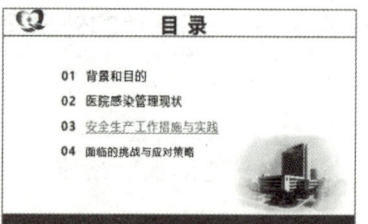 

图8-60 "封面、目录、结束页"版式效果图

编辑区插入两个文本占位符,删除其中多余部分,设置完格式后关闭幻灯片母版,选中第3、5、8、13张幻灯片,单击"开始"选项卡中"版式"按钮,选择"章节页"版式即可,效果如图8-61所示。

  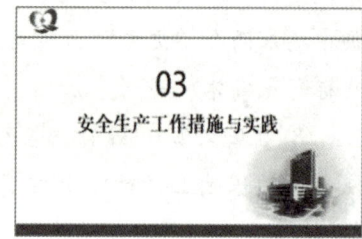

图8-61 "章节页"版式效果图

③单击"视图"选项卡中"幻灯片母版按钮",在左侧选中"封面、目录、结束页"子版式后单击鼠标右键,选择"复制",并粘贴在其下面,命名为"正文页",在幻灯片版式编辑区删除背景图片,在医院LOGO后面插入占位符,将第二级至第五级内容删除,将剩余第一级格式设置为"微软雅黑、28号、左对齐",关闭幻灯片母版,选中第4、6、7、9、10、11、12、14、15张幻灯片,单击"开始"选项卡中"版式"按钮,选择"章节页"版式应用,最后将各正文页中标题录入医院LOGO后的占位符中,如图8-62所示。

 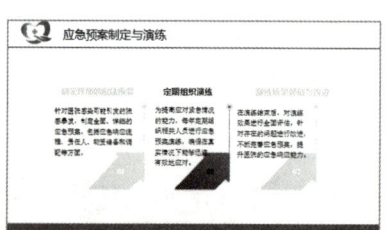 

图8-62 "正文页"版式效果图

5. 动画设计

演示文稿中的动画是一种重要的视觉元素,它能够突出重点内容,引导观众注意力,使演示文稿更加生动有趣,提高信息传递效率。演示文稿中动画主要分为对象动画和切换动画两种。对象动画是针对幻灯片中文字、图片、形状、表格等对象设置的动画,切换动画用于设置两个幻灯片切换时的动态效果。

（1）设置对象动画

对象动画包括"进入"动画、"强调"动画、"退出"动画、"动作路径"动画4种类型，如图8-63所示。在给幻灯片中的对象添加动画时，必须先选择对象，再根据需要合理选择动画类型，设置动画时应遵循简洁明了、突出重点、符合逻辑等原则，避免过于花哨以免分散观众注意力。

图8-63　对象动画类型

"进入"动画："进入"动画特征表现为从无到有，即在放映幻灯片时，被设置了"进入"动画的元素或对象只在特定操作或特定事件时出现。

"强调"动画：主要通过改变对象属性来实现对比强调的作用，如改变对象的透明度、大小、填充颜色等，无论动画是在放映前、放映中还是在放映后，应用了"强调"动画的对象始终是显示在幻灯片中的。

"退出"动画：与"进入"动画相反，"退出"动画特征表现为从有到无、逐渐消失的一种动画效果。

"动作路径"动画：表现为由一点到另一点的路径运动，形成轨迹变化，轨迹可以是直线、折线、曲线、圆等。

1）添加动画。在幻灯片中选中需要添加动画的对象，单击"动画"选项卡动画列表右下角按钮，打开动画列表，在动画列表中选择所需动画，如果在动画列表中没有找到合适的动画，则可以单击右侧的"更多"选项按钮，设置完成后可单击"预览效果"按钮进行预览，如图8-64所示。

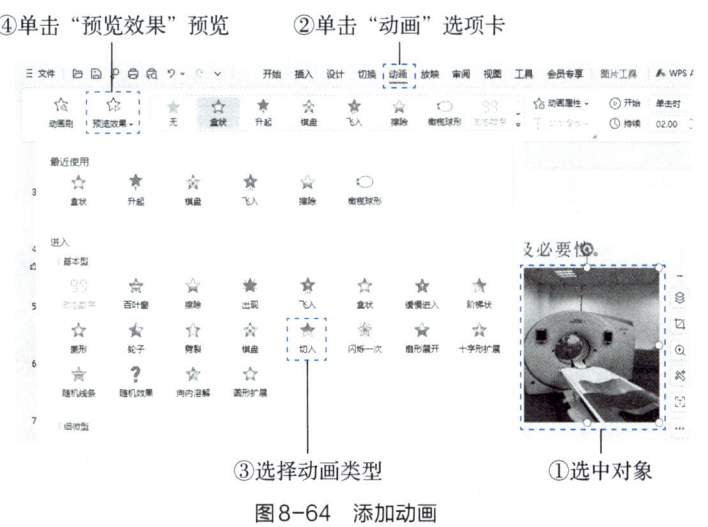

图8-64　添加动画

为同一个对象添加多个动画的方法：选中已添加了动画效果的对象，在右侧"动画窗格"中单击"添加效果"按钮，在弹出的下拉列表中选择动画效果即可。

2）调整动画效果。

调整动画顺序：在动画窗格中，可以看到所有已添加的动画效果，可以拖动动画效果或单击"重新排序"按钮调整播放顺序，如图8-65所示。

设置动画开始方式：用来设置动画开始的触发时间。在动画窗格中，选中某个动画效果，单击"开始"下拉菜单，可以根据需要选择开始方式。选择"单击时"选项，动画会在每次单击鼠标时，按顺序进入；选择"与上一动画同时"选项，会在上一动画触发后，自动一同触发；选择"在上一动画之后"选项，会在上一动画完全执行完成后，自动触发，如图8-66所示。

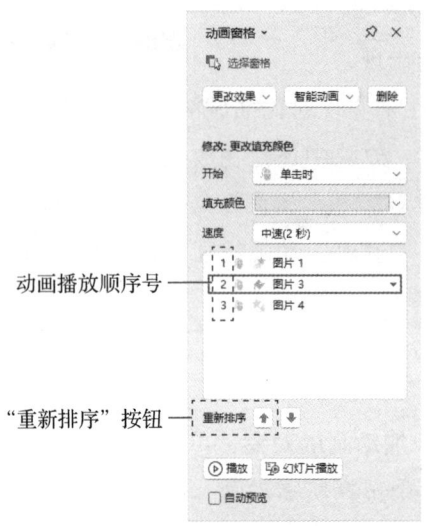
图8-65　调整动画顺序

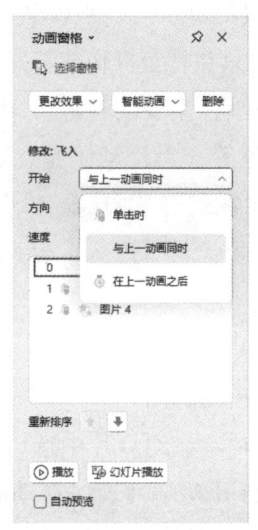
图8-66　设置动画开始方式

设置效果选项：效果选项中的设置与所选对象的类型及应用于对象上的动画类型有关。在动画窗格中，选中某个动画效果，单击右侧下拉按钮，在弹出的下拉列表中选择"效果选项"，弹出相应的动画效果设置对话框，根据需要进行设置，设置效果选项如图8-67所示。

其中平稳开始与平稳结束用来控制动画开始和结束时候由慢逐渐变快的过程，这个过程是匀速的。

在增强分组里，"声音"属性用来设置动画触发后同步播放的声音；"动画播放后"用来设置动画播放后对象的呈现状态。"动画文本"包括整批发送和按字母两个选项，整批发送指的是占位符或文本框内的所有文字同时出现并执行设置好的动画，按字母指的是占位符或文本框内的文字一个字一个字地出现并执行动画。

设置计时：在动画窗格中，选中某个动画效果，单击右侧下拉按钮，在弹出的下拉列表中选择"计时"选项，在弹出相应的对话框中根据需要进行设置，如图8-68所示。其中延迟时间指的是播放动画之前停留的时长，以"秒"为单位；速度指的是动画播放的快慢，以"秒"为单位；重复是用来控制动画重复播放的次数。

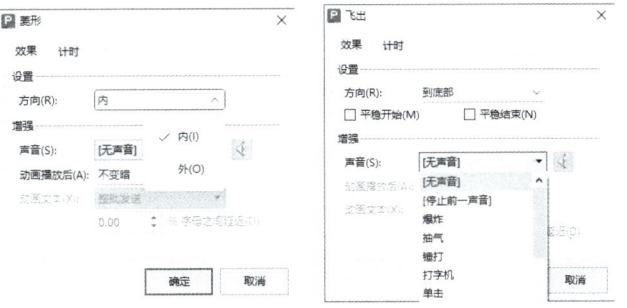

图8-67 设置效果选项　　　　　　　　　图8-68 设置计时

> **知识扩展8-4**
>
> ·设置触发器动画
>
> 触发器是PPT中的一种动画控制工具，通过单击特定对象（如按钮、图片等）来触发另一个对象的动画效果，方法为：在PPT中插入需要动画的对象和触发器对象，选中需要动画的对象，单击"动画"选项卡，选择合适的动画效果，在动画窗格中，选中某个动画效果，单击右侧下拉按钮，在弹出的下拉列表中选择"计时"选项，在"触发器"选项中选择"单击下列对象时启动效果"，并选择触发器对象。

3）删除动画。在幻灯片中选择已添加了动画效果的对象，在右侧"动画窗格"中选择要删除的动画，单击"删除"按钮即可将其删除，若要快速批量删除动画，可单击动画功能区"删除动画"按钮删除。

（2）设置切换动画

切换动画指从一张幻灯片过渡到下一张幻灯片的效果，恰当的切换方式可以吸引观众注意力，自然引导观众视线，突出重要内容和信息。WPS演示中提供了多种切换效果，具体操作步骤如下：

选中要设置切换效果的一张或多张幻灯片，单击"切换"选项卡，在切换效果列表中选择一种切换效果，同时可以通过效果选项、速度、声音、换片方式等属性来调整切换效果，如果该切换效果需要应用到所有幻灯片，则单击"应用到全部"按钮，并可以通过"预览效果"按钮预览当前幻灯片的切换效果，设置切换动画操作方法如图8-69所示。

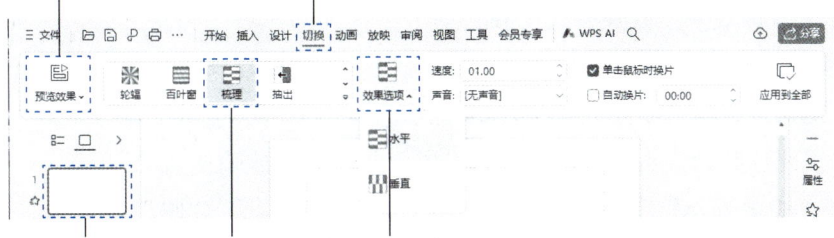

图8-69 设置切换动画操作方法

实训8-6　为幻灯片添加动画效果

01 任务描述：

在D盘根目录下打开"安全生产专题汇报"演示文稿，在实训8-5基础上完成以下操作：

①为第1张幻灯片设置"飞机"切换效果，第2张幻灯片设置"擦除"切换效果，第3、5、8、13张幻灯片设置"立方体"切换效果。

②为第4张幻灯片标题"背景"和"目的"添加"强调 更改线条颜色"动画效果，单击时开始，线条颜色为"红色"；为第6张幻灯片表格添加"进入 渐变"动画效果，与"上一动画同时开始"；为第7张幻灯片表格添加"进入 渐入"动画效果，与"上一动画同时开始"，并添加"激光"声音。

③保存演示文稿。

02 任务分析：

掌握幻灯片中切换动画、对象动画的添加方法。

03 实施步骤：

①打开"安全生产专题汇报"演示文稿，选中第1张幻灯片，单击"切换"选项卡，在切换效果列表中选择"飞机"，其他幻灯片以同样方法添加切换效果。

②选中第4张幻灯片，选中"背景"，单击"动画"选项卡动画列表右下角按钮，打开动画列表，在动画列表中选择"强调 更改线条颜色"，在动画窗格中开始选择"单击时"，线条颜色选择"红色"，用同样方法为其他对象添加动画效果。

③单击"保存"按钮保存。

8.3　演示文稿的放映与发布

8.3.1　放映方式

演示文稿放映指将制作好的幻灯片以全屏方式放映，在放映过程中可以看到幻灯片内容及设置的各种效果。放映方式主要包括"从头开始"和"当页开始"两种方式。从头开始指无论用户当前编辑哪一张幻灯片，都从第一张幻灯片开始放映，当页开始指用户当前编辑哪张幻灯片，就从哪张幻灯片开始播放。

打开需要放映的演示文稿，主要通过以下几种方式放映：

单击"从头开始"和"当页开始"按钮放映：单击"放映"选项卡，根据需要选择"从头开始"或"当页开始"进行放映，如图8-70所示。

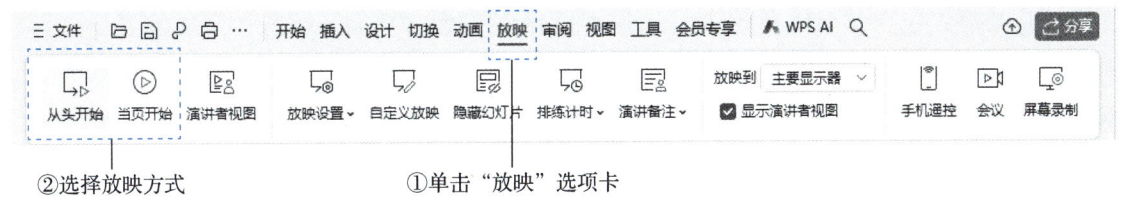

②选择放映方式　　　　　　　①单击"放映"选项卡

图 8-70　单击"从头开始"和"当页开始"按钮放映

使用快捷键方式放映：按<F5>键，从头开始放映演示文稿；按<Shift+F5>键，从当前页开始放映演示文稿。

单击状态栏放映图标按钮放映：单击该放映图标按钮，则从当前页开始放映；若单击放映图标右侧下拉列表，则可在其中选择所需方式，如图 8-71 所示。

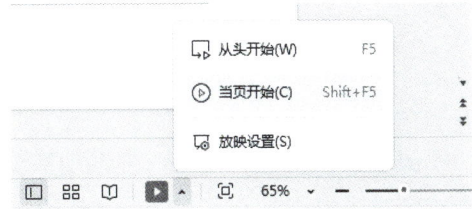

图 8-71　使用状态栏图标按钮放映演示文稿

8.3.2　放映设置

1. 隐藏幻灯片

隐藏幻灯片指在演示文稿中隐藏当前幻灯片，在放映幻灯片时，不显示此幻灯片，被隐藏的幻灯片将获得一个隐藏标记。

选中需要隐藏的幻灯片，单击"放映"选项卡，在功能区中单击"隐藏幻灯片"按钮即可。

2. 设置幻灯片放映方式

打开需要放映的演示文稿，单击"放映"选项卡，在功能区中单击"放映设置"按钮，弹出"设置放映方式"对话框，在其中可以对放映方式进行设置，如图 8-72 所示。

②单击"放映设置"按钮　①单击"放映"选项卡

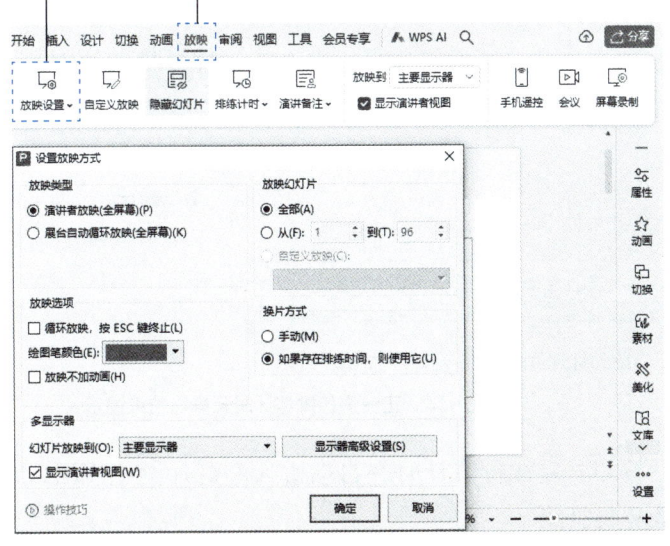

图 8-72　放映方式设置

放映类型：包含"演讲者放映（全屏幕）"和"展台自动循环放映（全屏幕）"两个类型。两者的相同之处是都以全屏幕放映演示文稿，不同之处是"演讲者放映（全屏幕）"由演讲者主要操控演示文稿，适用于教学或培训等场合，"展台自动循环放映（全屏幕）"由展台系统自动循环放映，适应于展览会或大厅屏幕等场合放映产品或公司介绍等内容。

"放映幻灯片"选项组：可以选择幻灯片放映的范围，如只放映部分幻灯片，需指定幻灯片的起始编号和终止编号。

"放映选项"：可设置循环放映，终止时按Esc键，也可调整绘图笔颜色，选择放映不加动画。

"换片方式"：可设置手动（M）和如果存在排练时间、则使用它（U）。

3. 应用排练计时

演示文稿排练计时是一种辅助功能，可以帮助用户在实际使用中掌握时间，确保内容在规定时间内完成。

打开需要放映的演示文稿，单击"放映"选项卡，在功能区中单击"排练计时"按钮，在弹出的下拉列表中选择排练全部或排练当前页，如图8-73所示。

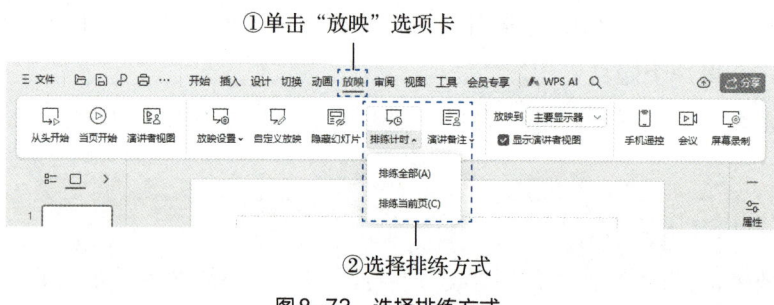

图8-73　选择排练方式

进入幻灯片放映状态，同时弹出"预演"工具栏，在排练全部时，工具栏左侧时间表示当前幻灯片持续放映时间，右侧时间表示全部幻灯片总共需要的放映时间，单击鼠标可以进入到下一张幻灯片并继续进行计时。当全部幻灯片排练结束时，会弹出是否保留排练时间提示框，如图8-74所示。

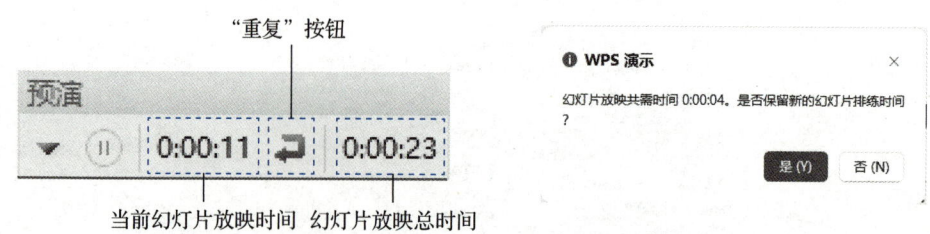

图8-74　正在进行排练计时及排练结束提示

单击"是"按钮，完成排练计时并自动进入幻灯片浏览视图，可以在每张幻灯片的左下角看到相应的放映时间。

4. 自定义放映方案

一般情况下，制作好的演示文稿会从头到尾放映，但如果演示场景或演示对象发生变化，我们可能只需播放演示文稿中部分幻灯片，这时可以自定义放映方案。

打开需要放映的演示文稿，单击"放映"选项卡，在功能区中单击"自定义放映"按钮，在弹出的"定义自定义放映"对话框中单击"新建"按钮，在"在演示文稿中的幻灯片"列表框中选择要放映的幻灯片，单击"添加"按钮，将其添加到"在自定义放映中的幻灯片"列表框中，如图8-75所示。

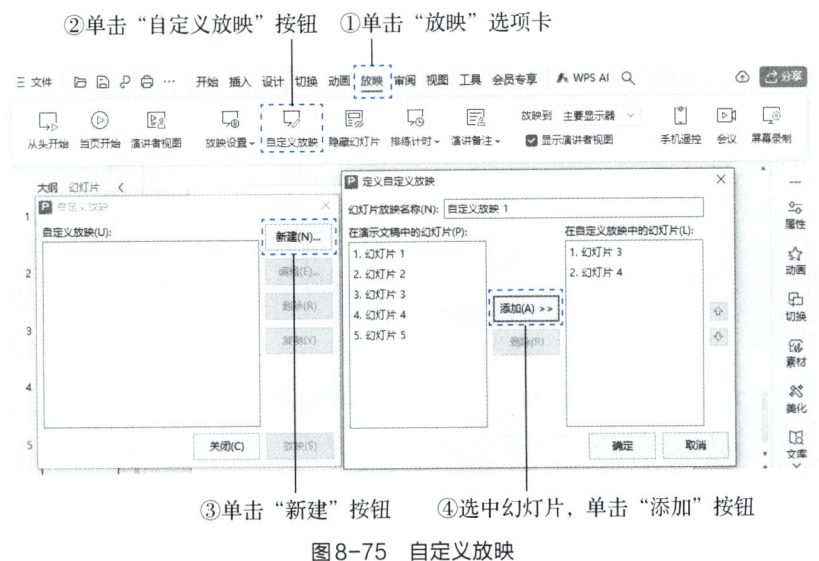

图8-75　自定义放映

8.3.3　演示文稿发布

为使演示文稿能在多台计算机播放，以及在没有安装WPS演示文稿或其他办公软件情况下也能播放，可以将其以其他形式保存。如果要在其他计算机中运行包含特殊字体或链接文件的演示文稿，则还需要将演示文稿进行打包处理。

1. 发布为PDF文件

PDF是一种流行的电子文档格式，将演示文稿输出为PDF文档后，可以直接用PDF阅读软件查看，使演示文稿更便于阅读和传播。

在打开的演示文稿中，单击"文件"选项卡，在下拉列表中单击"输出为PDF"选项，在弹出的"输出为PDF"对话框中选择输出范围、保存位置等信息，如需设置更多输出参数，则单击"输出设置"，在弹出的对话框中选择输出内容，对结果加密等操作，最后单击"开始输出"按钮完成输出，如图8-76所示。

2. 发布为图片文件

演示文稿不仅可以输出为PDF文档，还可以将每张幻灯片输出为独立的图片，这样不仅可以在任意设备上浏览，还能防止重要文字或数据被复制。

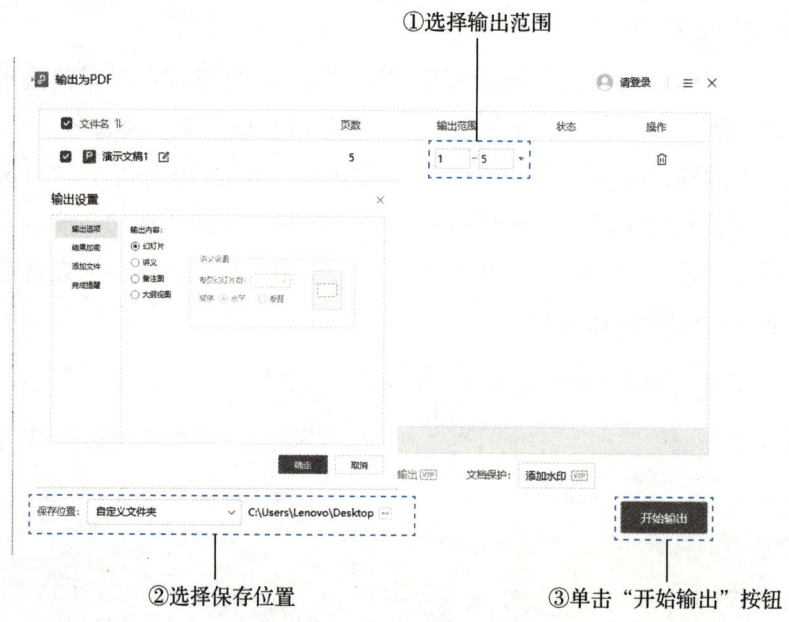

图 8-76　将演示文稿输出为 PDF 文件

在打开的演示文稿中，单击"文件"选项卡，在下拉列表中单击"输出为图片"选项，在弹出的"批量输出为图片"对话框中选择输出方式、输出范围、输出格式、保存位置等信息，单击"开始输出"按钮完成输出，如图 8-77 所示。

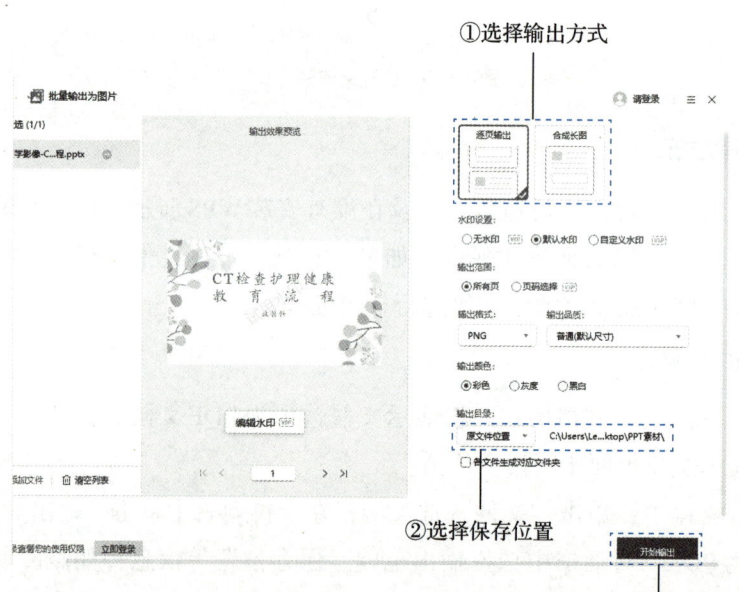

图 8-77　将演示文稿输出为图片文件

3. 打包演示文稿

如果制作的演示文稿中含有特殊字体、链接文件、视频或音频文件，要想其他计算机中放映该演示文稿时可以正常打开和播放，则需要将演示文稿打包后传输。

在打开的演示文稿中，单击"文件"选项卡，在下拉列表中单击"文件打包"选项，选择"将演示文档打包成文件夹"命令，在弹出的"演示文件打包"对话框中，在"文件夹名称"文本框中输入文件夹名称，单击"浏览"按钮设置文件夹的保存位置，如勾选"同时打包成一个压缩文件"可生成一个压缩文件，最后单击"确定"按钮，稍后提示打包完成。单击"打开文件夹"按钮即可查看文件。将该文件夹整体复制到其他计算机中即可，如图8-78所示。

 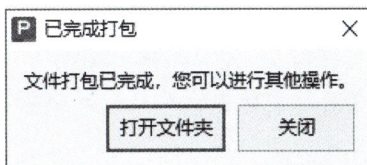

图8-78　演示文稿打包

实训8-7　幻灯片发布与打包

01　任务描述：

在D盘根目录下打开"安全生产专题汇报"演示文稿，在实训8-6基础上完成以下操作：

①将演示文稿发布为PDF文档。

②打包"安全生产专题汇报"演示文稿。

02　任务分析：

掌握演示文稿发布与打包方法。

03　实施步骤：

①单击"文件"选项卡，在下拉列表中选择"输出为PDF"选项，在弹出的"输出为PDF"对话框中设置输出范围1—16，保存位置D盘根目录，单击"开始输出"按钮完成输出。

②单击"文件"选项卡，在下拉列表中选择"文件打包"选项，选择"将演示文档打包成文件夹"命令，在弹出的"演示文件打包"对话框中，文件夹名称设置为"安全生产专题汇报"，单击"浏览"按钮设置保存位置为D盘根目录，单击"确定"按钮即可。

=== 习　题 ===

一、单选题

1. 关于新建演示文稿的方法，下面说法错误的是（　　）。

A. 在WPS首页左侧主导航区，单击新建按钮可以新建一个演示文稿

B. 在已打开的WPS演示中，单击标题栏中"+"按钮可以新建一个演示文稿

C. 在已打开的WPS演示中，使用<Ctrl+N>快捷键新建一个演示文稿

D. 在已打开的WPS演示中，使用<Ctrl+M>快捷键新建一个演示文稿

2. WPS演示文稿可存为多种文件格式，不包括下面（　　）格式。

  A. .pptx   B. .pdf   C. .docx   D. .jpg/png

3. WPS演示默认的视图是（　　）。

  A. 普通视图   B. 备注页视图   C. 阅读视图   D. 幻灯片浏览视图

4. 在WPS演示文稿中，关于图片设置，说法错误的是（　　）。

  A. 图片可以重设大小

  B. 可以在图片中设置透明色

  C. 可以更改图片

  D. 在"设计"选项卡下可以设置图片效果

5. 在WPS演示中，可以给幻灯片中对象添加动画，可以添加的动画不包括下面的（　　）。

  A. 进入动画   B. 强调动画   C. 退出动画   D. 切换动画

6. 在WPS演示中，可以对幻灯片中对象设置动画，设置完动画后，可以预览动画效果，关于预览动画效果下列描述错误的是（　　）。

  A. 在自定义动画任务窗格中可以选中"自动预览"复选框，这样在设置完动画后会自动预览动画

  B. 在自定义动画任务窗格中可以单击播放按钮进行预览动画效果

  C. 在幻灯片放映选项卡中，单击预览效果按钮即可预览动画效果

  D. 在动画选项卡中，单击预览效果按钮即可预览动画效果

7. 在WPS演示文稿中，下列关于超链接不正确的是（　　）。

  A. 可以链接到本演示文稿的某页幻灯片上

  B. 可以链接到其他演示文稿的某页幻灯片上

  C. 可以链接到原有文件或网页上

  D. 电子邮件地址

8. 在WPS演示中执行（　　）操作可以从头开始放映幻灯片。

  A. "视图"选项卡中幻灯片放映命令

  B. "幻灯片放映"选项卡中的从当前开始命令

  C. 按<Shift+F5>组合键

  D. 按<F5>键

9. 关于WPS演示中文本框的描述错误的是（　　）。

  A. 在"插入"选项卡中，可以插入文本框

B. 插入文本框时，只能选择插入横向文本框

C. 文本框内文本的字体可以在"开始"选项卡中进行调整

D. 文本框内文本的字体可以在"文本工具"选项卡中进行调整

10. WPS演示中为全部幻灯片页批量添加logo图片，最合适的操作是（　　　）。

　　A. 粘贴图片　　　B. 编辑母版　　　C. 分页插图　　　D. 插入图片

11. 可以在WPS演示内置主题中设置的内容是（　　　）。

　　A. 字体、颜色和表格　　　　　　B. 效果、背景和图片

　　C. 效果、图片和表格　　　　　　D. 字体、颜色和效果

12. 在WPS演示中，将文件输出为PDF格式的命令路径是（　　　）。

　　A. 文件→保存　　　　　　　　　B. 文件→输出为PDF

　　C. 文件→另存为　　　　　　　　D. 文件→打印

二、判断题

1. WPS演示中，动画效果可以同时应用于多个对象。（　　）

2. 幻灯片的"切换效果"仅能手动单击触发，无法自动播放。（　　）

3. 保存演示文稿时可通过给文档添加打开和编辑权限密码，实现对文档的保护。（　　）

4. WPS演示中，插入的图表数据无法修改。（　　）

5. 在WPS演示中，幻灯片的放映只能从头开始，无法从指定幻灯片开始。（　　）

6. 在WPS演示中，插入的音频文件可以设置为自动播放。（　　）

7. 在WPS演示中，可以通过"设计"选项卡更改幻灯片的主题颜色。（　　）

8. 在WPS演示中，插入的图片无法调整透明度。（　　）

9. 在WPS演示中，无法为文本框设置阴影效果。（　　）

10. 在WPS演示中，可为幻灯片填充图片或纹理背景。（　　）

三、填空题

1. 在幻灯片浏览视图或"大纲/幻灯片"浏览窗格中按_____组合键，可选中当前演示文稿中的全部幻灯片。

2. 幻灯片中文本可以直接在占位符中输入文本，也可以使用_____输入文字。

3. _____指在水平方向或垂直方向平均分布形状之间的间距。

4. _____是WPS演示内置的一款自动布局的图形集，可以大大提高ppt的布局效率。

5. _____是PPT中的一种动画控制工具，通过单击特定对象（如按钮、图片等）来触发另一个对象的动画效果。

参 考 文 献

［1］程远东.信息技术基础［M］.北京：人民邮电出版社，2021.

［2］肖鹏.大学计算机及计算思维［M］.北京：北京邮电大学出版社，2018.

［3］郭永玲，曾文权.信息技术（基础模块）［M］.北京：电子工业出版社，2024.

［4］方风波，钱亮，杨利.信息技术基础［M］.北京：中国铁道出版社，2021.

［5］聂哲，周晓宏.大学计算机基础——基于计算思维（Windows 10 + Office 2016）［M］.北京：中国铁道出版社，2021.

［6］侯冬梅.计算机应用基础［M］.4版.北京：中国铁道出版社，2021.

［7］高巧林，章新友.医学文献检索［M］.3版.北京：人民卫生出版社，2021.

［8］孙思琴，庞津.医学文献检索［M］.5版.北京：人民卫生出版社，2024.

［9］罗爱静，于双成.医学文献信息检索［M］.4版.北京：人民卫生出版社，2024.

［10］李小华.医院信息化技术与应用［M］.北京：人民卫生出版社，2014.

［11］孙丽萍.远程医疗系统实用教程［M］.北京：中国铁道出版社，2013.